图解
建筑外部空间设计要点

[日] 猪狩达夫　编
[日] 猪狩达夫　松枝雅子　古桥宜昌　吉田克己　安田浩司　犬塚修司　竖川雅城　山田章夫　松下高弘　著
刘云俊　译

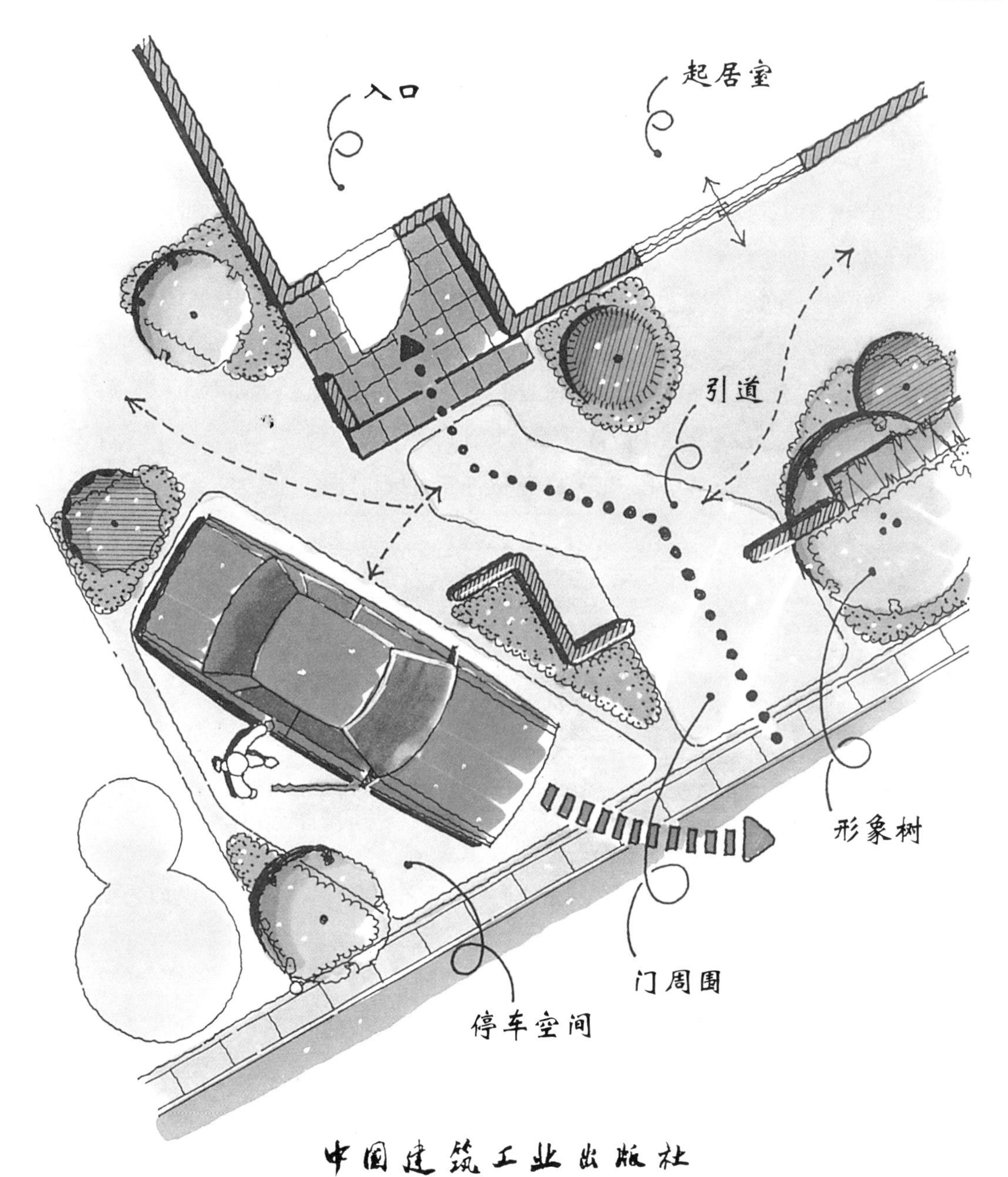

中国建筑工业出版社

编著者

编者

猪狩达夫（伊卡里设计所代表、E&G ACADEMY 东京分校顾问）

作者（按行文先后顺序）[执笔章节]

猪狩达夫（职务同上）[第1、7章]
松枝雅子（松枝建筑设计研究所代表、E&G ACADEMY 东京分校讲师）[第2章]
古桥宜昌（EX 设计所代表、E&G ACADEMY 东京分校校长、讲师）[第3章]
吉田克己（吉田造园设计工作室代表、E&G ACADEMY 东京分校讲师）[第4章]
安田浩司（安田规划设计室代表、E&G ACADEMY 东京分校讲师）[第5章]
犬塚修司（绿风工作室代表、犬塚造园设计研究室代表、E&G ACADEMY 东京分校讲师）[第6章]
竖川雅城（竖川环境设计所代表、E&G ACADEMY 东京分校讲师）[第8章]
山田章夫（松下电工、E&G ACADEMY 东京分校讲师）[第9章]
松下高弘（M 设计工作室代表、E&G ACADEMY 东京分校讲师）[第10章]

前　言

日本位于太平洋西部海域，得益于丰富的自然条件，历史上自江户时代起，便受到世界各国人们的赞誉："这是一座开满美丽鲜花的庭园似的岛屿——花园之岛"※。

日本是一个有着丰富的自然条件和悠久的传统文化的美丽国家。然而，第二次世界大战之后，历经60余年，随着城市人口数量的急剧增长，自然也逐渐遭到了破坏。在以气候变暖为代表的地球环境危机正在日益迫近的过程中，当下人们在关切自然风土的同时，也开始重新审视自然与人类生活的和谐关系。

所谓"建筑外部空间设计"，即是要通过贴近自然，并将其置换成创造性的生活空间的方法，丰富个人的生活，建造出适于日本气候条件的房屋和庭院；面向未来，重新营造一个美丽的"花园之岛"，应该是我们这些建筑设计师的使命。如同设计师布置的一草一木，由点到线，再由线成面一样，最后的结果都与形成和创造美丽的"花园之岛"息息相关。

建筑外部空间设计，可具体地分为三大类造景（scene），即：①个人单位造景；②家庭单位造景；③相邻单位造景。①个人单位造景，系指在房间的角落、阳台处或住宅庭前营造个人与自然交流的空间，即所谓"休闲空间"；②家庭单位造景是指在单户独立住宅的庭院里营造的"团聚空间"；③相邻单位造景，营造的是住宅与社会结点的正面空间。相邻单位的造景作为"中间领域"，也是便于社区内相互交往的一种形式，具有提高市民意识和形成优美街区景观的重要意义。作为一名建筑规划设计者，应该意识到，在相邻两家处种下的一棵树，或许会延伸到整个城市，并越过某一地区推广到全国，以实现全日本变成花园之岛的理想。

最后，关于本书《图解建筑外部空间设计要点》有必要说几句。本书由专科院校E&G ACADEMY东京分校的9位讲师编写而成，其中汇集着建校以来10年教学实践的成果，并采用通俗易懂的图解形式进行专题阐释。作为我们这些编著者值得引以为豪的是，本书可谓"十年磨一剑"。而且，在各章的扉页上，都刊有可以称为日本建筑外部空间"原点"的"和式空间的缩影——京都的街道和庭院"主题写生，以配合该章节所要阐述的内容。本书并不限于与建筑外部空间有关的设计师，即使对于从事造园和建筑的设计师来说，也可以拓展自己的专业知识领域。如果进而将此前出版的《建筑外部空间及庭园设计用语辞典》（彰国社）与本书都作为专业参考书一并阅读，则一定获益匪浅。

※参考文献：川胜平太《文明海洋史观》中央公论社，1997年

编者　猪狩达夫

2008年1月

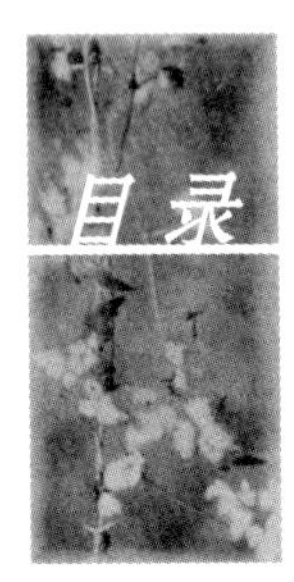

目录 CONTENTS

第4章　引道的设计

第5章　停车空间的设计

第6章　主屋前庭园的设计

第7章　侧院和后院的设计

第8章　围障的设计

第9章　照明设计

第10章　色彩设计

第1章

何谓建筑外部空间设计

通往鸟居本方向的街道（京都市右京区）

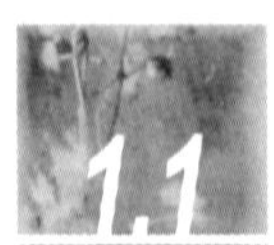
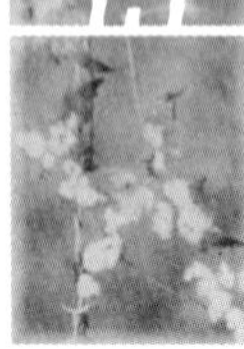

1.1 建筑外部空间设计的理念

ⓐ 何谓建筑外部空间设计

所谓建筑外部空间设计，系指在充分考虑前面道路或相邻处等周边环境的前提下，对住宅及用地整体进行的综合规划设计（图1）。

通过对建筑外部空间进行规划设计，对于居住者来说，不仅在其眼前铺展开一个个外部空间，使其生活变得更加丰富多彩；而且，由于住宅与庭园相连，因此街道的景观也越发显得优美怡人，从而能够形成良好的社区氛围。

ⓑ 建筑外部空间的"图"和"底"

一般地说，街道的景观效果取决于"建筑物"与"外部空间"的平衡。目前的情况是，以建筑物为"主"，外部空间为"辅"的设计理念仍然较为常见。

在这里，我们向读者展示一幅被称为"鲁宾的壶"的图形。这幅曾被德国心理学家埃德加·鲁宾用于心理测试的图形十分有名。当我们专注地盯着图中的壶看的时候，忽而看到的是壶，忽而看到的是对面人的一张脸（图2）。在看这幅图形时，"图"和"底"到底哪方面显得更突出，会因人而异。说到"建筑物"与"外部空间"的关系，最好也像这里的"图"与"底"的关系一样，可以相互影响，构成一幅完整的图画。

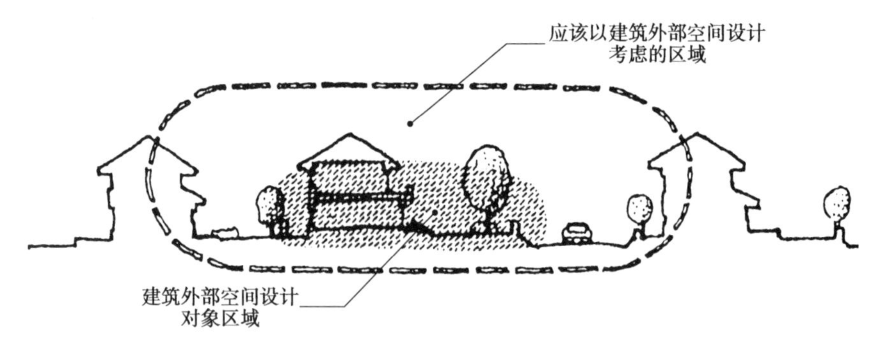

图1 建筑外部空间设计的范围

图2 鲁宾的壶"图"与"底"交替显现的反转图形

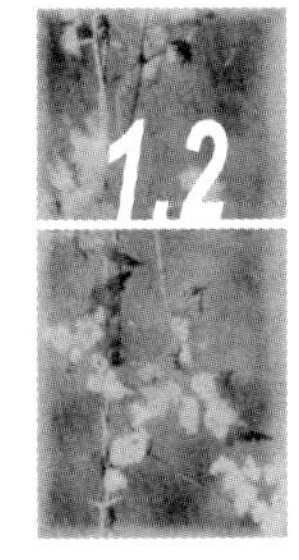

1.2 建筑外部空间规划的要点

ⓐ 规划范围

居住场所（住宅、宅地）的构成，大体上可分为住宅主体和外部空间（建筑物外围）。外部空间由前院（引道、停车位）、主院（主花园）、侧院及后院（存放物品空间），以及四周的围障（墙、篱笆等）和门（院门、出入口）等结构类装置组成。除此之外，植木钵、容器和雕塑一类的可移动装置，也应该包括在建筑外部空间器具范畴以内。

图3、图4表示的是建筑外部空间设计的构成要素和研讨项目。

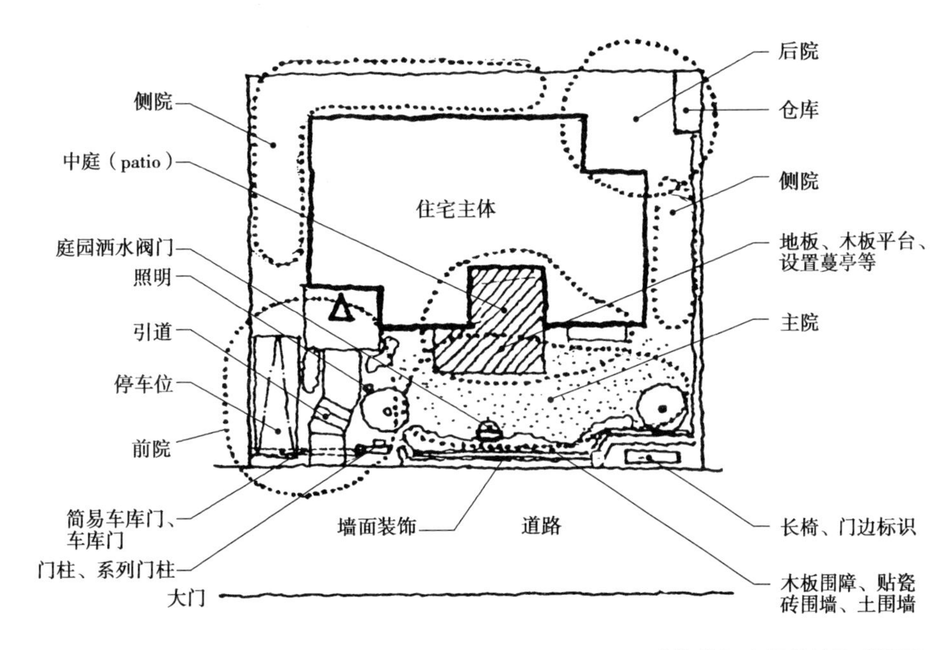

图3 建筑外部空间设计构成要素

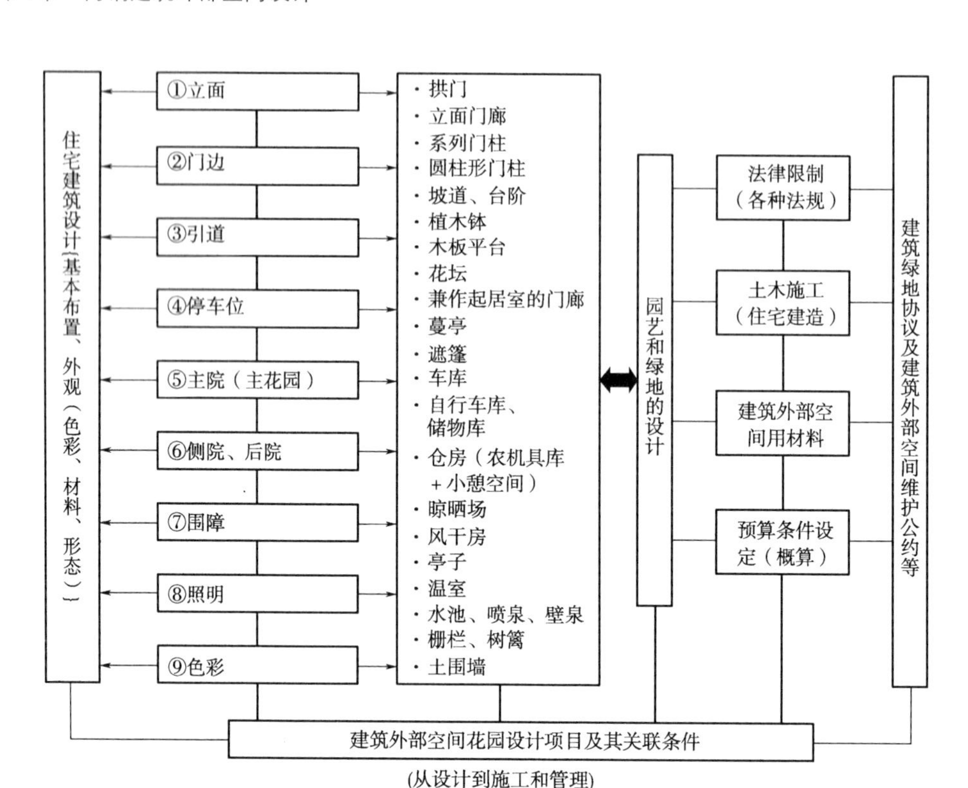

图4　建筑外部空间设计各部位研讨项目

ⓑ 规划顺序

建筑外部空间设计应按照图5所示的步骤进行。

1）概念和主题的设定

首先，无论是住宅还是建筑外部空间，都要从确定概念（基本理念）和主题（课题）着手。

2）条件分析

研讨在确定建筑外部空间时考虑的软硬件条件（图7）。在进行规划时，必须对这些作充分的调查研究。除此之外，还要根据法律限制、土木施工条件（住宅建造、基础挖掘）、建材（建筑外部空间用材料）、预算、各种协议规约和年深日久后的维修等条件，再增加一些研讨项目。

（1）空间和土地条件（硬件）：用地的规模及形状、相邻道路条件（宽度、路面与宅基地的高低差）等

（2）自然环境条件（硬件）：用地内外原来有无树木、正面道路有无行道树、周围有无公园绿地和河流等、周围的地形和景观等等

（3）社会性条件及生活行动条件（软件）：业主的家庭成员结构、年龄、职业、兴趣爱好、各自的生活行动范围等

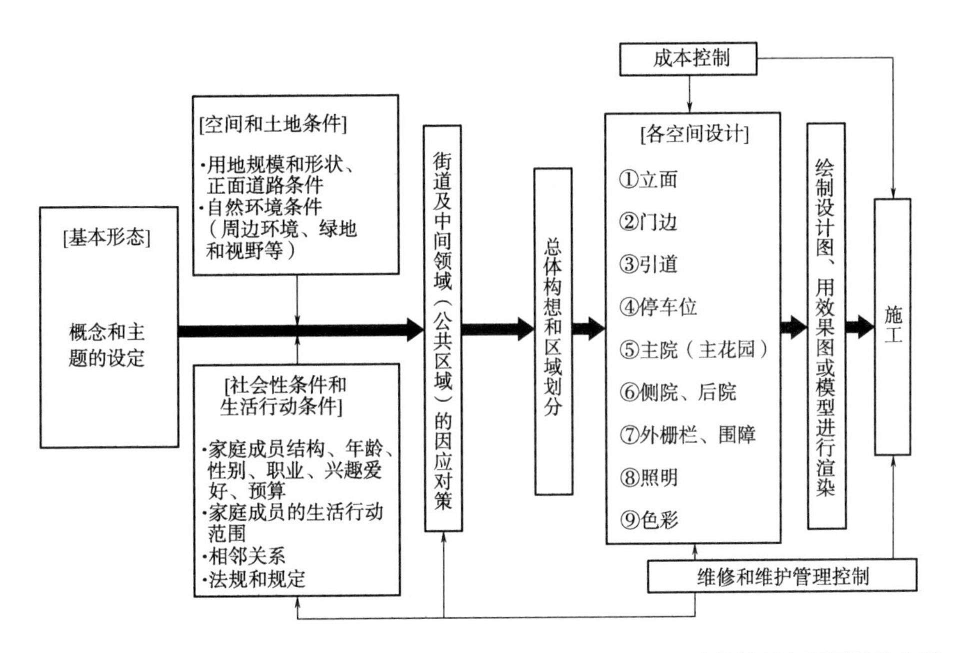

图5 建筑外部空间设计的步骤

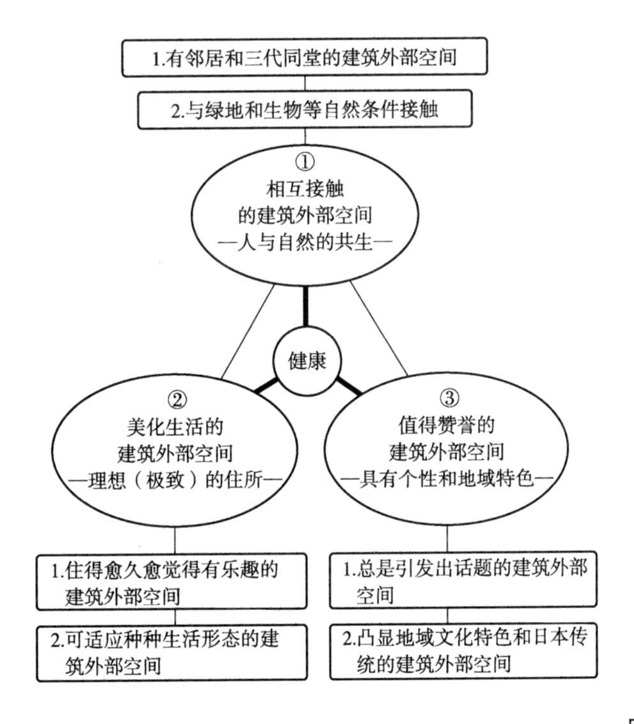

图6 概念举例

（4）社区成员交往条件（软件）：相邻关系、形成绿化带之类中间领域的可能性、与邻居 的距离、能否在正面道路一侧的自家宅基地内设置围障而形成“中间领域”。

主题举例 表1

主题	取名	具体描述
怡人的庭园	流水叮咚的草坪庭园	在满目绿茵的庭园内，有一块铺着石板的小庭院，伸展着无支撑挖掘的小沟，只在下雨的日子里才有水流过
游戏的庭园	与飞蝶共舞的蝴蝶花园	蝴蝶及其他昆虫聚集在花朵上，对人与自然给予关注，面向自然派家庭的庭园
享受收获的庭园	品尝日本酒和山野菜的庭园	这是一座可让日本酒一族的业主和喜欢山野菜的家庭在休息日大饱口福的庭园
天籁庭园	鸟鸣啾啾不断的庭园	庭园里栽植了供野鸟栖息的果树和杂木，还设置放鸟饵的石臼，营造出适于鸟儿生存的环境

引自高崎康隆《自己动手　怡人庭园的设计》主妇与生活社，2003年

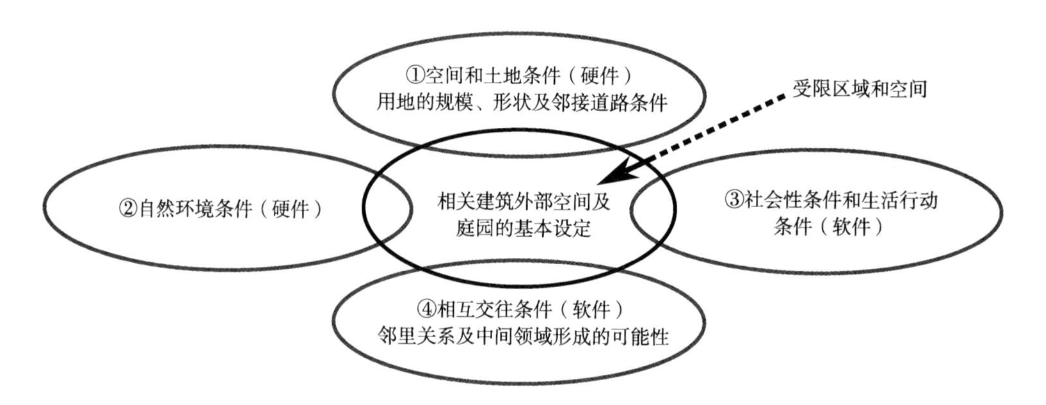

图7　确定建筑外部空间的4个条件

3）区域划分

按各种功能和生活空间内容划分成不同区域进行设计。

各区域加在一起大体上有7个项目，分别是立面、门边、引道、车库或车位、主院、侧院及后院、围障等。

另外，住宅内外的相互关系、庭院的使用者、人和车的动线、从室内到室外的主要视线（view）也会对区域划分产生影响。区域划分图如图8那样，分别以“功能范围”、“空间领域”和“相互关系”来表示。

4）细部规划

接着便应进行各区域的规划（在第2章以后将详细说明）。要注意抓住材料所具有的特征，使之与住宅主体高度融合，不要让建筑外部空间比建筑主体更加突出。照明设置和色彩选择也应尽量与周围景观和谐一致。此外，还需要充分考

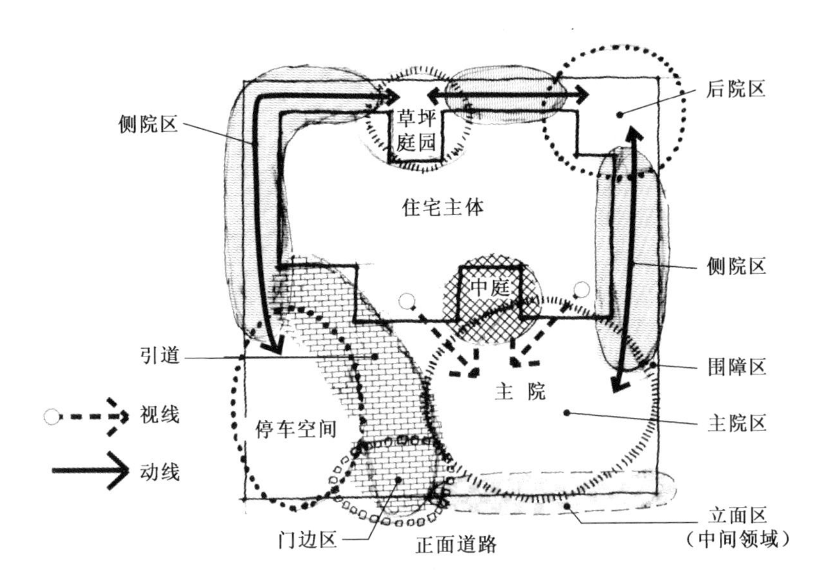

图8 区划图

遮篷

上面覆着木板或屋顶的庇。还有可自动开阖的形式。如采用色彩鲜艳的帆篷，更可渲染出户外氛围。

蔓亭

地面铺装木板，顶上架起木框，再以植物绿化。作为起居室的延伸，营造出家庭团聚的空间。

壁泉、浮雕

在占据主院突出位置的墙面上配有浮雕（relief），用以装点喷泉。这是一种西式庭园的装饰手法。

格构栅栏

以木板条组合而成的斜条状或格子状图案的框架，连接起来构成木围栏。在木框中间可吊上小花盆，更令人赏心悦目。

容器、钵

素烧土陶器（terra cotta）花盆。容器作为以鲜花装点庭院的器具被广泛使用。带有花纹的大型容器，有时也被用来储物。

四角凉亭

庭园内布置的和式带屋顶的开放休憩空间。屋顶为方形，亭内设有平台。

亭子

西式凉亭。多为八角形或多角形，内置长椅和桌子，用于花园聚会等。

图9 用于建筑外部空间设计的设施

虑到工程成本和施工的方便性。最后，必须在规划阶段就对建筑外部空间里将要栽植的树木如何维护管理作出适当安排。

ⓒ 建筑外部空间设计中的设施和器具

在各区域的规划确定之后，便可开始对细部加以研讨。与建筑外部空间设计有关的设施和器具，将和式和西式的加在一起，大致可像图9那样进行分类。

（1）固定在住宅建筑物局部的（阳台、遮篷、平台、格子遮板、围栏）

（2）设置在围墙或庭园墙面局部的（壁泉、浮雕、埋入墙面的照明）

（3）布置在庭园内或固定在地面的（亭子、四角凉亭、温室、花窖、仓库）

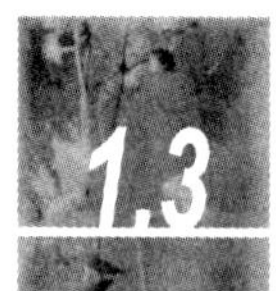

1.3 今后的建筑外部空间设计

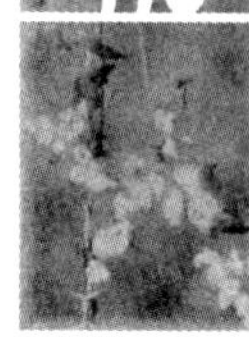

ⓐ 由单一功能向复合功能转变

可以想象，今后的建筑外部空间一定是室内外空间相互联系，而占地面积又比较狭窄的会越来越多。条件越苛刻，对设计的要求也就越高。而且，还应该考虑到，如同在一个场合会展现多种生活情景那样，外部空间的设计也必然将从一个空间里具有一个功能的单一功能，朝着复合更多功能的方向发展。无论空间如何狭小，人们都有理由期待在有限的空间里做出的设计能够诞生新的生活空间（图10）。

在过去的建筑外部空间设计的基本功能的基础上，作为今后外部空间的理想描述和设计主题，被归纳成表2。

ⓑ 积极导入自然，刺激感官和激发情感

今后的建筑外部空间应该积极地导入阳光、熏风、绿色和水面（或喷泉），通过适度地刺激人们的感官而激发人们的情感，以达到将生活环境变得更加舒适宜人的目的（图11）。

ⓒ 与理想的建筑外部空间相连的优美街道

通过与美化生活的理想的建筑外部空间连接，最终会形成优美的街道。建筑外部空间设计的优劣，关系到在彼此连接的过程中能否产生蒙太奇效果。即使面积再小，通过建筑外部空间的设计，也会产生和培育出社区交流的氛围。

建筑外部空间设计基本功能及其理想描述 表2

空间类别	项目类别	基本功能	理想描述・设计主题	具体空间・设施布置
交流空间 立面空间	①立面	・由建筑物正面外观、门、围墙、外院和停车位等构成 ・形成都市型的街道 ・对应开口部的狭小化	・多功能化、立体化 ・墙面绿化 ・车库融入街区景观 ・消除压迫感的设计	・格子设计 ・停车位 ・拱门、“门”字形门 ・各种墙面绿化手法
	②门周围	・与通往住宅地（单户独立住宅）的主要出入口适应的结构（门柱、门翼墙、树木、地面铺装和小摆设等） ・作为生活场所必要的功能（铭牌、邮箱、对讲机、各种仪表箱等） ・安全设备（门扇、照明、传感器和带照相机的对讲机等）	・与作为“家的脸面”相称的设计 ・构成街区的要素 ・提醒自己与近邻交流的空间 ・与绿色融合 ・与建筑物和谐（设计意图、质感、体量）	・自道路导入的大门形态 ・角柱与墙壁组合产生变化 ・形象树与照明组合 ・具有独创性的表现（邮箱、铭牌、壁饰和小物件等）
庭院空间（服务空间）	③引道	・进入动线（从门到入口的引导路线） ・有高低差的场合，以阶梯或斜坡形式让入口显得更加温馨	・富于变化的引导路（U字形坡路） ・四季皆有花木生长的引导路 ・摆放栽培箱的阶梯和坡路	・各种栽培箱 ・拱门 ・木板铺装（引道用）
	④停车位	・车库（garage）原则上可停放1~2辆车 停放汽车和自行车等的空间（按车辆功能分类的空间）	・多用途空间（星期天做木工活的空间等）的转换性 ・以汽车和自行车为主角的布置（休闲空间的导入）	
	⑤主院	・设置景观用的庭院（观赏用、和式或西式等） ・生活活动的庭院（家庭成员与友人欢聚的庭院） ・其他	・按和式与西式生活方式划分区域、倾向于享乐生活型（住宅平面） ・天井（patio）的利用（和西合璧） ・水路和水池的利用	・四角亭子、凉亭、木板平台 ・蔓亭、壁泉 ・遮篷（与蔓亭并用） ・石盆儿
	⑥侧院・后院	・居住者动线通道、物品存放处、收纳库房、晾晒场、自行车库、犬舍等 ・用于遮挡阳光的树木、木板窗外窄走廊、停车场、车库等	・侧面木板平台空间（冥想空间等） ・手工劳动空间、自己动手空间（星期天时的木工角） ・天井、洗浴庭院（bath court) ・与生物共生空间 ・其他	・物品存放处、仓房、蔓亭、木板平台、存放自行车的木板台、犬舍
交流空间（景观街道）	⑦围障	・主体围障（标示宅地周围边界、防范功能等） ・保护私密性 ・考虑街区景观效果 ・与权利相关	・通过绿化装点景观，并溢美至周边 ・正面道路一侧（立面、前沿）的装饰性 ・与邻居（邻地）的边界 ・考虑中间领域型	・围绕土丘型 植物墙、栅栏（天然材料、人造材料、铝、钢材、铸件等） ・树篱型（以较宽的低木带围绕）
	⑧照明	・夜间照明、照亮脚下	・防范、让周围景观显得更安静，设计上要给人以安全感	・门边和引道的照明
	⑨色彩	・赏心悦目 ・耐久性、便于维护	・使景观及周围环境更有安定感	・立面

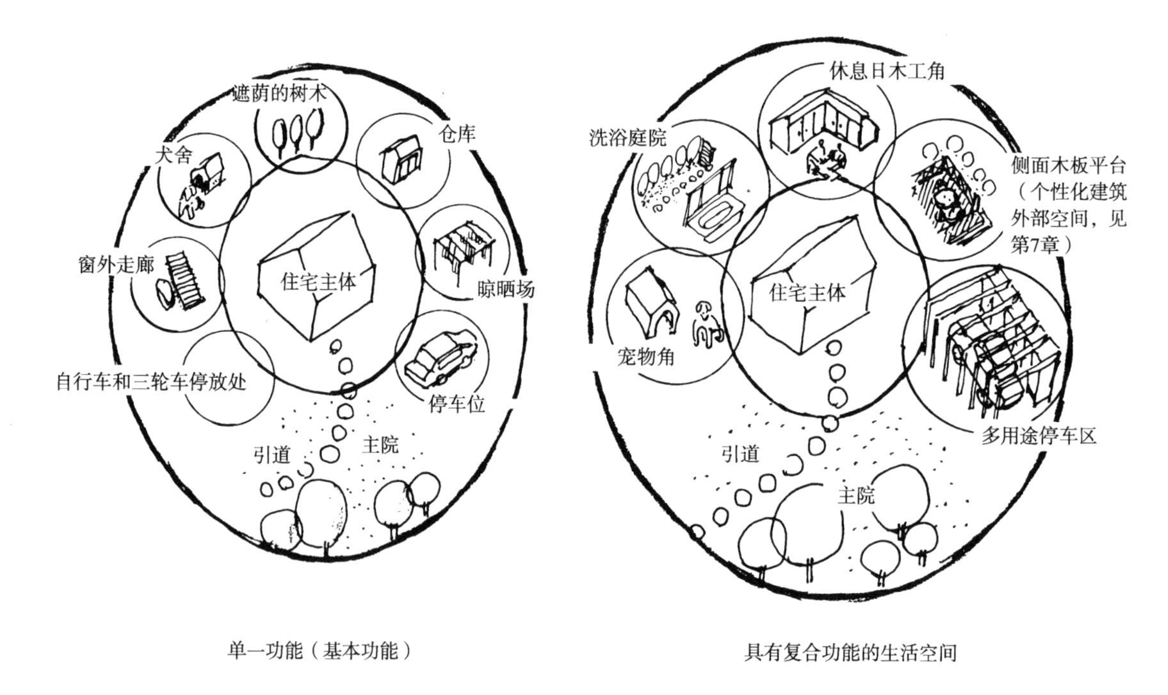

图10 从单一功能向复合功能转变

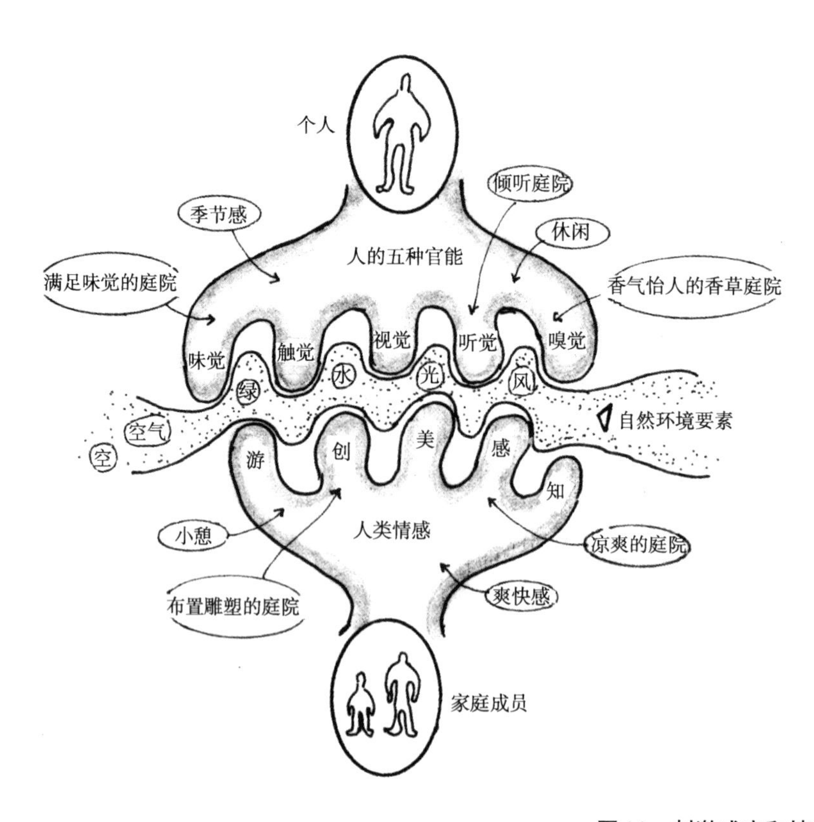

图11 刺激感官和情感的外部空间

第2章

立面的设计

西阵的民居（京都市上京区）

2.1 立面的理念

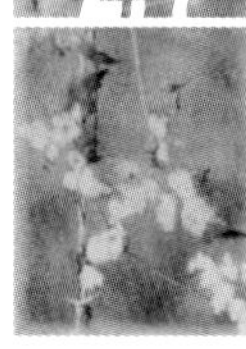

ⓐ何谓立面

我们知道，建筑外部空间的要素包括门、围墙、各类庭院、引道和停车位等。现在，在这些要素的基础上，还要再加上一个新的项目，那就是立面。其实，立面的概念对于我们也许并不陌生。在法语中的意思，就是指建筑物的正面。与英语中具有面孔、正面和外观等意义的“face”可以被看做是同义语。这样一说大概便好懂多了。

由于立面是构成街道景观的重要因素，因此在设计建筑物外观、大门、围墙、引道、围墙外侧的院外和停车位时，无论是结构和风格都必须充分考虑到与周围邻里的协调问题。

当然，立面设计往往也被列入建筑的领域。但是，目前的建筑物，在设计立面时考虑到街道美观效果的非常有限。从一些杂志上也可以看到，建筑设计师在为自己设计的建筑物拍照时，把相邻的建筑物也纳入取景范围的，应该遗憾地说，似乎并不太多。不言而喻，现实中在建筑外部空间设计领域也同样存在上面的情况，大都把关注点仅仅停留在大门和围墙上。因此，有必要提高对街区景观协调性和环境整体美观度的认识，将每一座住宅的立面都设计得漂漂亮亮的。

此外，还应认识到“总体设计”的重要性。即将一座独立住宅庭院中的哪怕每个角落都要与整个街道合并起来考虑进行设计，尽量做到合理和美观。私与公合并在一起的“总体设计”，可以说是今后“建筑外部空间设计”的一个课题。

这里，我们将围绕着立面设计，对其概念、规划方法和设计要点等分别加以阐述。

ⓑ狭小的都市型住宅立面的设计

将住宅建筑与庭院一体化以美化环境，作为“立面设计”，采用总体设计手法构成整个街区，在住宅占地面积日益变小的城市地区绝对是一个不容忽视的理念，并正在受到人们的重视。

在住宅的建筑外部空间设计中，规划的基本条件，首先取决于住宅外部具有怎样的空间。

目前住宅用地面积的发展趋势是，经过整理的土地，都市型一般为100m^{2}以下的小规模地块，近郊型则是不超过200m^{2}的中等规模地块。按照民法的规定，小于200m^{2}的住宅用地，与相邻地块的边界距离只有50cm左右。可以毫不夸张地说，相邻两家的屋檐和车库几乎都是连在一起的。因此，在设计立面时，必须将围墙、大门、各庭院，尤其是前院、引道和简易汽车库综合进行考虑，同时还要使其与相邻住宅风格协调。如果没有这样的意识，一定会破坏街区的景观。

在100m^{2}的用地内，在总建筑占地面积率不得小于60%的条件下，即使穷尽总建筑占地面积率，如果盖一座单层住宅，其建筑占地面积也只有60m^2，余下来的不过区区40m^2。而且，根据民法的规定，还要从边界线退让50cm。这样一来，真正可以作为建筑外部空间使用的，充其量也就30m^{2}左右。这些便是构成车库、引道和庭院等外部空间的全部。

如果是200m^{2}左右的近郊型中等规模地块，虽然能够建造一个小规模的主院，但立面空间规模也应该看做是在几乎相同的水平上。

基于以上情况，作为都市型住宅，与其对围墙、大门和庭院做明确的划分，不如做一个复合建筑物外观的总体设计。

这时，还必须考虑在建筑外部空间中将什么作为规划的要点。

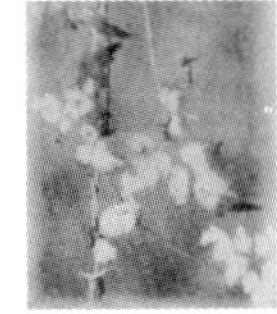

2.2 立面规划的要点

立面空间设计的基本要点，有（*a*）停车位的布置、（*b*）确保绿地、（*c*）防范及确保私密性、（*d*）考虑到美观及景观需要等。

ⓐ 停车位的布置

在现代社会中，汽车与日常生活密切相关，已成为人们的一种生活必需品。如果是小规模的地块，在从地块的道路边界至建筑物的空间只容停放1辆车的情况下，车库的设计其实就是立面的设计，这也可以说成了决定街区景观的关键点。

在小规模地块内，为了能够营造出具有较宽敞的前院、外院和绿地空间的立面，空间的利用必须做到极致。一个被局限在狭小范围内的地块，对最初的基本规划做细致认真的研究，则是获得一个优美环境的必要条件。而重中之重，便在于停车空间的布置。

1）停车位的尺寸

停车位所需要的尺寸大小，取决于住宅地块面对的道路宽度。图1是在宅地正面宽度7m，面对的道路宽度4m的情况下，如果分别采用平行停放、垂直停放、30°斜向停放或45°斜向停放的方式，停车所需要的最小尺寸。尽管这是最低限度所需要的尺寸，但只要在设计上做些微小的调整，就能够使立面完全改变。如搭一个大框架，栽种花草树木，使之更有纵深感。通过提高立面景观的开阔度、纵深感和协调感，加上对空间的多功能利用，营造出一个能够与邻里友好交往的前院空间，也并非是可望不可及的事。

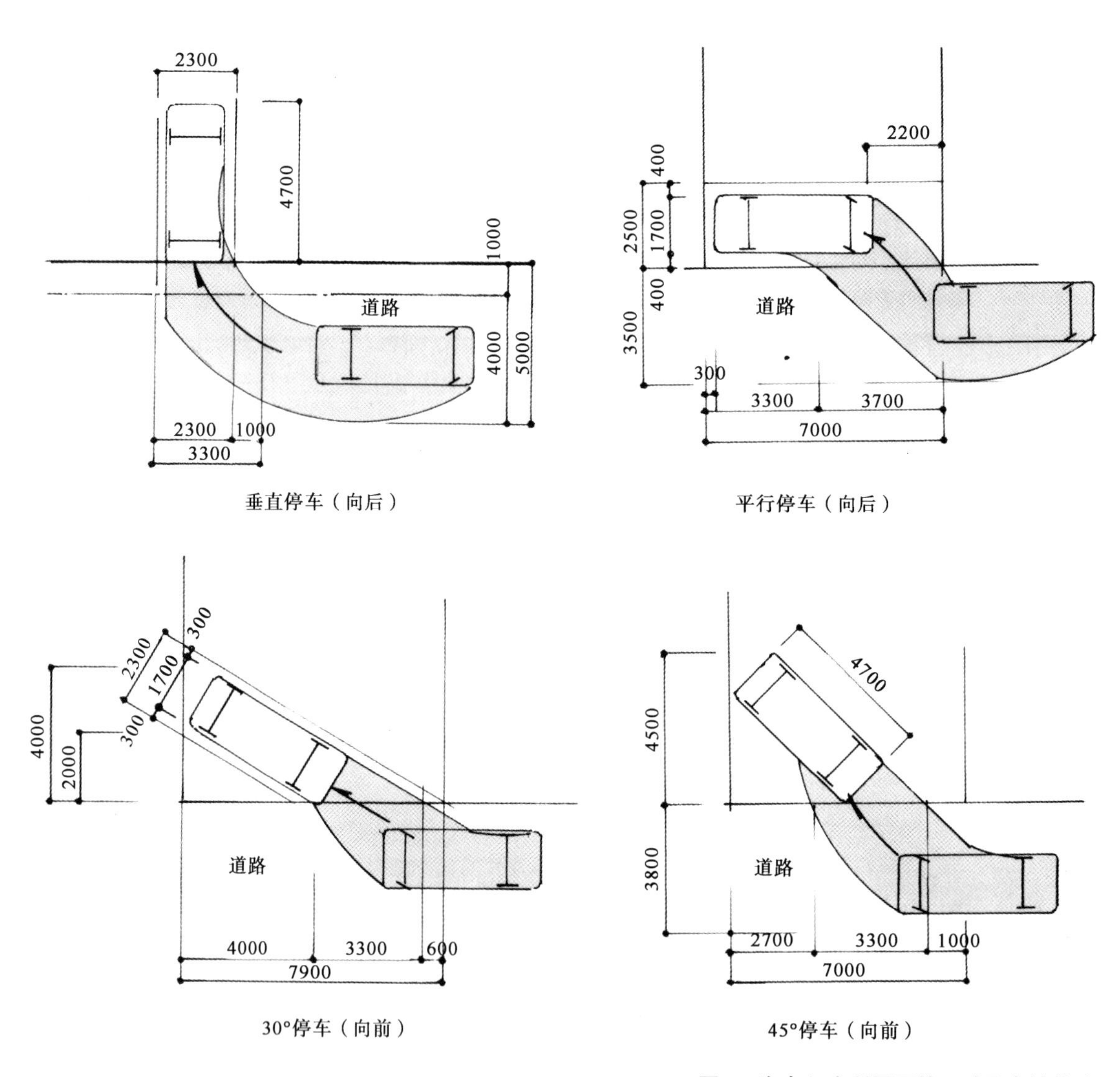

图1　汽车入库所需要的尺寸及车的轨迹

2）停车空间的变化

图2～图4为垂直停车的变化。图2的形态在街区中几乎司空见惯，是一种比较简单而又随意的停车空间设计。即使在同样的条件下，如果像图3那样，在地块与道路之间营造少许的绿化带，再搭建一个大框架的话，也会让原本杂乱不堪的外观显得规整和协调多了。还可以将引道布置在停车位相反一侧，这样人员进出就不必从汽车旁边经过，从而可以提高住宅入口的独立性和安全性。

图4系对图2稍加改动的形态。在从道路退让一点的位置建起一道设门的矮墙，当汽车出入时，门在墙后推拉。依据矮墙上门的设计形式，可分为和式与西式两种。在路边还可以栽植绿化带，以形成一个雅致和沉稳的立面。如图4所示，由于绿化带形成了一定的层次感，加之形象树的烘托，使外部空间的纵深也显得更大了。此外，如果将矮墙分成两三层，抑或高低错落产生阴影，也可以形成具有纵深感和立体感的立面。

当平行停车时，必须有一个为把车停到准确位置而变向的空间，包括这样的余裕在内，其正面宽度则需要7～8m。如果像图5那样停车，即使在停车所需要的空间内，也多少会有停车时用不到的地方，可以在这里设置一个小的木板平台，或者在车轮碾压不到的位置栽上花草树木，规划出一个扩展绿色空间的方案。

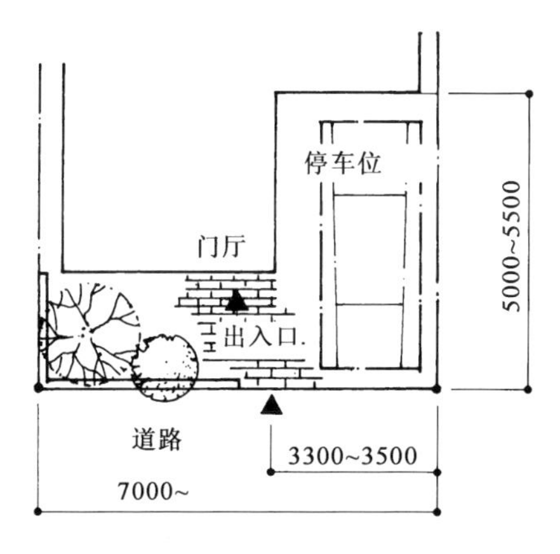

平面图
在前面道路宽度为4m的情况下，不给停车位正面宽度留有余地

透视图
未绿化，留给人光秃秃的印象

图2 垂直停车1

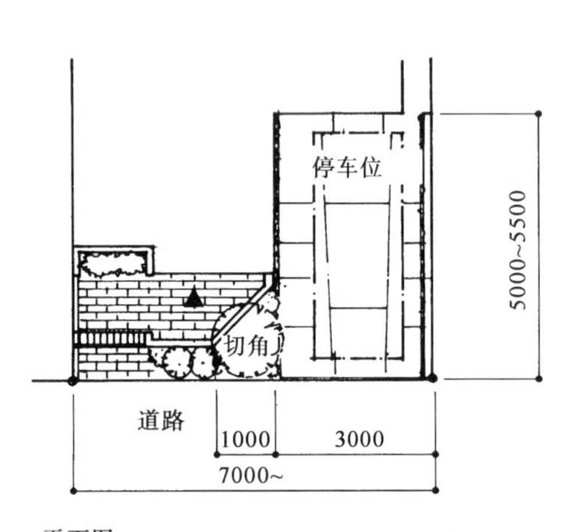

平面图
在前面道路宽度为4m的情况下，如果设有切角，可便于车的出入

透视图
搭建大框架可让立面显得规整和协调

图3 垂直停车2

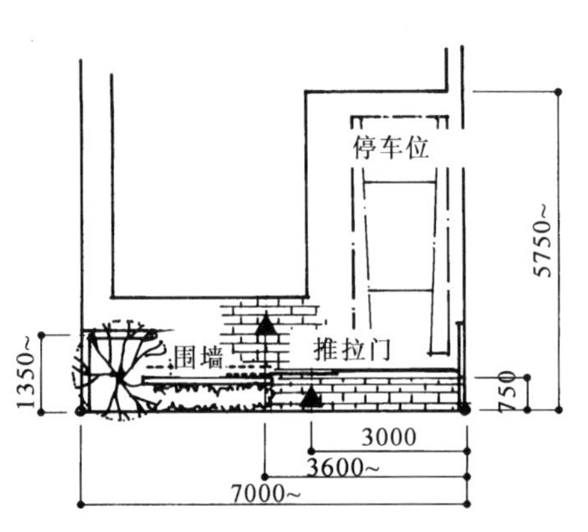

平面图
在停车区建围墙，设门在墙后推拉

透视图
由于安装了门，立面十分整洁

图4 垂直停车3

如图6所示，斜向停车可以构建出一个有着较大的三角形绿化带和比较宽敞的前院。如果说采取这样的方式车的出入便会轻而易举，也多少有些夸大其辞，只能算作推荐的配置方案之一。

汽车出入所需要的尺寸，因斜向角度的不同而各异。如果是30° 左右斜向停车的话，则需要在平行停车2.8m纵深的基础上再加1.2m的样子。

这样一来，由于将对基本布置设想的立面设计效果产生很大影响，因此必须在设计时仔细斟酌，充分考虑利弊。

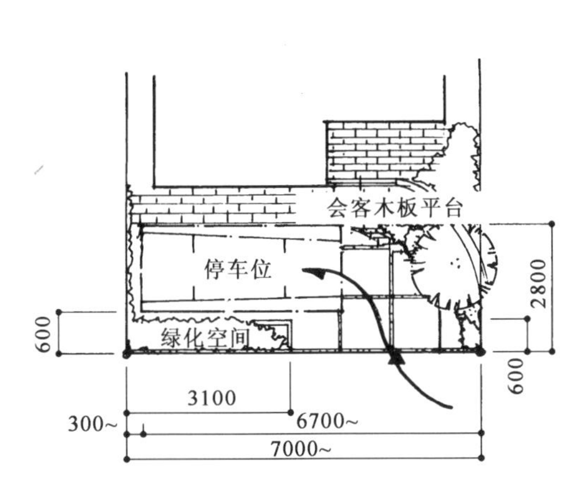

平面图
最好从路边退让少许，以确保绿化空间

透视图
通过绿化营造出的美观效果

图5 平行停车

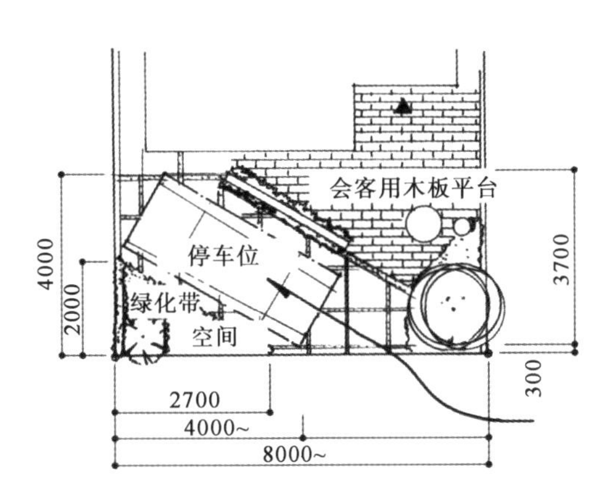

平面图
斜向停车时余裕空间的绿化

透视图
会客的平台处使空间显得更加开阔

图6 30° 斜向停车

ⓑ 确保绿地

1）绿化的重要性

植物的绿色，可以称为建筑外部空间的灵魂。绿化对于抑制地球变暖而发挥的作用几乎尽人皆知。在炎热的夏季，屋外的树木就像给窗子遮上了一片绿色的帷幕。有数据表明，当室外气温在35℃时，这样的绿色“窗帘”可使室内温度下降5℃左右。5棵成年期的树木所吸收的二氧化碳数量，就与使用冷气设备时将室温提高1℃所减少的二氧化碳排放量相当。因此，应该积极地推广绿化事业。可以说，一个没有绿色的建筑外部空间就等同于沙漠。然而，在都市型住宅区里，想要确保绿化空间又是何等的困难！而且，在一个十分局促的栽植空间里，即使勉强栽上树木，也很难与环境相融，不是任其枯萎，就是让无尽无休的维护管理搞得精疲力竭。最理想的状况，自然是应该在一开始就准备好较宽敞的绿化空间，但实际上这很难做到。为了在极小的地面上营造出丰盈的绿化效果，墙面的绿化应该是一个有效的途径。

2）墙面绿化 在狭小的栽植空间里与绿色共生

墙面绿化有两种方法，一种是用绿化材料覆盖墙体表面；还有便是离开墙面一点儿张挂钢丝网，让绿化植物在网上生长。说到这儿，大概所有人的脑海里都会出现爬山虎缠绕在砖墙上的情景。

图7则是在建筑物外墙上搭建起的框架，框架上编织着爬满植物的钢丝网。由于钢丝网与外墙之间尚有一定距离，因此建筑物不会受到植物根的伤害，虫子也难以爬到屋里去。在一面面巨大的绿色墙壁的包裹下，无论在家里、在室外还是在地球村都能够快乐地生活。

图8是仅对入口处所做的绿化设计。经过剪切整形的绿色缘额，与白色的外墙形成强烈的反差。即使从对面的马路上望去，也让人觉得是一个装点得十分漂亮的入口。虽说对用于绿化的植物的维护管理需要付出不小的辛劳，但由于是在有限的面积内，其负担就显得轻松多了。

作为一名称职的设计师，不仅像上面所列举的那些例子一样，采用悬吊植物进行绿化，而且还要在一定程度上考虑到绿化设计的装饰效果。譬如在围墙上开窗，窗的周围缀满鲜花；在修建成壁龛形的树篱中摆放铭牌和白色的雕塑等。类似的方法都能够渲染出高雅的氛围，让路过的行人赏心悦目。另外，对于喜欢花的业主，还可以向他们建议在石砌围墙的缝隙间栽种山野草一类的植物，或者造座假墙花园。通过墙面绿化、壁泉和流水等的组合，营造出变化无穷的景致，创造一个感受引道边墙壁花园乐趣的方式。

图7 在环绕的框架中整齐植入的绿色※

（设计和照片提供：弓良一雄/弓良建筑设计室）

图8 对大门周边做墙面绿化※

（设计：中村金治）

Ⓒ 防范·确保私密性

1）防范

住宅区的防范，不仅涉及宅地范围内的安全问题，而且亦与住宅区整体的安全息息相关，因此应统筹考虑。如果只是在自家四周建起高高的围墙，而对围墙外发生的事毫不关心，那不是太自私了吗。哪怕是漆黑的夜路，只要有路灯，也会让人感到放心；从明亮和人影幢幢的屋前走过，任何人都会有安全感。

从确保私密性方面考虑，修建围墙或许是必要的，但其高度也应压缩到最低程度；尽量采用留有缝隙的栅栏形式，让室内的光线可以透到外面来，这对于营造街区的安全环境是必要的。而且，这不仅有利于街上的行人，也对自家的安全和防范起到一定作用（图9）。

围墙的设计，在需要遮挡视线的段落高一些，其余区段低一些，同时可保证有良好的通风效果。既具有通透性，又确保私密性，在防范上也能发挥作用。

图9 防范作用和私密性兼备的围墙

私人住宅防范的重点是：*i*）从街上便可发现可疑人的侵入迹象；*ii*）宅地边界明晰可见，使可疑人的侵入行径暴露在众目睽睽之下。为此，就需要具有内外的通透性，可以说宅地内的安全与宅地外的安全在对策上是密不可分的。

2）私密性

差不多所有的住宅，都很想要遮挡来自路上和引道的视线，普遍存在一个该如何确保私密性的问题。

在路边朝南的宅地里，有着良好的日照条件，对于喜欢草花的业主来说，真是得天独厚。这样的住宅南侧，在平面布置上，大都设有带阳台的起居室，而且入口和停车位也与此相近。因此，应该受到格外的重视。可是，对私密性的感受也会因人而异。既有人讨厌别人从引道上看到起居室内的情形，也有人觉得只要是在自家围墙内，从任何地方看到什么都无所谓。这一点，设计前一定询问清楚。

图10表现的是，在面向街道的起居室和寝室前面，以纵向木格子遮挡视线的例子。在设有寝室一类个人空间的二层，为了确保私密性，将格子的排列要密一些。一层的格栅则木条之间相距较宽，由于这里是住宅的共有空间，如厨房和

餐厅等。因此一层的格栅间隔相当于将二层的3根木条抽去1根，其目的在于保持宅地内外的密切融通。这样一来，既满足了各个房间的使用功能，又通过改变格栅的间隔，使不同程度的私密性也得到保证，凸显了立面设计的简练风格。虽然这样的设计理念是出于满足功能性和安全性的需要；但作为一种具有韵律感的设计，也使立面形象变得生动起来。

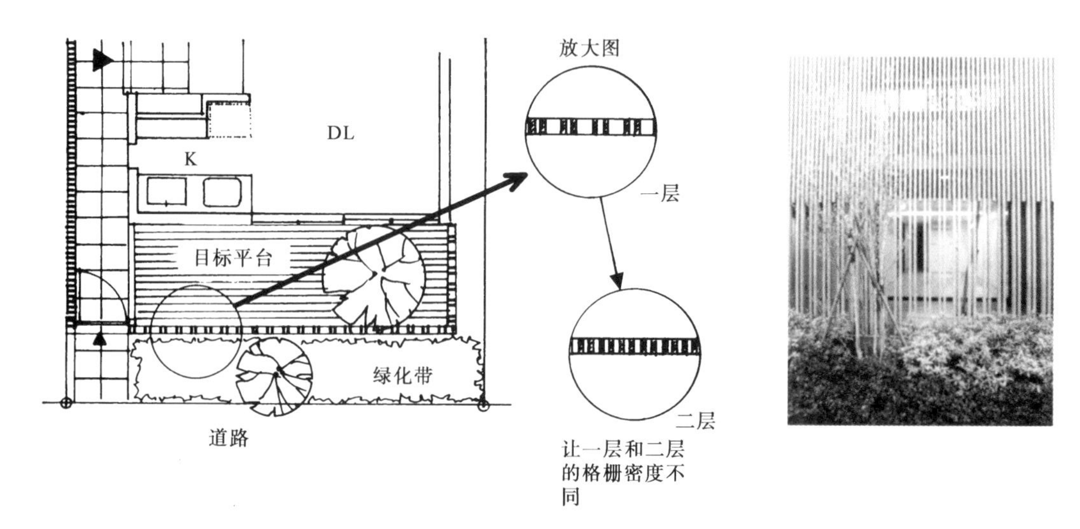

图10 对来自外部的视线的处理※
（设计和照片提供：杉浦传宗/Arts & Crafst建筑研究所）

另外，为了确保私密性，来自道路的视线的透过程度和宅地内都会让人们看到什么，以及当有人从大门进入宅地内以后的视线该如何遮挡，也都是需要讨论的课题。在确定大门位置时，应尽量与建筑正面错开，引道布置设法弯曲，建影壁墙和栽植遮挡视线的树木等等，也都不失为保障私密性的好办法。如果一旦有人进入宅地内，住宅的主人从任何角度都能够发现的话，像这样的住宅可以将引道与花坛一体化，建成花坛引道。即使空间再小，也要留有余地，譬如用木板构建一个小型聚会空间，穿过这里再进入门厅等等。如此一来，就能够在引道边重新出现一个现代生活中已日益少见的交往空间。

ⓓ 对美观和景观的考虑

如果住宅立面空间面对北侧道路，目前的实际情况是，都对尽量扩大日照条件较好的南侧庭院满怀期待，而北侧仅留有停车的位置。

而且，宅地的使用方式，基本上是前院、建筑物和主院各占三分之一。这样便能够较容易地确保空间的独立性，各个空间所需要的安全性和私密性等也可以得到加强。不过，因此也会产生背面空间不足的问题。看起来，要做到使用方便与美观及景观兼得还真不是一件简单的事。

面对道路的一侧，出于防范和防火的考虑，一般都采用封闭结构。由于封闭式的结构设计会使形象显得过于灰暗，因此为了美化街道的景观，应在设计上渲染出明快的效果。

应该通过选用明亮的色彩及其他技巧，努力营造一个期待与邻里相互联络的交往空间。最近，诸如消除压迫感的围墙和没有闭塞感的引道等，以及被称为开放式的外院，在设计中仅保留门墙的象征性围墙形态，也开始越来越多地进入人们的视野。此外，类似那种对某个住宅区进行统一的规划设计虽然不存在什么问题，但在老的住宅区中，一家家个性十足的立面，要做到邻接的住宅都能协调一致还是十分困难的。只希望临街住宅的改造不要影响到街区的景观效果。

图11为格栅、铺瓦人字屋顶和抹灰墙的町家住宅，看去沉稳大方，颇能勾起人们的怀旧情绪。当设计美观的建筑物连接在一起时，会显得十分和谐，并使人心情平静。为了能够让和式房屋与摩登的城市建筑比较般配地并列在一起，得下一番调和的工夫。利用绿地作为二者之间的占地边界，能收到一定效果。

为了街道美观和营造好的景观，住宅及其院落的整理十分重要。骑过后随处乱放的自行车、地面上洒水用的塑料软管、植木钵中枯萎的花木和孩子们的游戏器具等，都是治理整顿的主要对象。为了不让人从马路上看到杂七杂八的色彩、形状和材料，必须保证有足够的收纳场所。

相互连接在一起的现代的民居。使用了铺瓦的屋顶和格栅的窗子。每2栋相连是其结构形态上的优点。即使采用相同的设计，只要让正面格栅形状作些改变，便可以在保持原有统一风格的同时，又渲染出各种各样的特色。

图11 协调街道景观※

（设计和照片提供：包拉斯俱乐部、中央住宅单户独立房屋按揭事业部）

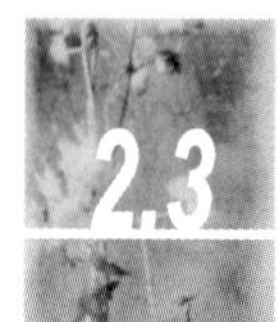

2.3 立面设计的手法

究竟该怎样做才能让景观和立面看起来更美呢？我们只要看看欧洲和京都的街区这些被公认为美丽的地方，立刻发现都具有共同的特点：这里的建筑物外墙和屋顶使用的材料都很相似，再加上屋顶的坡度和形状基本相同，使其具有整体上的统一性；建筑物墙面的墙壁量与开口部的面积处于较好的均衡状态，门窗及其装饰的设计也恰到好处。像如此优美的设计，与其说是追求美的设计的结果，不如说是社会状况和地域特色的产物。这些已绵延数百年的街区，在当初创建时，由于缺少运输手段，便只能就近使用能够容易得手又价格便宜的本地材料；在设备尚不发达的时代，人们不得不尽量利用自然环境以相近的方式来改善自己的居住条件，这些似乎都是造成后来的街区具有统一感的背景。日本的情况与此类似，排列在渔村和下町小巷里的住宅，差不多都有树篱、葺瓦屋顶、板壁、涂漆的外墙、样式相同的格子门和二层上带栏杆的窗子等，以使用种类有限的材料和完全凭着木工技巧这样传统的设计手法，造就出统一协调感。

日本的国民几乎都拥有自己的住宅，应该是近30年间的事。而发展到一代一户的住宅，那更要晚近得多。一方面，地块和房子越来越狭小，要想有一套自己的住宅，差不多需竭尽毕生的精力；另一方面，随着经济的发展和建设水平的提高，世界上的任何东西几乎都可以轻易得手；地域特色逐渐淡化，在个人至上和个性张扬的驱使下，如今构建的街区已是色彩缤纷，令人眼花缭乱。在这样的情势之下，即使意识到应该营造良好的居住环境，也无法对承担街区景观重任的建筑外部空间给予更多的关注，可以说毫不为怪。

街区的优美程度成为人们的话题，并没有多长的历史。当然，如果是一个大型住宅区，都要在确定概念的基础上才能进行设计，往往还需确保有着优美的景观。可是，类似原有的一家一户的住宅，是完全凭着个人的偏好和情趣建造起来的，邻里之间或面对同一条道路的建筑物之间，都不可能采用相同的理念进行设计。因此，今后有必要确立对这样的街区景观如何进行调整的方法。要想把生活的功能性、安全性、私密性、舒适性和美观性等各种要素，与占地面积、地块环境、平面布置，以及气候和风土等条件结合起来，设计出令人满意的建筑外部空间，是一件相当困难的事。

这里，我们将针对以上所说的种种状况，试着对如何设计出可以美化居住环境的建筑外部空间的一些手法加以归纳和整理。

ⓐ 造型手法

为了能够通过建筑外部空间设计来美化景观，应该遵循以下原则：覆盖、遮挡、归纳和统一等。这些与家中妥善的物品收纳方法所遵循的原则是一致的。

1）覆盖

最简单的覆盖方法就是把东西都藏起来。

能携带的物品可以放在仓棚里；但为了隐蔽无法收藏的建筑外部空间，便需要加上覆盖物遮隐起来。当然不能像包袱皮儿那样裹得严严的，只能是张挂一块帷幕，如同利用大型围墙或墙壁一样，将前院和建筑物围拢起来，既要显得简洁明快，又要细致入微，使那些杂乱的东西不被人们看到（图12～图14）。帷幕的材料和结构与建造墙壁相同；但一定要注意到，色彩和质地应该与建筑物协调一致，既能够保证通风的需要，又具有足够的强度和耐久性。如果是混凝土结构或钢结构、外观时尚的住宅，可采用冲孔金属板幕墙、金属格栅、玻璃板和夹丝玻璃等进行装饰。另外，不要过多地使用无机材料，应该适当地加入少许木材和花木等。

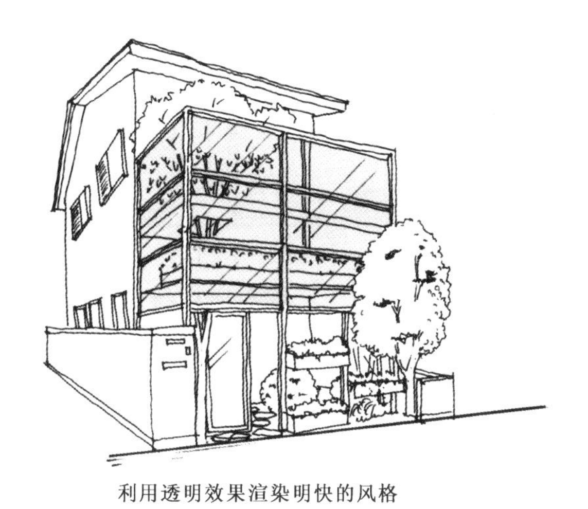

利用透明效果渲染明快的风格

图12 覆盖1

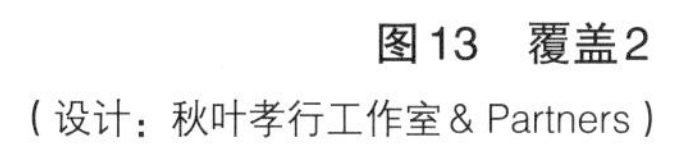

木格栅令人感到温馨

图13 覆盖2

（设计：秋叶孝行工作室＆Partners）

如使用丝网，可便于将来绿化

图14 覆盖3

（设计：青木宪一建筑设计研究所）

2）遮挡

与1）的应用方法大体相同，不过这是一种使用幕墙和挡板完全遮隐的方法（图15～图17）。在选择造型和材料方面，要考虑到不能密不透风。如果采用和式的设计理念，则利用木格子和粉刷墙壁等自然素材进行适当搭配。为了重点突出，可在设计上选用金属构件，会产生强烈的对比效果。

在和西兼容的建筑物上，可以使用砖瓦和瓷片；但如果使用的面积过大，便会产生压迫感。因此，到底应该在多大面积上使用这些材料合适，务请仔细斟酌。

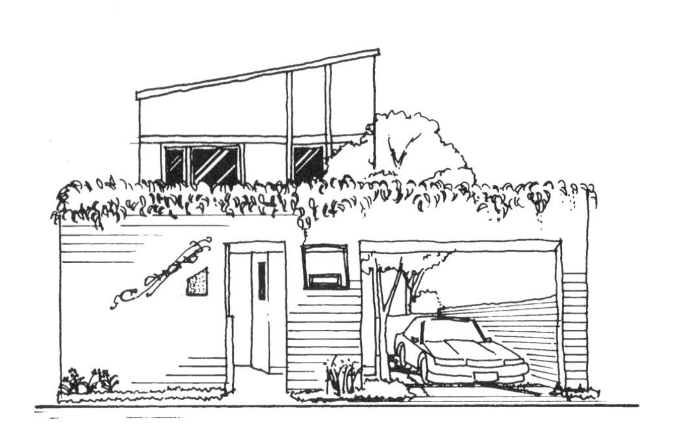

格调高雅，给人以庄严的印象

图15 遮挡1

利用木材缓解压迫感

图16 遮挡2※

（设计和照片提供：川津悠嗣/川津悠嗣建筑设计室）

尽管使用了金属，但其锯齿造型却给人留下明快的印象

图17 遮挡3

（设计：广永和之/櫂建筑设计事务所）

3）归纳

在面积较大难以覆盖或遮挡的情况下，也可采用搭建框架的方法。即使只用梁、柱和斜材围起来，照样会起到规整的作用。如图18～图20的例子所示，可以见缝插针地栽种花草树木，或张挂起具有通透性的幕墙材料，也能遮挡人们的视线。这样的方法，也被称为加盖效果、框架效果、额缘效果和装箱效果。这就像把点心装在盒子里一样，将大小及形态不同的窗和门都收纳起来。通过在建筑外部空间搭建框架，让本来丑陋不堪的建筑物“面容”变得清爽亲切多了。

使用框架可让各种要素合而为一

图18 归纳1

白色的墙壁和木质的框架
给人以柔和感

图19 归纳2※
（设计：中村金治）

在金属框架中张拉丝网，
可用于绿化

图20 归纳3
（设计：入江高世/DFI）

4）统一化

只要将造型和材料统一起来，便会使建筑外部空间整体看上去很规整。如果对房屋的外墙、门墙和框架的材料种类及色彩数目做出限定，将使设计产生沉稳大方的效果，格调也变得更高（图21～图23）。

漫步在住宅区，有时竟觉得自己似乎进入了一个令人毛骨悚然的空间。有着清一色贴白瓷砖、高2.5m左右的围墙和简易车库门的房屋，差不多有10栋的样子，排列在道路的两侧。或许认为只要有了统一的设计效果就会好吧；但过度的统一不仅显得十分单调，而且如同一张张呆板无表情的脸孔，使之成了毫无魅力可言的景观。街区的美观并非仅靠统一感就可以实现的。

限定造型和材料，形成统一感

图21 统一化1

由简易车库的排柱、横梁及建筑物表面被覆的木板营造出的统一感

图22 统一化2※

（设计和照片提供：长谷川总一/长谷川设计事务所）

利用混凝土的特点，以平面和四角统一造型的例子

图23 统一化3※

（设计和照片提供：长尾胜彦+设计工作室）

将背景统一，不破坏协调性，透过栅栏的缝隙，不时闪现着房屋主人的面容……，通过这些各具特点的表现，才能形成一个富有生气和魅力的建筑外部空间。你可以在窗子上安装铸铁的格栅加以装饰，也可以摆放窗内盆栽美化窗的周围，以自己特有的鉴赏方式，营造各种空间变化和丰富生活情趣。

ⓑ 色彩使用的方法

色彩基本上分为两种，一种是像砖瓦、石材和树木那样材料本身具有的颜色；另一种则是人造的涂料和颜料。前者的色彩，是要在选用材料时才能决定的。而后者的色彩，如果不能在施工过程中随时调整的话，便只好事先作慎重的抉择。有关色彩的处理请参考本书“色彩”一节（第10章）。其要点是，在最初阶段就应先确定底色，然后再以此为基调进行各种色彩的调和。不过，在多种色彩和材料相互搭配的情况下，要注意彼此之间的平衡问题。比较常见的配合比例是，基调色或基调材料、组合色彩或材料、主色彩或主要材料约为6.5：3.0：0.5的样子。

2.4 用于多种功能

只是由于立面空间狭小，没有余裕，也不能仅仅修建了生活中必需的停车空间和引道便完事大吉。作为一种方案，我想在这里建议再前进一步。为了在有限的空间里构建出一个可与自然交流的生活角落，该采用什么样的方法呢？解决的途径就在于空间的循环利用。将空间用于多种功能，让空间重叠起来立体使用……这应该是对多功能化和立体化设计的一种挑战。如果是都市型住宅，一定要在前院的构建上下足工夫，同时也要注意后面被遮隐部分的舒适性，以最大限度地利用空间的功能。

ⓐ 设计的立体思考

在平面的基本规划和研讨结束之后，便应该进入立体设计阶段。例如，在停车空间上部建成的二层露台的栏杆和遮屏，设计挑檐以扩大立面，从而形成立体结构。设计时，可将地块的立面宽度作为横轴，建筑物屋脊高度作为纵轴，然后展开一幅画面。从基础到屋脊的高度，如果是2层建筑，大约为7m左右。如果把建筑物正面以高度进行切分构图的话，设计起来会更得心应手。

ⓑ 空间的多功能使用

对空间的功能不作限定，采取多功能的使用方法，也能够拓宽设计的余地。

例如，虽然将包括从大门到门厅的引道在内的庭院称为前院；可是，多数情况下都将设计的重点放在了通向门厅的道路上，其实在行走的舒适性和安全性等功能方面的要求，以及门厅的情调和品格也同样应该受到重视。

另一方面，在城市的中心区域，常常为没有可供孩子们游戏的场所而烦恼。因此可以将前院空间作为儿童的游戏场所来进行设计（参照本章“事例”一节）。将乍看起来完全相反的用途设计到同一个空间里去，往往需要选择突破固有概念的手法来解决问题。

此外，再给大家介绍一个如何解决想要举办花园聚会却没有相应场所这样难题的方法。将汽车暂时存放在计时收费停车场，然后把自家腾出的停车空间权当聚会场所。为此，在基本规划中，即使是停车空间也应该当做可以欢聚的庭园来设计（参照本章“事例”）。

Ⓒ 将建筑外部空间看做交流场所

未来的、即新的建筑外部空间的课题，是如何构建一个注重与邻里协调的外部空间。

易于形成社区交往的建筑外部空间，使前院自然而然便具有了新的功能。

如今成年一代生长的环境，邻里之间多以树篱作为宅地的边界，篱笆下面的空隙可容孩子们钻来钻去做游戏，大人们日常可以一边晾晒衣物一边相互打招呼，虽然多少存在一点儿私密性的问题，可是邻居之间的交流让人感到十分温馨。尽管现代居住环境对私密性问题仍然非常敏感，但随着社会情势的演变，逐渐会构建起单纯而又温厚的邻里关系。这恰恰也是建筑外部空间设计的命题，而且这种关系只有在建筑外部空间里才能构建出来。

※本文照片说明文字上加“※”号的，系选自社团法人住宅生产团体联合会《临街住宅100种》中的《临街住宅推荐》（鹿岛出版会，2006年）刊载作品。本书能够使用这些照片，多承照片的所有提供者及有关联合会的鼎力支持，特在此予以说明。

事例1　将停车空间作为花园聚会场所

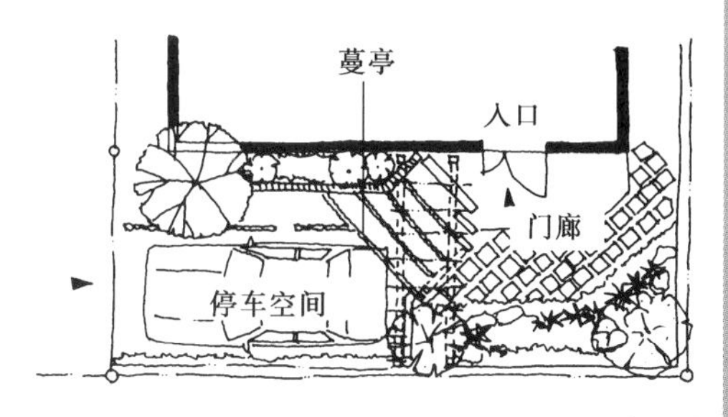

平面图

在放汽车的停车空间内，布置各种花园设施和烧烤炉，可以容纳相当多的人。如果可能的话，最好再准备一张带凹槽的台子。透过低垂的绿色枝条和鲜艳的花朵，设置蔓亭的天井若隐若现，刚好遮蔽了邻居的视线，也营造出聚会场所的氛围。此外，地面铺装的木板的选择及其拼接的图案，让人觉得意味无穷，在设计上可谓独具匠心，更提高了聚会者的兴致。如果能够将遮屏的间壁制成可移动的植物空间，并根据需要对空间进行调整，或许也是一个不错的创意。

将停车空间变成花园聚会场所

透视图

事例2　构建与社区交流的场所

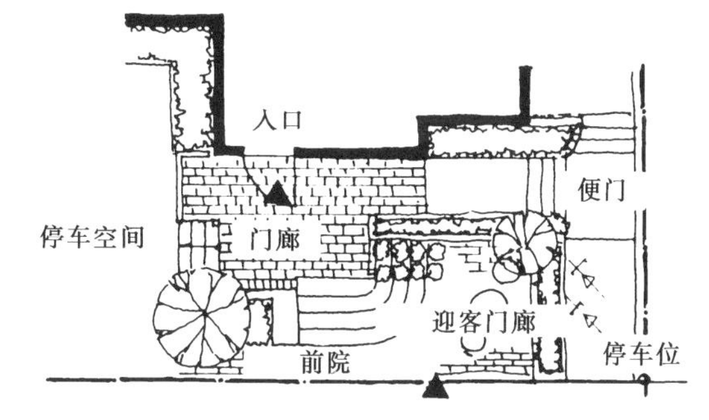

平面图

在入口前的门廊和蔓亭内摆放椅子，坐在那里可以向过往的行人打招呼……类似的举措，将会带给已处于老龄化和孤立化生活状态下的人们以些许的变化和活力。入口前的门廊和前院，要下决心拓宽。如果能设计成迎客门廊和迎客花园的话，就可以在入口前边喝茶边与邻居聊天。

把面向道路的前院构建成对社会开放的院落，以形成一个新的社区，这不正是未来型的建筑外部空间吗！

构建迎客门廊

透视图

事例3 设有儿童游戏攀爬器具的前院

试着将引道的门和翼墙设计成类似于儿童游戏攀爬器具的形态。再给予色彩斑斓的器具一个奇特的造型，即便这里没有孩子们的身影，也仍然形成一个富有个性的立面。当作为游戏器具使用期间结束时，可以让藤蔓植物爬满器材，以绿色装点空间。如果放上搁板的话，还能够摆放陶器和雕塑等，当做画廊使用。作为一种设计手法，即使不设置游戏器具，也可以构建出浓缩风景的箱型花园，形成趣味无穷的空间。

从游戏器具下面穿过，进入入口

透视图

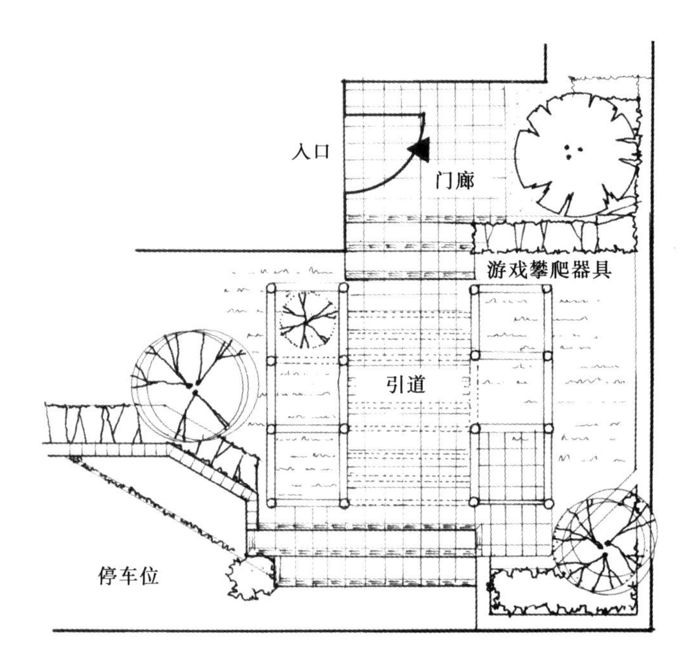

平面图

事例4　让停车位上的平台看上去更美

任凭谁都想拥有自己的庭院和停车位，遗憾的是宅地内却没有这样的余裕空间。在住宅区里，人们经常看到的是，在停车位上面再造出一个类似居室或蔓亭的建筑物。插图中的方案，因为地块的基础面要高出道路表面800mm，所以在停车位上面搭建的平台恰好相当于住宅的二层，距地块基础面1400mm。如果是正面宽度较为狭窄的宅地，停车位上面搭建平台的立面，有一个显而易见的缺点，即会破坏水平方向与垂直方向的平衡，看上去不美观。设计上要注意的是，自平台的栏杆垂吊下来的藤蔓植物形成的垂饰墙不能影响汽车乘降。为了方便汽车出入，应尽量减少设置立柱的空间。要想构建一个宽敞的平台，也缺少不了必要的结构设计技术。即使不是车库整体，而只在引擎盖或后轮上方搭建平台，也会让立面变得很漂亮。

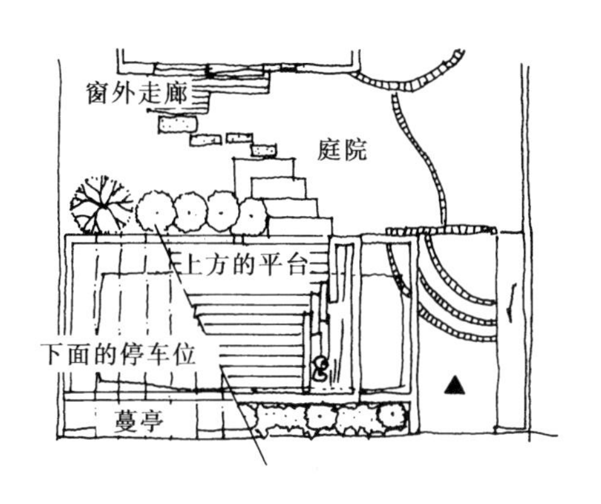

平面图

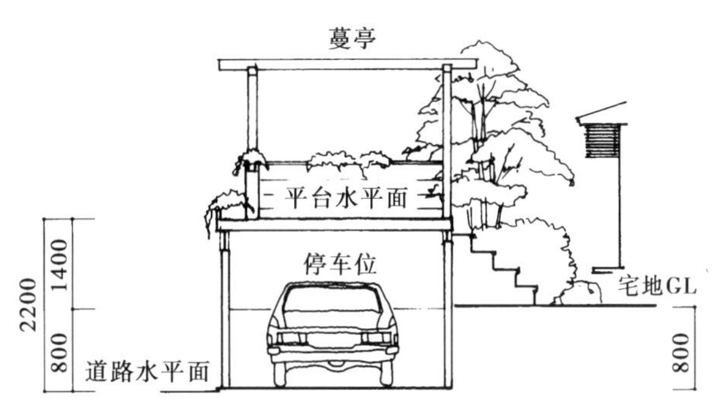

在道路与宅地GL有高低差的场合，以立体利用方式让空间产生变化，令人感到惬意

断面图

透视图

第3章

门周围的设计

桂离宫的御幸门（京都市西京区）

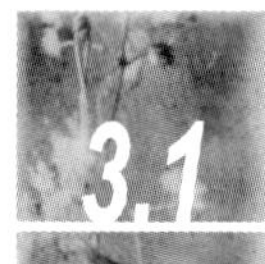
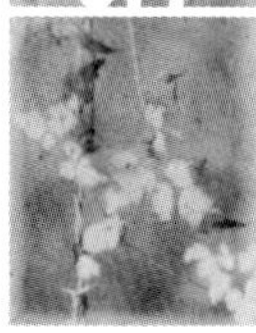

3.1 门周围的理念

迎接来客时，客人最先看到的就是门的周围。不管是多么漂亮的建筑，假如“门周围”又脏又乱的话，那这个家庭留给人的第一印象也一定是不好的。这就是为什么人们常常说“门边是家的脸面”的理由。

直到很早以前，日本仍然处在这样一个时代，即保留着武家社会的遗风，家家的门脸都构筑得很大、很气派，并将其作为身份和地位的象征。不过近年来，人们已经逐渐意识到，大门的设计也要照顾到与邻居交往的方便。那种与其过于庄严，不如降低高度，让立体构成的墙壁和角柱与绿色植物巧妙搭配，并考虑到安全和防范的设计，正在成为当前的主流。

并且，还不能忘记门周围的设计与建筑物的调和问题。因为门的后面肯定是建筑物，所以如果门周围的设计风格与住宅的样式和外墙的色调及质感等不协调的话，就是把门周围搞得再漂亮，也会让人觉得别扭。尽管预算是有限的，但唯独门周围要舍得花钱，并在规划中坚持以品质作为第一选项的原则。

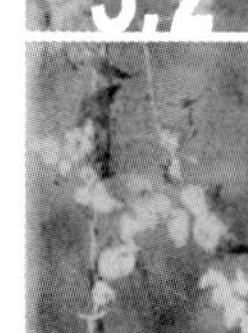

3.2 门周围规划的要点

ⓐ建筑物与街区的调和

以门周围为主的立面设计，不能将其作为单体处理，必须考虑到背后的建筑物以及周围排列着的相邻住宅。无论如何美观的门脸，只要是与周围的建筑物和街区不协调，就会给人留下什么地方失衡的印象。

在考虑门周围设计之前，应先完全确认建筑物的样式、设计理念、使用的色彩和材料等事项，并在了解周边环境的基础上，再开始进行规划。

ⓑ构建富有情趣的空间

即使墙壁、角柱和地面设计得再好，如果连一丁点儿植物的影子都见不到的话，也会让门周围的表情显得呆滞和木然。哪怕空间再小，只要动动脑筋，总会想出办法栽上几棵植物的。请记住，在门周围仅仅栽上1棵树，也能够使构建出的空间富有季节感和情趣。

ⓒ积极采用新的材料、产品和施工方法

如果想要在繁忙的日常工作中，尽可能不太费力地进行设计和施工的话，采用的材料、产品和施工方法往往会比较单调，很容易成为平庸的工程。从较为长

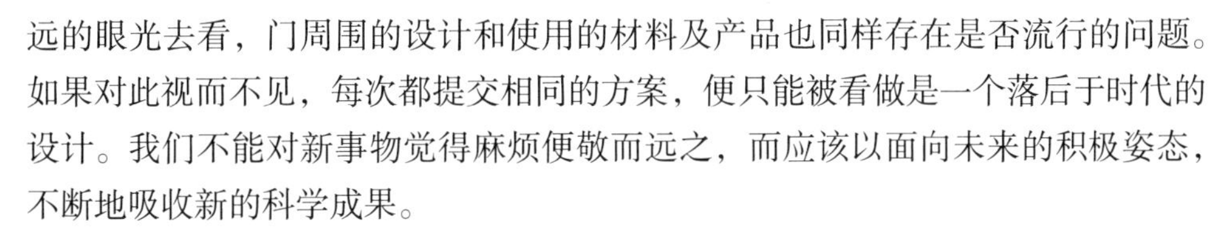

远的眼光去看，门周围的设计和使用的材料及产品也同样存在是否流行的问题。如果对此视而不见，每次都提交相同的方案，便只能被看做是一个落后于时代的设计。我们不能对新事物觉得麻烦便敬而远之，而应该以面向未来的积极姿态，不断地吸收新的科学成果。

ⓓ 对安全防范的考虑

近年来，开放式的住宅形态正在日益增多；但与此相反，将住宅从开放形态改建成封闭形态的事例也在增加。其中的原因有几个，最为集中的理由是对防范方面的不放心。在严重犯罪日益猖獗的今天，不得不十分遗憾地认为，日本社会状况的那种安全神话已经成为过去。因此，人们不再从单纯的装饰角度或以降低造价的理由，就轻易地采用开放的住宅形态；而今后变得越来越重要的是，在建筑外部空间的设计上必须考虑到安全防范方面的要求。

图1　门周围与建筑物的平衡十分重要

3.3 门周围的形态

在建筑外部空间的设计中，最初应该进行的是各个功能区的划分。地块内的各种要素固然都要进行布置，但首当其冲的是确定停车区的位置。一般的布局，都是将其安排在面向道路的部分，紧挨着与邻居相连的边界处。停车位确定之后，接着便要安排门的位置。通常情况下，只要门的位置便于自道路进入，可以将其布置在任何地方；但从包括动线在内使用起来方便、结构物布置和确保主院空间等项考虑，还是应该尽量布置在停车位附近为宜。

至于门周围的形态，大体上可分为“封闭形态”、“开放形态”和“半开放形态”等。至于要选择哪种形态，完全取决于业主的偏好、生活方式和宅地周边环境等，应综合考虑以上因素后再做决定。现在，让我们看一下各种门周围形态的特点及其设计要点是什么。

ⓐ 封闭形态

所谓封闭形态，系指利用围墙、大门和车库将面向道路一侧围起来的形式（图2）。是一种在紧挨道路边界线处布置大门，并以高高的围墙圈起来的设计。从规划方案角度上看，虽然毫无魅力可言；但只要能够在墙的结构、确保绿化空间和材料搭配方面下些工夫，也并不一定形成封闭状态，倒十分可能成为富有情趣的方案。何况，近来从安全防范方面考虑倾向于构筑封闭形态的业主也在不断增加。

ⓑ 开放形态

开放形态则与封闭形态相反，不以大门、围墙或栅栏等封堵，是一个任何人都可自由出入的开放布局（图3）。当然，由于结构物所占比重小，如果不以植物等填补空白处，也不会有什么魅力。应尽量选用体量突出的材料，在处理上照顾到与绿化植物的均衡关系。在安全防范方面，也有必要提出一些积极的布置建议，如设置传感器、照明和路面铺撒踩上去发出声响的砾石等。

ⓒ 半封闭形态

半封闭形态是一种介于封闭形态和开放形态中间的形态，其重点在于适度的封堵与开放感的平衡（图4）。关键是要在明确外露部分和隐藏部分之后才能进行设计，自然也不能忘记与植物的搭配。在设计墙壁和角柱时，应从功能尺寸与总体平衡两个方面加以斟酌，然后再决定结构物的大小和布置。

图2 封闭形态

图3　开放形态

图4　半封闭形态

3.4 门周围的基本尺寸

ⓐ门前空间

在开始进行门周围的设计时，首先要考虑的是，如何确保门前空间（图5）。将门的翼墙和大门位置自道路边界后退一定距离，并确保那里形成的空间。在这里可栽植花木进行绿化，看上去会显得更舒展一些，并期待能在一定程度上防止儿童向马路飞跑。后退的距离*D*的大小取决于宅地条件，其期望值为600～1200mm。

如果是一种考虑到变量的方案，在以轮椅为前提条件进行设计时，则必须确保门前停放轮椅的空间和看护者回转的空间，以不小于1500mm较为理想（图6）。

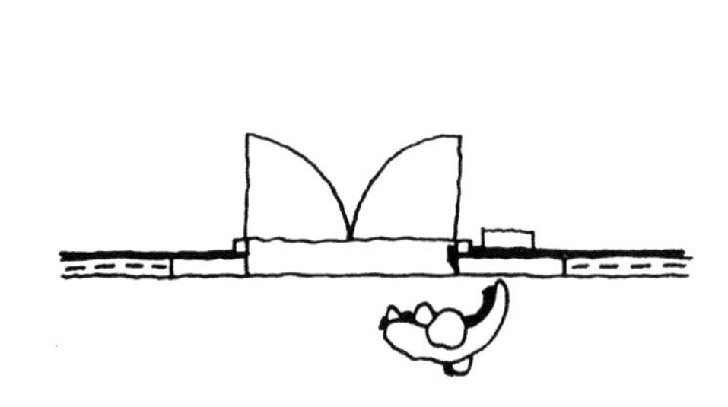

如果紧挨着道路边界线构筑大门，站在路边按门铃则是很危险的。
无论从景观还是从抗震强度上看都不理想，故应放弃这一方案。

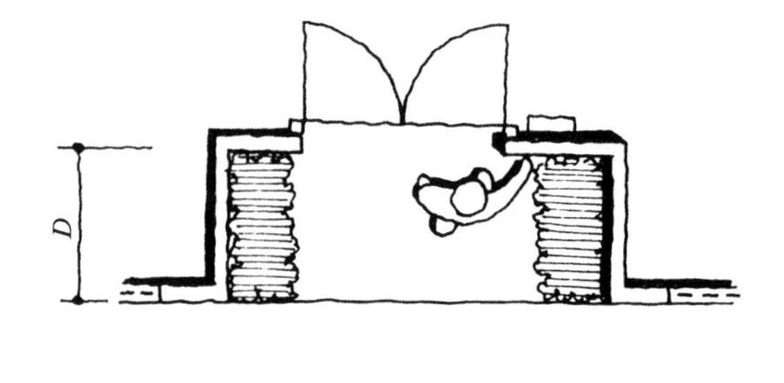

如果能确保门前的空间，不仅对安全有利，而且可以用来栽种花草树木，以形成优美的景观。
同时，两侧墙壁也变成扶壁，提高了抗震强度。

图5 确保门前空间

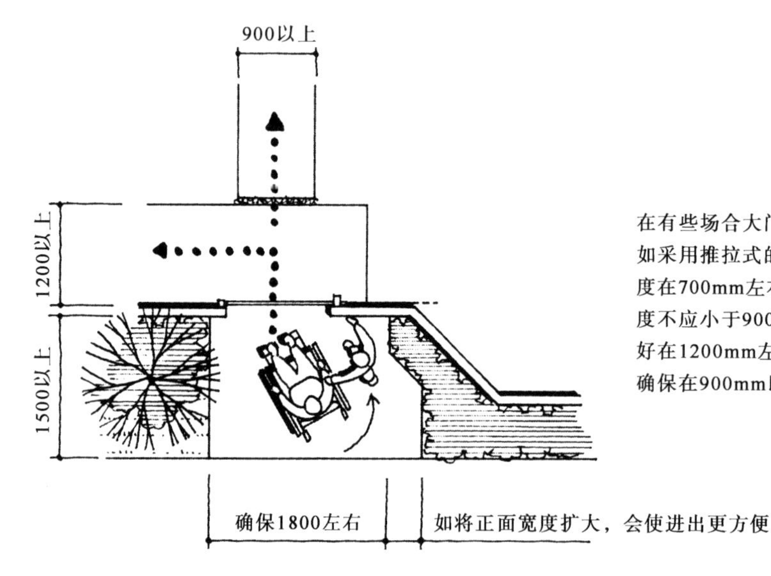

在有些场合大门与其采用双开式的，不如采用推拉式的会更方便些。因轮椅宽度在700mm左右，所以开口部的正面宽度不应小于900mm，如果可能的话，最好在1200mm左右，垂直进出的宽度确保在900mm以上

图6 考虑到轮椅进出的门前空间

ⓑ翼墙的高度

翼墙的基本尺寸如图7所示。首先是高度H以1500mm作为标准。应该注意的是，如超过这一高度固然会显得庄严，但也将产生压迫感。而低于1500mm，虽会有开放感，却让邮箱和对讲机设置过低，用起来很不方便。这一点同样要注意到。

翼墙的宽度，在安装邮箱、铭牌和对讲机一侧A约为800～1200mm左右；另一侧的裸墙B可比A窄200mm左右，这样会显得很匀称和均衡。

人员出入的正面宽度尺寸W以1400mm为标准，如果安装市场上的制式门，可以200mm为单位增减。

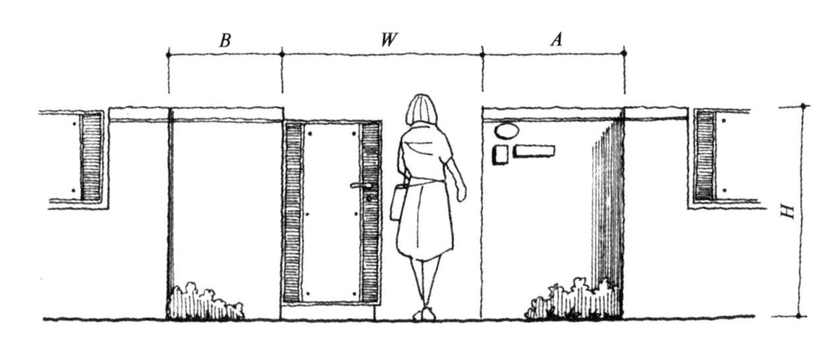

图7 门翼墙的基本尺寸

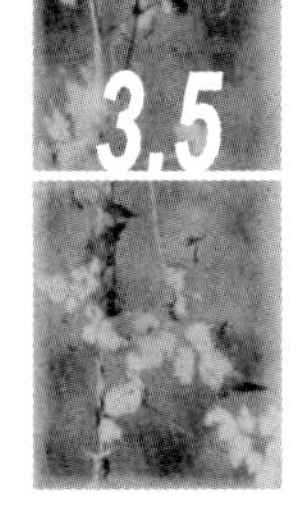

3.5 门的位置与高度的确定

ⓐ门的开启方向

有关门的位置不设在道路边界线上，而是退回宅地内进行布置的问题，已如前节所述，进而要决定的是门的开启方法。

双开门，顾名思义是由2扇门构成的；不过平时只开启单扇，另一扇用门闩固定着。在无特别指定的情况下，站在道路一侧看的话，一般都是开启右侧的门扇（图8）。

可是，一旦进入门里之后，按照动线的习惯，有时倒觉得门的开启方法反过来更好一些。因此，必须在充分了解建筑物的平面布置和入口位置之后，再对门的开启方法做决定才行（图9）。

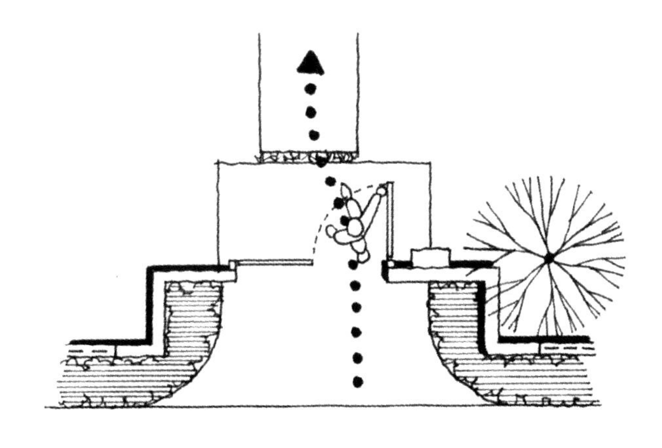

由于右撇子的人占多数，因此通常还是采用开启右侧门扇方便一些。当要搬入较大物件时，可提起左侧的门闩，以保证有足够大的开口

图8 门的开阖方向（右开）

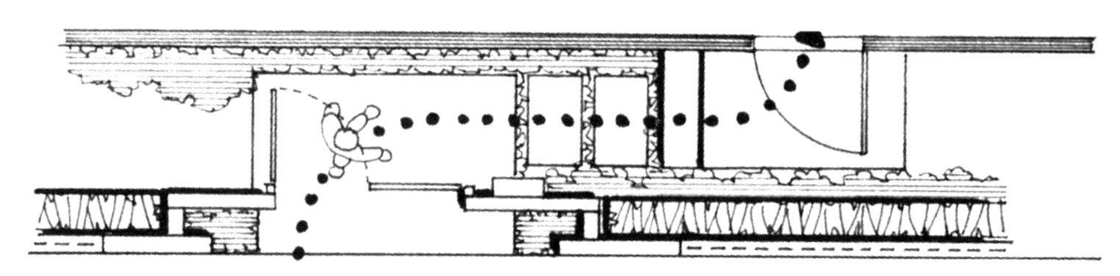

因是朝北的平面布置，故一进入大门便是建筑物，如果是入口位置在右侧那样的事例，要打开右侧门扇会很不方便，因此最好采用开左侧门扇的方式

图9 门的开启方向（左开）

ⓑ门与台阶的关系

在宅地与道路表面具有高低差的情况下，门前应设置台阶。由于门与台阶的位置会对门的外观和使用的方便程度产生一定影响，因此在设计上必须给予足够的重视（图10）。

处理不恰当的例子
自道路直接迈上台阶，台阶直抵门下，人员上下很危险，应尽量不做此种设计

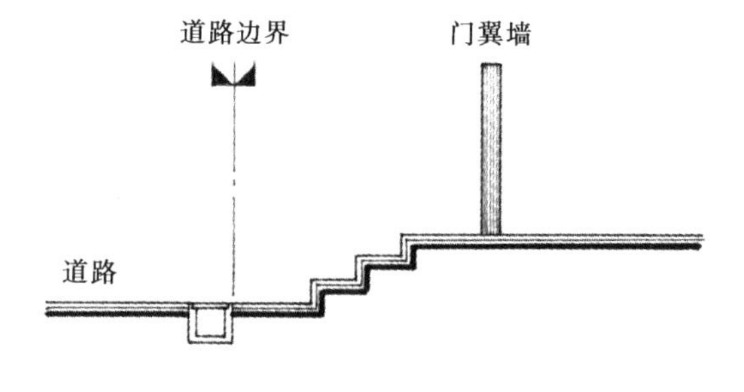

处理方式A
门前设置台阶的方式。应注意的是，尽管门的位置较高会显得高档，但也会产生压迫感

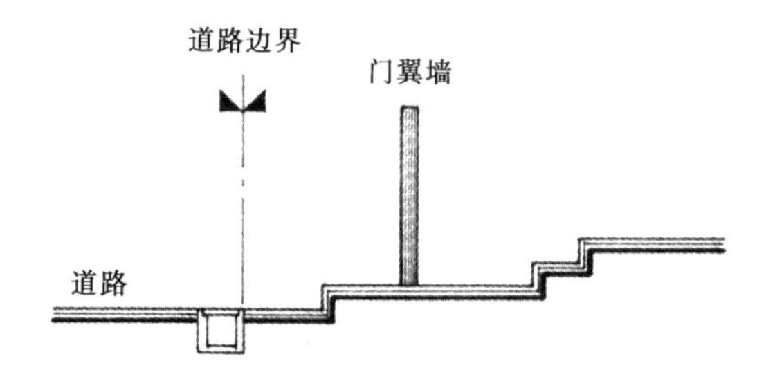

处理方式B
在门的前后设置台阶的方式。会产生如果高低差很大，也不会觉得台阶数目过多的效果

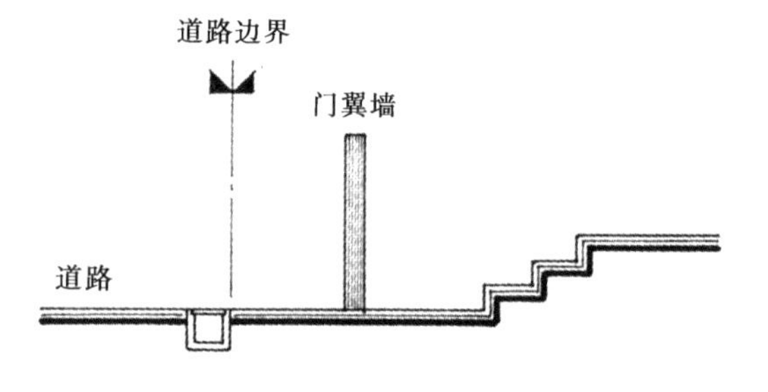

处理方式C
进入门内后再设置台阶的方式。可在不考虑门周围形态的情况下进行设计

图10 门与台阶的关系

ⓒ门翼墙的高度

宅地与道路表面的高低差较大，全部台阶都要在门前处理的情况下，因从道路上看去门的位置较高，在设计上必须考虑到如何不使其产生压迫感。尤其是在与门翼墙连接的围墙部分采用同样高度的设计时，靠道路一侧的墙体会建得很高，这不仅关系到台阶的设计，也出现一个抗震强度的问题（图11）。

处理不恰当的例子
当围墙以与门的翼墙相同高度向路边伸展时，从路上看去围墙会显得很高，不仅产生压迫感，也出现了抗震强度的问题

处理方式A
在翼墙与围墙的接点让围墙降低一点的方式。这虽然会让设计简洁明快，但不适合高低差较大的宅地

处理方式B
在宅地与道路表面的高低差较大的场合，将围墙呈阶梯状地降低是有效的方法。如果是砌块围墙，则每次下降200mm；砖砌围墙可一点点地下降，看上去更漂亮一些

处理方式C
这同样是宅地与道路表面高低差较大的场合，也最适于设计出有个性方式。围墙中间的豁口，在很大程度上改变了原有的高度差

图11 门翼墙的高度

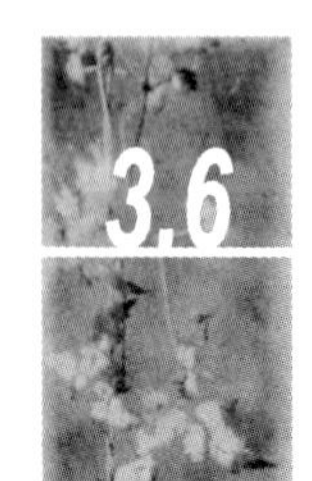

3.6 用于门周围的材料

ⓐ门翼墙及门柱的材料

用于门翼墙和门柱上的具有代表性的材料，可举出以下几种。

1）混凝土块

如果是用于表面具有某种创意的装饰块，则不必事先进行加工；但在作为标准混凝土块使用时，其表面必须经过加工处理。典型的加工方式有，

· 贴瓷砖（双顶头长瓷砖、缘饰瓷砖和方形瓷砖等）

· 贴石材（乱贴、竖立贴面和方形贴面等）

· 抹灰处理（条填处理、篦纹饰面和滚压处理等）等等（图12～图14）。

2）砖

砖因非常适合用于西式住宅而颇受欢迎。如果使用砖来建造高度超过1200mm的角柱和墙壁的话，必须要用钢筋和灰浆做加强处理。并且还须注意欧洲标准和澳大利亚标准在砖的尺寸上是有区别的（图15）。

3）浇筑混凝土(RC)

因其简便易行而被广泛应用于现代住宅的建造中，而且也是近年为人们所热议的样式。由于浇筑后基本不做表面处理，因此对模板制作和施工工艺应予以充分重视。还要注意的是，其施工工期也比较长（图16）。

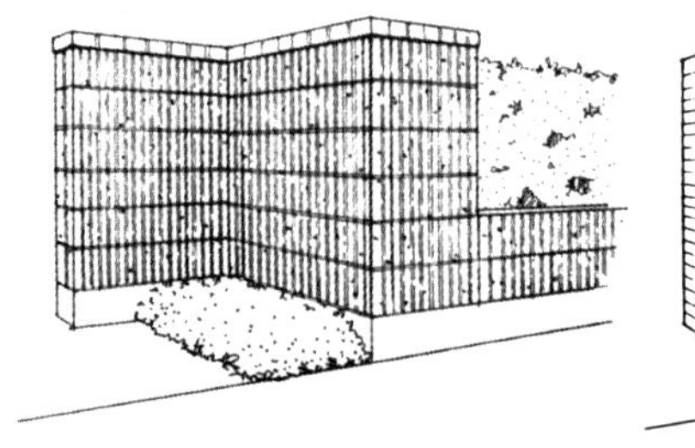

图12 饰面混凝土块

图13 混凝土块贴瓷砖

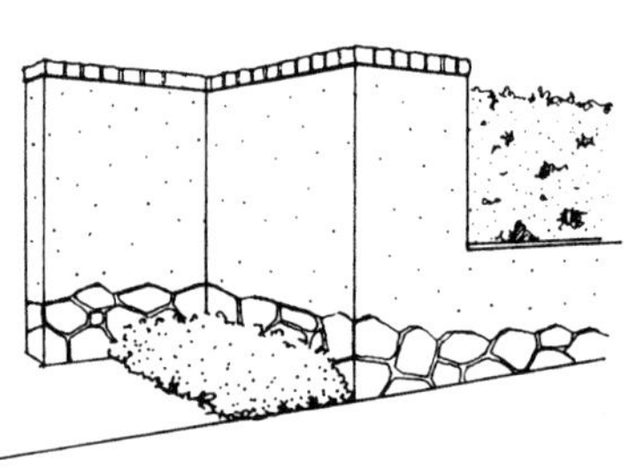

图14 混凝土块抹灰墙

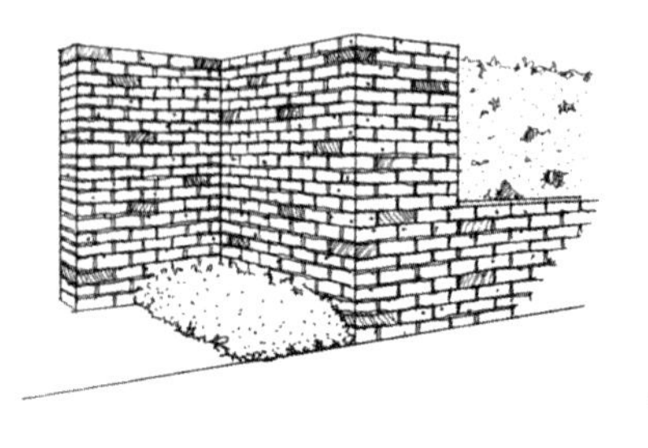

图15 砖砌墙

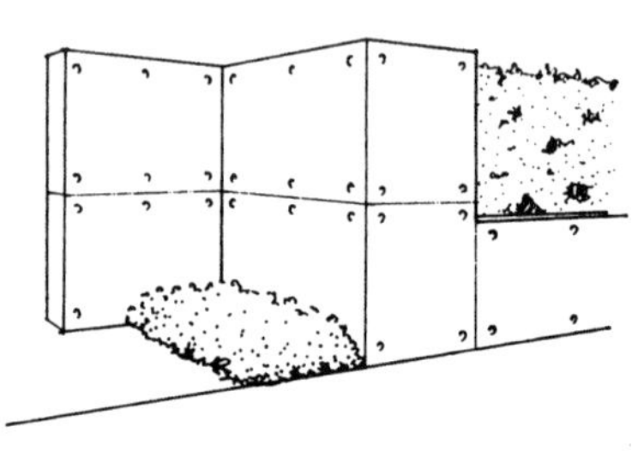

图16 浇筑混凝土墙

ⓑ门扇的材料

用于门扇的材料基本上有以下几种。

1）铝型材

体轻而又不生锈是其优点。以直线条的设计为主，色彩变化丰富（图17）。

2）铝铸件

重量感适度，可做曲线设计（图18）。

3）木板

是一种最具自然特色的材料；但须定期维护（图19）。

4）锻铁

具有厚重感，可自行设计，自己动手制作（图20）。

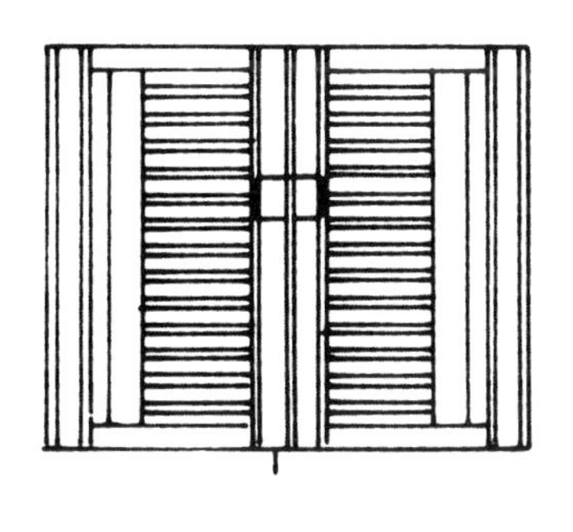

图17 铝型材

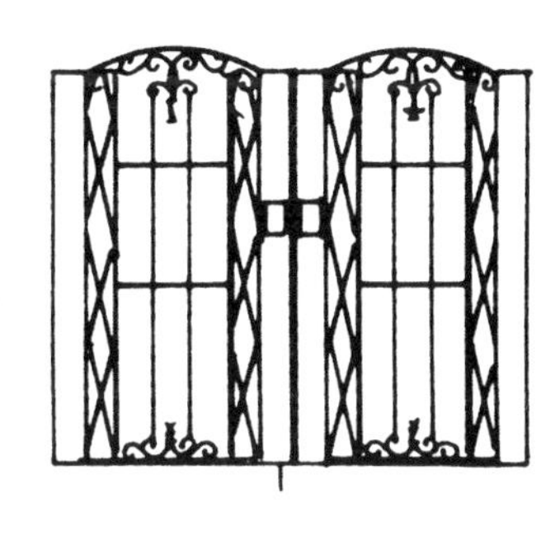

图18 铝铸件

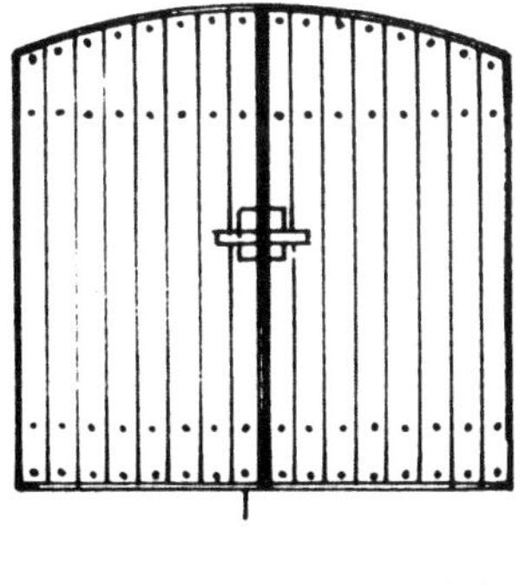

图19 木板

图20 锻铁

除此之外，因为门周围还需安装铭牌、邮箱、对讲机和照明等，所以在设计过程中千万不要忘记将这些都巧妙地组合在一起。

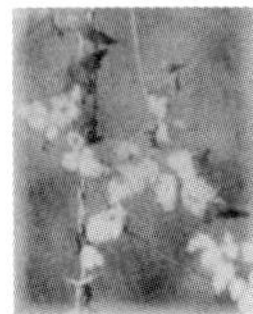

3.7 装饰性植物的栽培方法

一般情况下，门周围大多都是一个被墙壁和门扇围起来的狭小空间，人们在这里见到的情景，也往往都未栽植什么花草树木，只不过对地面做了加工处理。可是，由于门周围离道路最近，因此成为首先映入人们眼帘的所在。假如这里没有一丁点儿植物的话，很容易给人以生硬寂寥的印象。因此，不能单单以没有余裕为理由而弃之不顾；凡是人不踩踏，车不通行的地方，都要找出来，设法栽上植物。这是表现门周围魅力的重要诀窍之一（图21）。

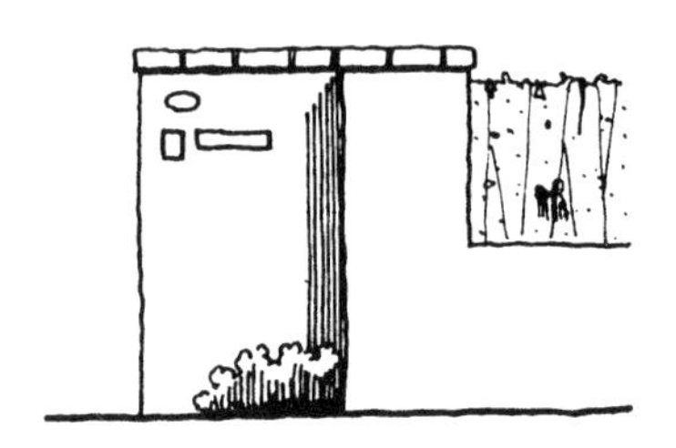

不设花坛，植物直接自墙上垂下，使重心下移，看上去空间更广阔

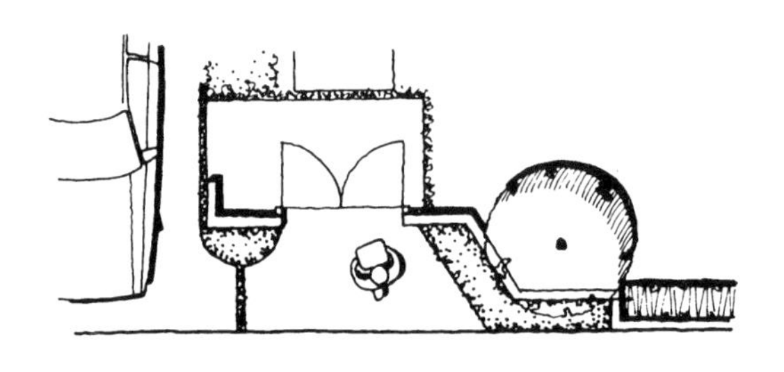

门前的绿化空间尽可能与道路表面连接

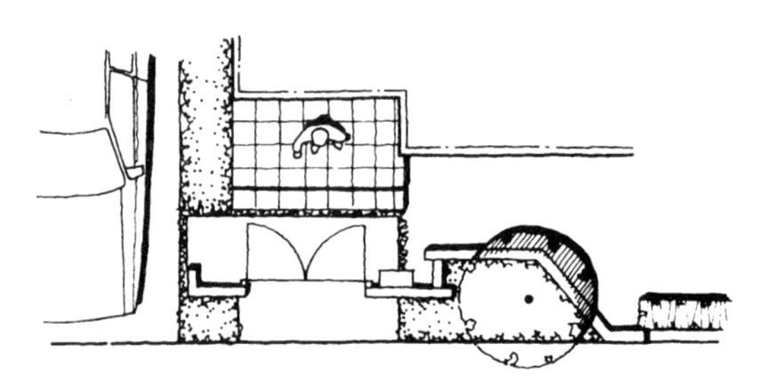

如果进深较小，可将与门相接的墙背后向下构筑成植木钵

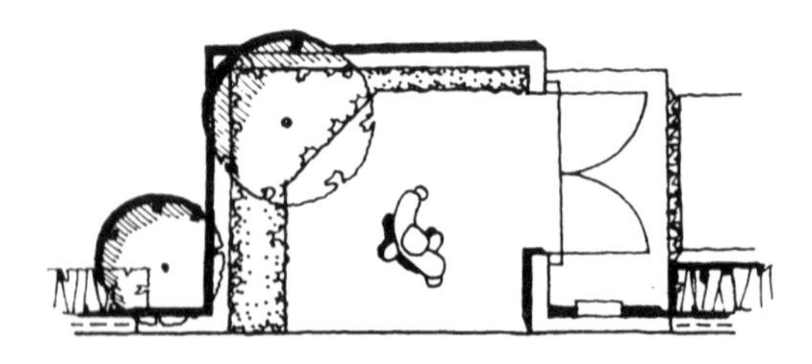

为了消除被墙壁圈起来的门周围的压迫感，应尽量在门前营造绿化空间

图21 装饰性植物栽培方法和技巧

事例1　建立与邻居的交往

如果利用门前比较舒展的角落，在那里布置长椅和花坛，便可以成为与邻居交往的空间。

构筑和培植与长椅高度差不多的花坛，是上了年纪的人也很高兴做的事，还能够借此近距离地观察植物的生长状况。这里争奇斗艳、争相绽放的应季花卉，也成为与路人搭话的由头，使交往的圈子得以扩展。

在与停车位之间应保留一个圆圈状的绿化空间，用于栽种落叶树，以丰富道路两边的景观，并可使空间更静谧。

平台要设计成柔和的曲线形，其表面处理应以无方向性的天然石材乱贴铺敷，使坐在长椅上的人可以悠然自得地打发时光。

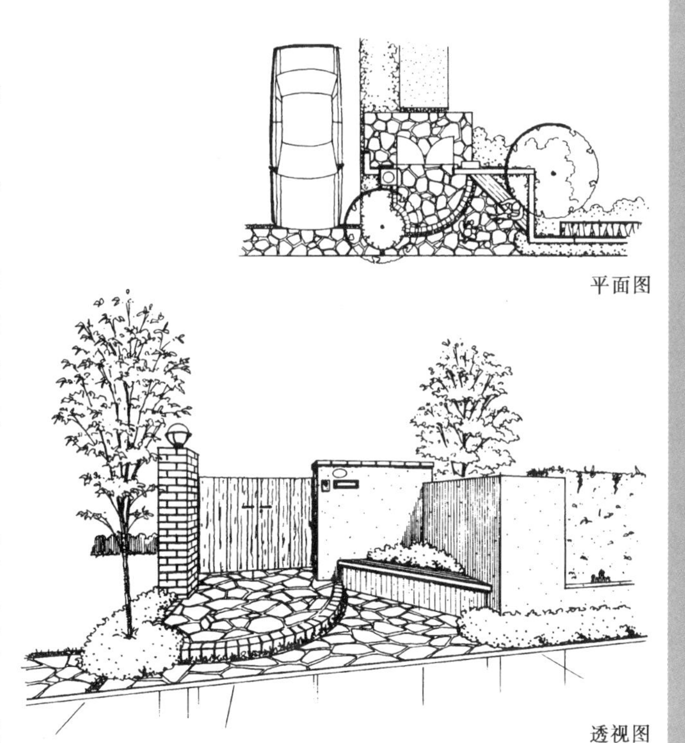

平面图

透视图

事例2　立体摆放花钵

设法在门的主翼墙前用砖砌成阶梯状的装饰墙，这样搭配起来，便营造出一个富有个性和变化的门周围空间。如果进而再将这里作为陈列角使用，还可以根据主人的喜好，摆放一些小物件来进行装饰。

假如是喜欢花的主人，可摆上满意的花钵；而那些经常举行聚会的主人，则会乐于摆放蜡烛来迎接客人。

为了能让摆放的小物件引起人们的注意，作为背景的墙壁最好是素朴的抹灰墙，会使效果更好。

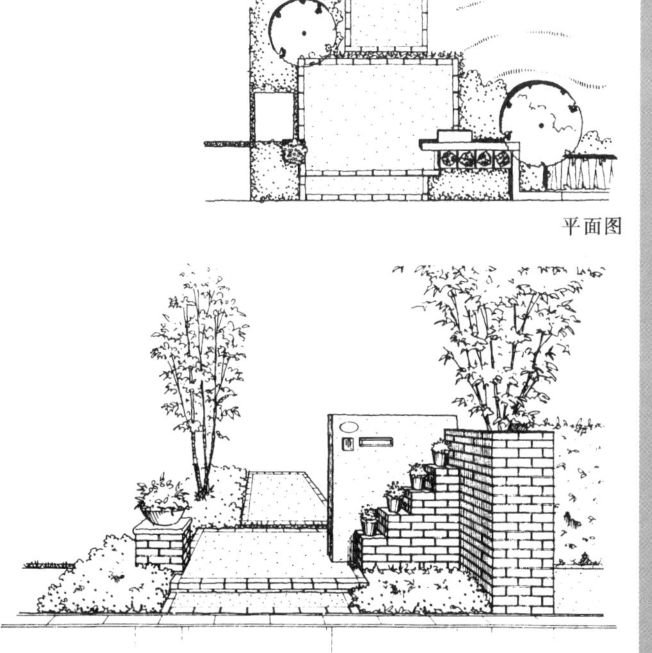

平面图

透视图

事例3 设计墙壁与地面的连接，使空间看上去更宽敞

设计上，将立于步道边上的枕木与铺装在地面的枕木连接起来，使空间感到更宽敞。

设计简约流畅，不使用曲线，全部以清晰的直线条构成，在总体上更容易协调统一。门前的步道表面的线条也同样成为视觉上的突出点。邻接道路的地面扩展，是考虑到便于汽车出入，整体布置看上去十分和谐。

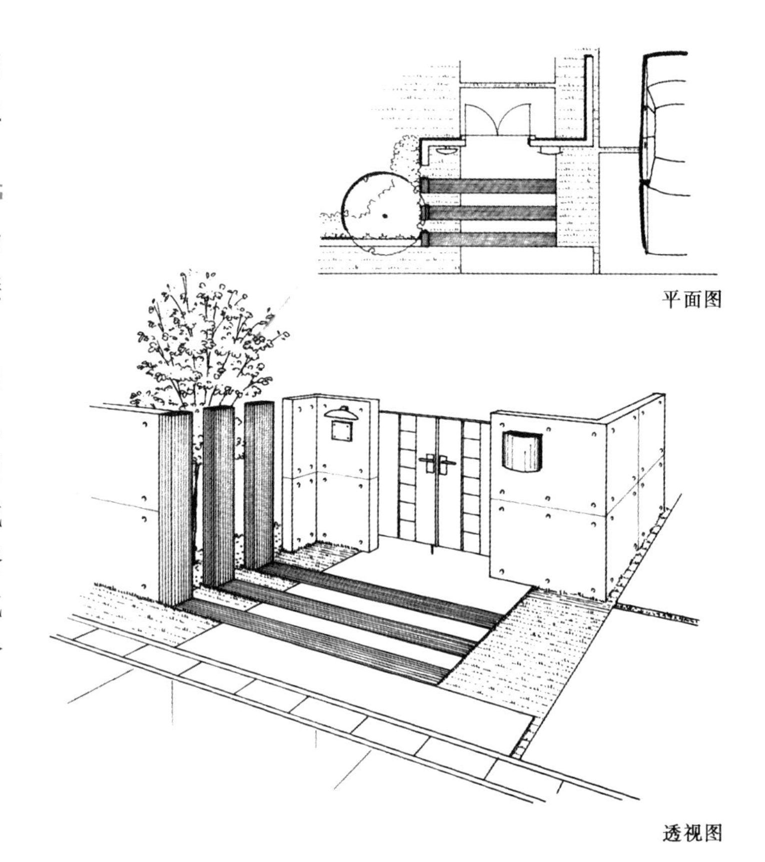

平面图

透视图

事例4 利用蔓亭迎接客人

在平面布置上，让入口垂直面向道路，可以保证其前面形成一个较大的空间。并决定在四角立上角柱，组装成蔓亭。这样一来，立体构成的空间使大门周围显得十分美观。花钵从蔓亭上悬吊下来，角落处可以栽植落叶树，用以渲染蔓亭中的氛围。

蔓亭内留出的角落，可供落叶树生长。

如果在蔓亭柱脚处装上聚光灯，这里似乎就成了表现梦幻夜景的舞台。

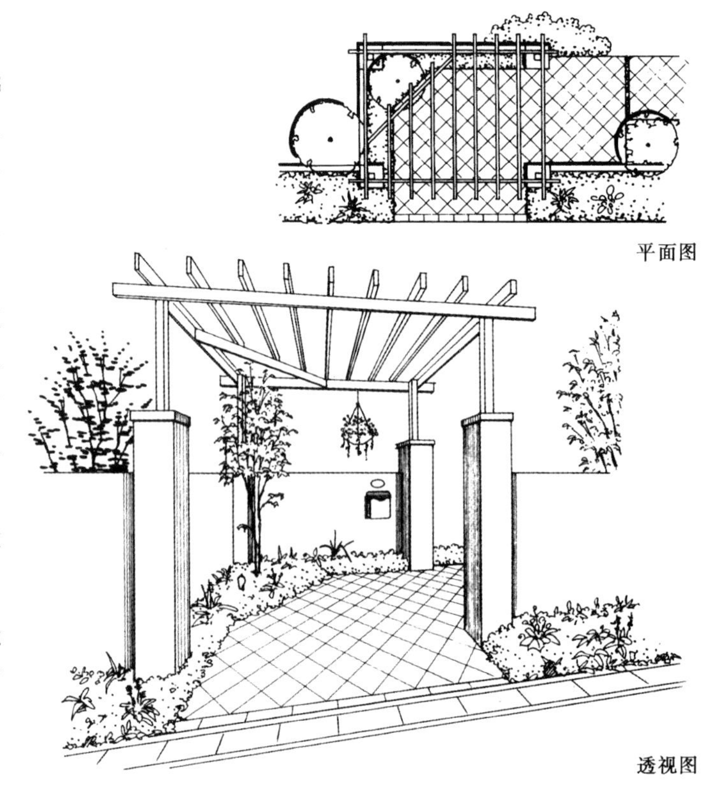

平面图

透视图

第4章

引道的设计

桂离宫的引道（古书院前的延伸路段及踏石，京都市西京区）

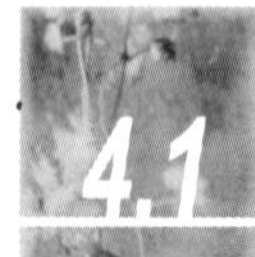

4.1 引道的理念

自户外道路至入口的这一段通道，一般被称为引道。引道的形态，基本上取决于建筑物的布置、宅地的大小和高低差。因此，构思引道的设计最好与建筑物的规划同时进行。而且，引道通过建筑物、大门、围墙、停车位和家务院落，在一定程度上，也被看做是对街区景观产生影响的部分。

如果以人体作为譬喻，引道也相当于脸面的部位，故而不仅要具有通道的功能，还应该要求其蕴含庭园美的元素。如前所述，因引道是连接道路与入口的空间，所以会对道路与建筑物的相互布置及其正面宽度有很大影响。当然，一年四季无论天气好坏，也不管什么时间，家庭成员每天都要从这里出出进进；偶尔也会有客人来访从此处经过。像这样的道路空间，在设计上除了要充分为居住者着想之外，还要求成为一个美观、安全、宽敞和怡人的所在。

就目前的情况来看，关于引道的设计，其侧重点还是应该放在步行的安全性上，使其具有适当的宽度和流畅的曲线，使行走的人感到轻松，且不易滑倒；至于如何做到美观、舒适和愉悦，则在其次。确实，当前在设计上存在着忽视功能，强调造型和色彩的问题。因此，在引道的规划和设计中，也必须充分考虑到我们面临的实际状况：在城市里很难保证引道有足够的余裕以及社会成员的老龄化仍在继续等。并据此以符合现实的设计来满足时代的期望。

然而，无论生活方式和社会观念如何变化，引道作为在这里居住的家庭成员每天都要利用的场所，应该是一处安全牢固和行走便捷的通道，这种对引道设计最基本的要求却永远不会改变。即使考虑到未来的变化，也是要想办法如何使越来越狭小的引道空间更丰富多彩，更利于人们的行走。与此同时，再将重点移到怎样与街区、建筑物和大门等周边结构物的协调上来，以构建更优美的环境。为了能够做到以上这些，应该在规划中特别留意以下的事项。

①为了丰富引道景观，不仅将其当做道路，还应作为空间考虑；

②采用不易损坏和褪色、耐腐蚀、历久弥新的的材料；

③优先考虑老龄者和孩子，为使夜间行走安全起见，设置照明和扶手；

④注意与大门、围墙和建筑物等周边结构物之间的协调；

⑤注意与街区及景观的和谐。

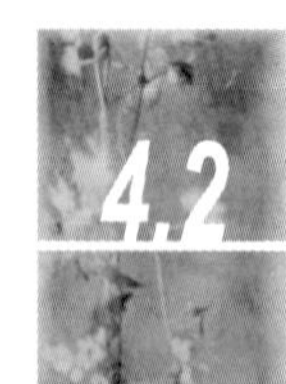

4.2 引道规划的要点

在构思引道的设计时，最好能够同时考虑到如下问题。

ⓐ与建筑物的协调

建筑外部空间的总体设计，是在考虑将街区也包括进去、与建筑物如何协调的基础上制定出来的。这也意味着，街区景观和住宅布置都与建筑外部空间具有重要关系。

与建筑物不协调的建筑外部空间设计，一定会破坏建筑物和街区的景观。导致在这座住宅里生活的人和生活在本街区的人们不愉快，结果让人都很失望。因此，作为建筑外部空间构成要素的引道，理所当然地要与建筑物的设计及样式、色彩、等级和规格等协调一致。

ⓑ与周边区划的动线

引道是一种在功能性上具有很强的生活动线意义的园路空间。如图1所示，从引道至停车场的动线、从引道去家务院落的动线和从引道至主院的动线等，都是使用频度很高的动线。假如使用起来不顺畅、不舒适，将给日常生活造成不便，并使人的精神难以放松。因此，能够在考虑引道空间与主院、前院、停车场和家务院等的位置关系的前提下，制定出使用方便的动线规划，则是十分重要的。

ⓒ视线

在日常生活中，人们都比较关注来自道路和相邻宅地的视线。如果感觉到"正在被窥视"或"正在被看到"，人们都会产生诸如不安和不快之类的恶劣心境。同样，也不能忽略来访者的视线。不管来自哪个方向的视线，但凡越过引道的视线，都在图2中以箭头标注出来。

站在道路上，映入人们眼帘的是大门、围墙、引道和停车场等；进入大门之后，视线便会转向引道、庭院、停车场和花草树木等；再进一步靠近建筑物，则将面对入口、阳台和窗子。因此，在规划时最好根据情况考虑视线对策，如设法

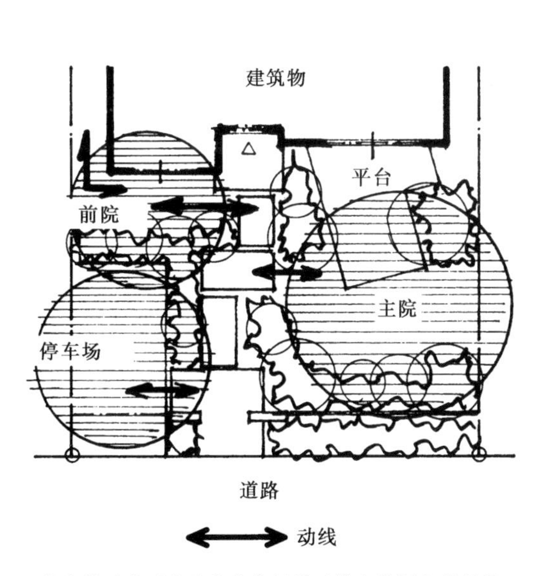

考虑从引道至庭院和停车场的动线在使用上的便捷

图1 动线设计

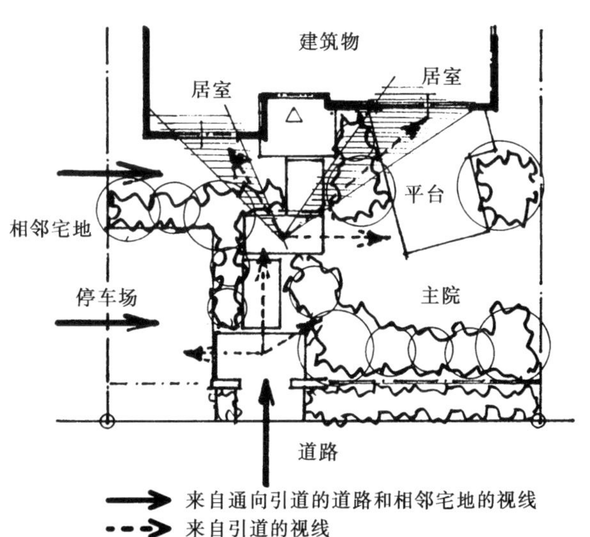

在考虑到来自道路和相邻宅地的视线的同时，也要考虑来自引道的视线

图2 视线设计

完全遮挡投入进来的视线，或虽让视线透过但在视线前方设置优美的景观等，以避免留下不愉快的心境。

ⓓ 材料、铺装和色调

为步行者着想，必须考虑到路面铺装的材料是安全的，且不能太滑，路线设计易于行走。然而，单纯地将功能和装饰放在优先位置，如果与建筑物及周边环境缺少调和的话，仍然不能成为让人心情愉悦的引道。同样非常重要的是，使用的材料和铺装设计都应该以建筑物、大门和围墙的材料及装饰为基调。而且，由于规划的总体色调构成渲染氛围的主要因素，因此在设计引道色调时，亦应与建筑物外墙和门墙的材料色调一致。

ⓔ 引道宽度和功能

步行路安全便捷使用的宽度如图3所示。必须以下图作为基本尺寸，然后综合引道的各种情况做出灵活判断。有关引道的各种情况包括，家庭人口的结构、引道是否从结构物旁边通过、引道的长短、是否向一侧倾斜和栽植的树木是否与引道靠得太近等等。如果单人行走，引道宽度有600mm足矣，故通常情况下的设计宽度可为1200mm；实际情况是，并不能做如此简单的计算，还应该将雨天、夜间、携带东西或者推自行车等这些引道的利用情况也考虑进去，最后再确定引道的宽度。此点甚为关键，务请牢记。

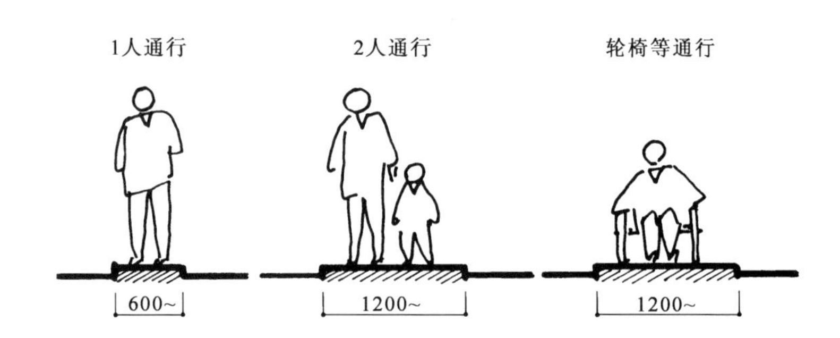

图3　引道的园路宽度基本尺寸

ⓕ 舒适性和余裕

引道当然是要能够用来安全行走的，不过在此基础上，还应该美观而又使人感到惬意。只要能走就行，这还远远不够。必须认识到，引道是家庭成员每天都要利用，且利用频度又很高的重要空间。因此，应该将这里营造成这样的空间：早晨，母亲高兴地将活蹦乱跳的孩子送出家门上学；傍晚，工作一整天的父亲归来，一进自家大门顿时疲惫全消；而且，还能在这里感受季节的变化，使身心放松。像图4那样，为了丰富空间景观，需要在绿化上多下工夫。如果仅仅局限于园路的路缘或脚下的星星点点的几棵花草，将会使引道空间显出一副寒酸相；反之，如果能栽植又高又大的树木，使其向空中伸展，便会构建出一个既有余裕又令人惬意的园路空间。再加上通过树种的选择，让落叶、鲜花、果实和新芽等景象交替展现出四季的变化，一个更加丰满的引道空间就被营造出来了。

⑨视野的上下变化

装点园路空间的花草树木,也以其适当的栽植方法及种类，会对空间产生很大影响。

一般情况下，引道空间内栽种的植物分为低、中和高3个层次。低的是园路脚下的下草，中间是灌木，最上层为乔木。然而，即使栽植种类相同的树木，如果不像图5那样在园路周边造成高低差的话，也会影响到园路空间的开阔度。另外，紧靠路边栽植乔木，同样会使空间产生压迫感。假如采用枝下空透树形的落叶乔木时，则使空间显得十分开阔，似乎可直抵空中。综上所述，我们了解到，步道空间并非仅仅是栽上植物便万事大吉，有关周边树木的高低差和树种的选择也是很重要的。

只栽种低矮植物的引道，会让人觉得道路狭窄

又高又密的植物，会使引道显得宽敞

图4 植物与余裕的关系

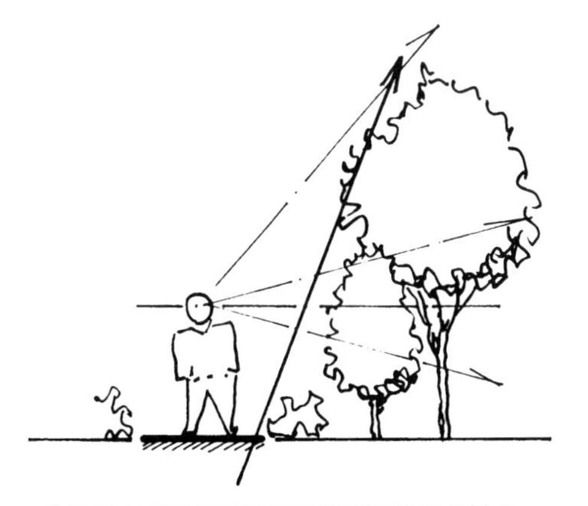

位于没有高低差场所的引道附近栽植的树木，则会因树种而产生压迫感

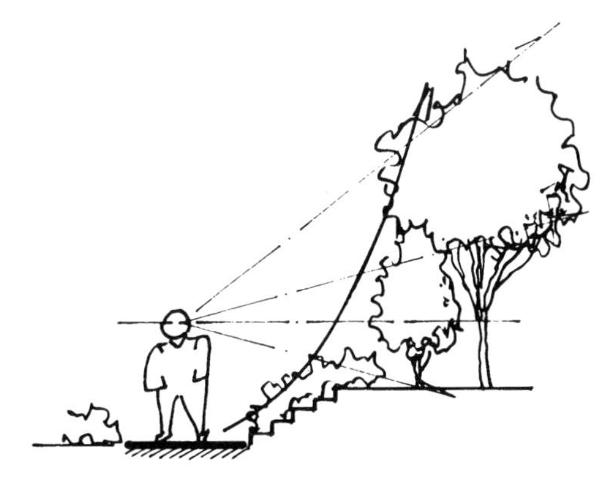

位于有高低差场所的引道附近栽植的树木，在视觉上会使空间扩大

图5 树木与空间开阔度的关系

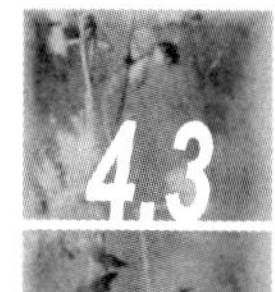
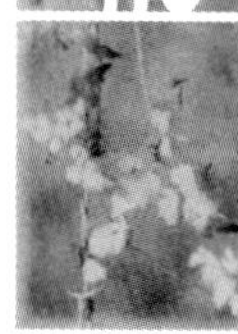

4.3 引道的基本形态

引道基本上有5种形态，分别为直线形、直角曲线形、曲线形、斜曲线形和斜线形等。图6所表现的是通往一个方向的图形；也可看做是朝着相反方向的弯曲和倾斜。这些都要一边参照宅地、建筑物、大门和停车位等情况，一边思考该选择哪种形态合适。

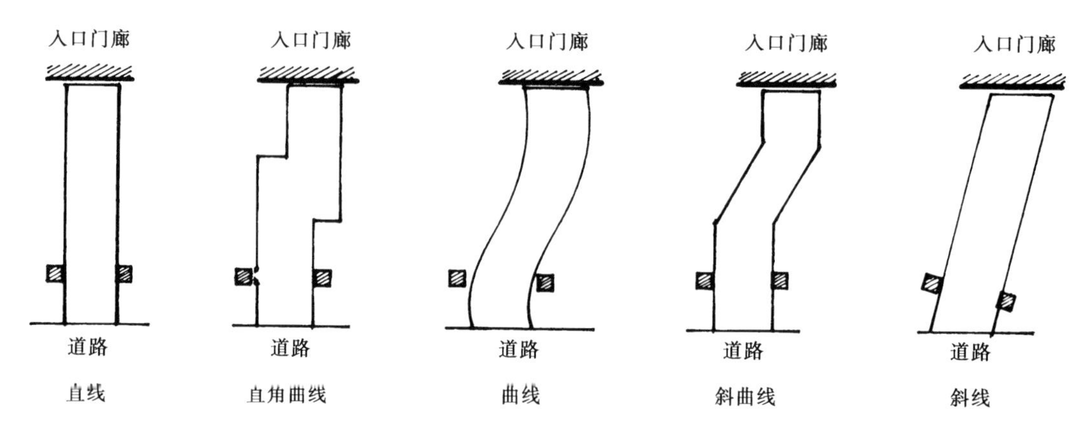

图6 引道的基本形态

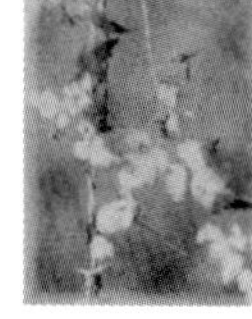

4.4 引道的铺装

从家庭成员每天都在利用这一点着想，引道的铺装应该做到人在上面行走不易滑倒跌跤。还有很重要的一点就是，铺装后的引道表面不能产生龟裂和渗水现象。用于引道铺装的材料，必须满足上述各种要求。在选择引道铺装材料时，还要注意到自家入口门廊的材料及装饰、大门、围墙和所在街区等情况，尽量做到相互协调。

ⓐ 以混凝土为基础的铺装

类似停车场那样荷载重物场所的铺装、无基础便无法装饰位置的铺装，或者仅使用装饰材料便四分五裂变得乱七八糟难以形成完整表面的铺装，均需挖掘基础和在基础上浇筑混凝土（图7）。

采用这种方法进行铺装，路面不会沉降，具有很好的耐久性。但可能产生积水和路面龟裂现象，而且脚踏上去觉得有些硬板，所以在施工中需要多加留意。有关的施工种类，可列举出以下这些。

①瓦工作业铺装（灰浆刷子拉毛、抹子压光和砂砾水刷石等）

②粘贴天然石材铺装（碎拼贴和方形贴等）

③贴瓷砖铺装（100×100、200×200和300×300等规格的瓷砖）

④砌砖铺装（有时基础内可不浇筑混凝土）

⑤使用砂砾与树脂混合的铺装（施工方法与瓦工作业中的水刷石方法相同）

⑥组合采用上述所有方法中的几种方法进行铺装（以小块铺石和砖块作路缘，再以水刷石和灰浆进行处理等）

ⓑ 以沙和砾石为基础的铺装

这是一种用于不承载重物，而且铺装面即使多少有些凹凸也问题不大的场合的铺装方法（图8）。这种铺装方法的优点是，雨水可自路面渗入地下，人踩上去觉得很舒适。不过较易于产生沉降现象，但修补起来并不复杂，处理几次便可回复原状。尽管如此，毕竟其耐久性较差，需要经常性的维护管理工作。类似的铺装方法有以下几种。

①混凝土制品铺装（铺敷装饰混凝土或混凝土平板）;

②灰浆二次制品铺装（铺敷锁结式块料或装饰板）;

③嵌入枕木的铺装;

④天然石板材或錾凿石材的铺装;

⑤砖砌铺装;

⑥上述方法中几种方法的组合铺装。

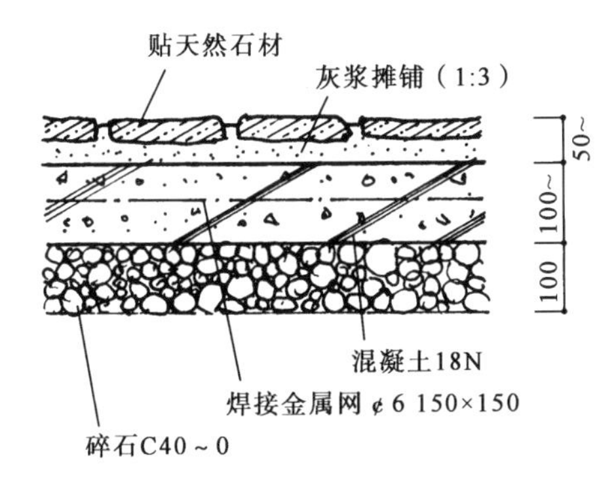

图7 以混凝土为基础的高强度铺装断面

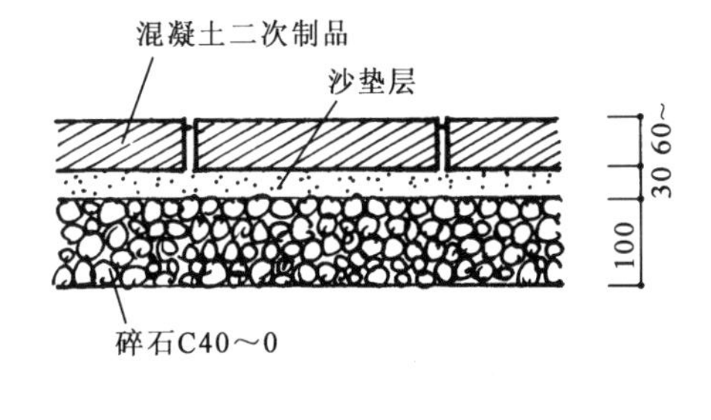

图8 以沙和砾石为基础的较松软的铺装断面

ⓒ铺装的种类（如附图所示）

铺装处理的图示效果，与实际作业的状况基本相同（图9）。

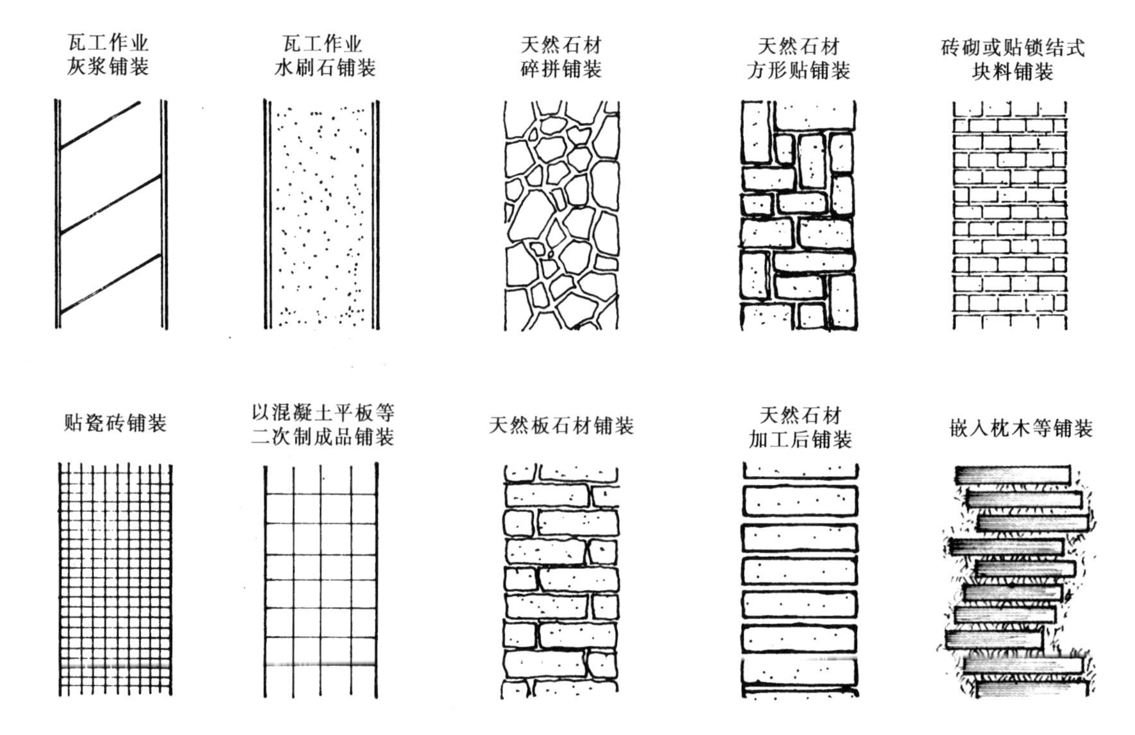

图9 铺装的种类及表现形式

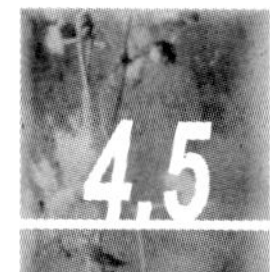
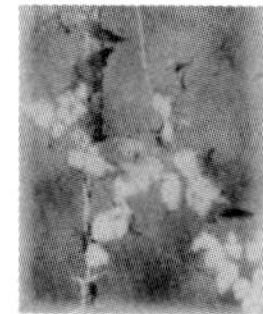

4.5 引道台阶的设计

道路与宅地之间存在高低差的引道，如果具有足够的空间和余裕，自然可以采用坡道（图10）冲减一定程度的高低差；除此之外，便只能设置台阶。通过采用设置台阶的手段，能够缩短至入口的距离和减少占用面积，从而可节省工程造价。而且，台阶还有一个优点，即会使引道在心理上产生上下方向的变化。不过，台阶的设置，对于行走者来说，尤其是老人和儿童，也伴随着滑倒和跌跤的危险。因此，为了能够设计出安全的台阶，必须注意以下各点。

①台阶每级踏步和踢面的尺寸都应该相同。假如不这样做，往往就成为滑倒和跌跤的原因；

②注意踏步的防滑处理，采用灰浆拉毛、贴天然石材、镶嵌地砖、装饰平板和砖砌等铺装方法。尤其在户外受雨雪等天气影响较大的场所，对此须格外注意；

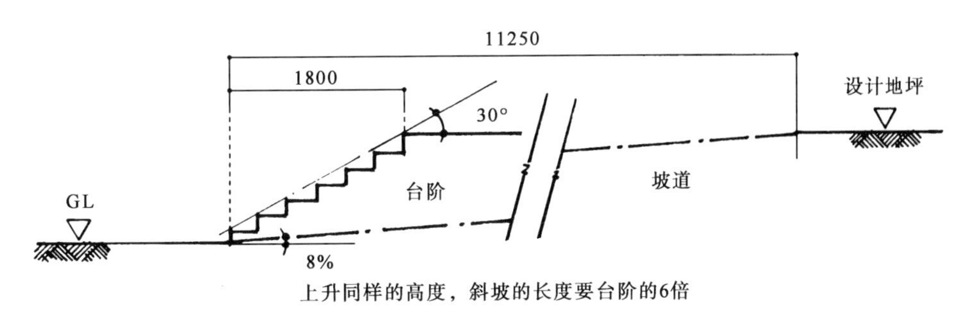

图10　台阶和坡道

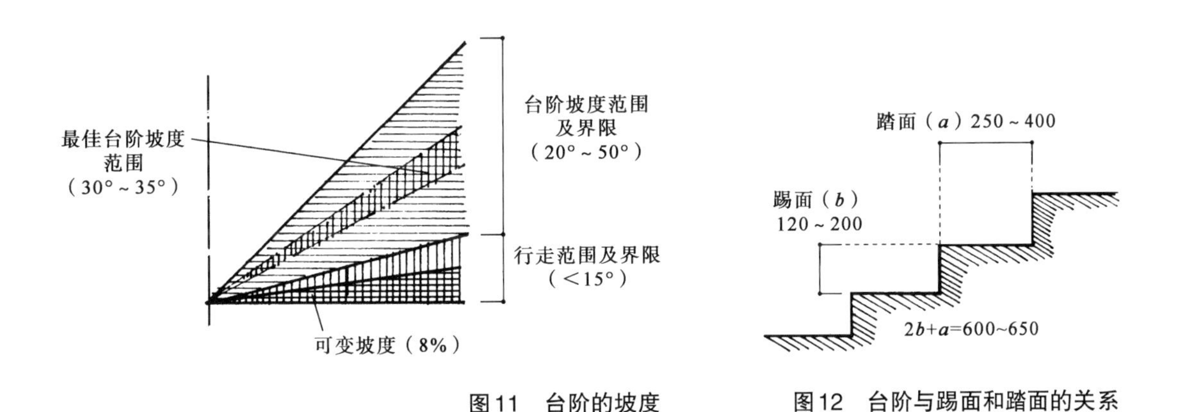

图11　台阶的坡度

图12　台阶与踢面和踏面的关系

③对台阶的踏步凸边做防滑处理或使用防滑材料；

④应考虑设置照明，以便于夜间行走；

⑤如果是在很长一段笔直的台阶上摔倒的话，则有可能一下子滚落到最下面去，这是十分危险的。故应在途中设置缓步台和扶手。

ⓐ台阶的标准尺寸

通常，只要将台阶的设计尺寸控制在踢面尺寸 ×2 + 踏面尺寸 = 600～650mm这样的范围内，就应该被称为安全的台阶。倾斜角度以30° ～35° 为宜，如果倾斜角度过陡，步幅就会变得太小（图11）。在一般的台阶上行走时，如果踢面超过200mm的话，上下会觉得很不舒服。因此，将踢面的最大尺寸确定为200mm，踏面的最小尺寸则为300mm。无论踢面还是踏面，若是尺寸过大，也会使台阶成为一段难行的路。

当踢脚尺寸小到50mm左右时，倒反而会成为跌倒的原因。同样，在设计踏步的尺寸时，如果不考虑人的正常步幅，一味地扩大宽度，又很容易踏空，也成了难行的台阶。至于台阶的宽度，原则上应以与其连接的引道宽度为准。一段舒适而又安全的台阶，适当的尺寸范围应把握在踢面120～200mm，踏面250～400mm这样的范围内（图12）。

ⓑ危险的梯段

我们不建议采用那种长直线梯段或简单曲线的拐弯梯段形式。当梯段（或台阶）的总体高度在3m以上时，必须每隔12级设1个缓步台。缓步台的宽度为踏步宽度的2～3倍是比较适当的。凡是有急转弯的梯段或踏步宽度不统一的梯段，都是有滑倒危险的梯段。而且，还应该注意到，梯段的踢面梯段高度不统一，也同样是跌跤的原因（图13、图14）。

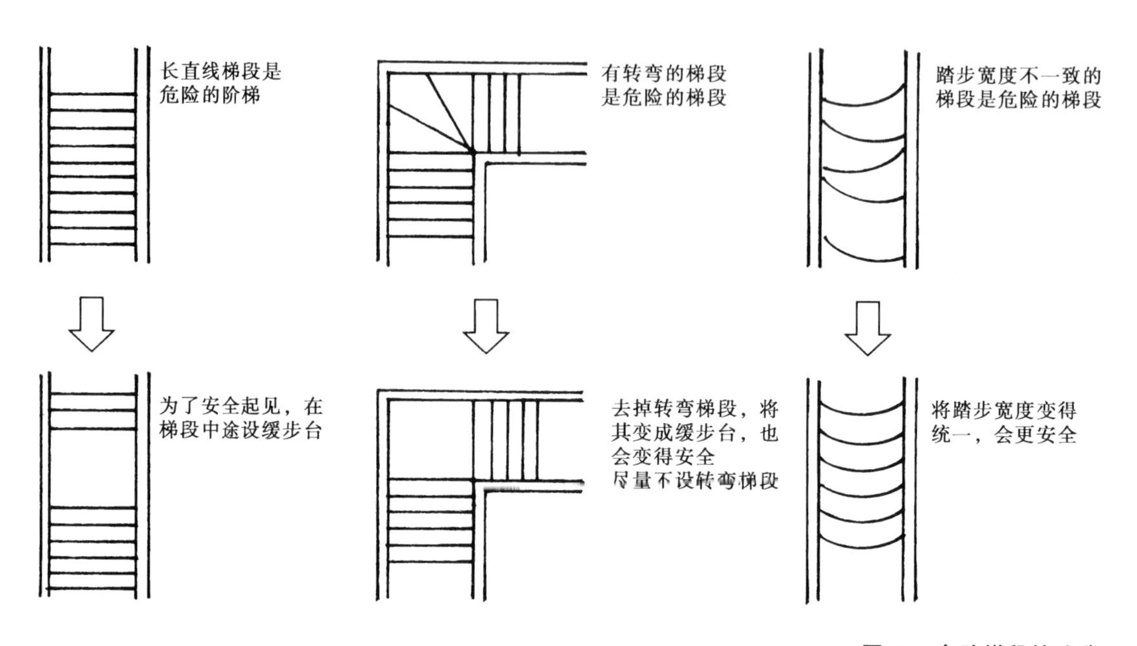

图13 危险梯段的改造

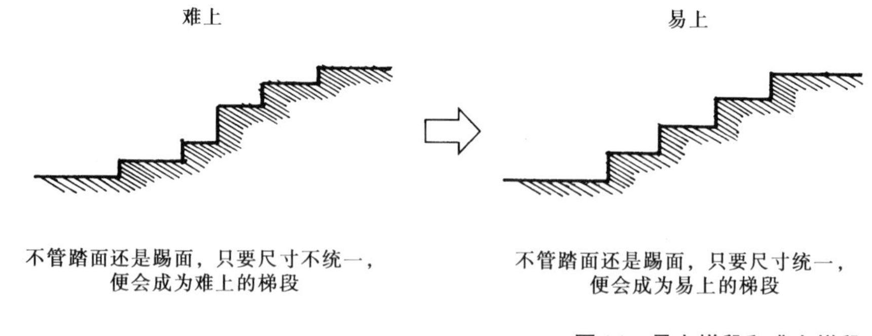

图14 易上梯段和难上梯段

ⓒ梯段的结构

关于梯段（或台阶），必须从结构设计开始便注意到安全问题。在建筑外部空间的施工中，常常见到以空心混凝土块砌成基层；然而在级数很少的场合，这样的施工方法并不恰当。而且，与路面相接的台阶，也不是越简单越好。

因此，最好还是采用钢筋混凝土工艺构筑要好一些。当然，如果是悬空的梯段、没有基层的独立梯段或长度超过2m的较长梯段，必须要做结构计算，并在此基础上才能构建出安全的梯段（或台阶）（图15、图16）。

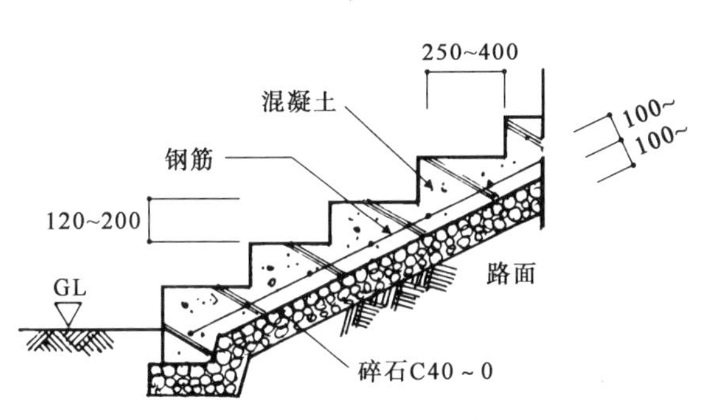

图15 贴着路面设置的台阶

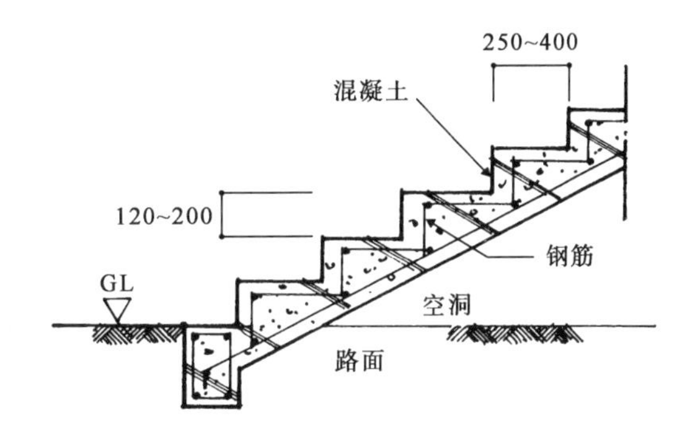

图16 不依靠路面或压根没有路面的独立梯段

ⓓ设计台阶引道的技巧

台阶如果直接向上，不仅显得单调，而且也很危险。因此，只有在上面多下些工夫，才能构建出一个富于变化的有趣空间。台阶引道与平坦的引道相比，已经具有了上下变化的要素，因而完全可以期待在视野范围内产生更引人注目的变化和效果。通过将台阶的入口处变得弯曲一些，便可能留出一点绿化的余裕，并确保有一个较宽敞的缓步台，以防止下来的人直接冲到马路上去。这样，一个富于变化的台阶引道就变成了现实（图17）。

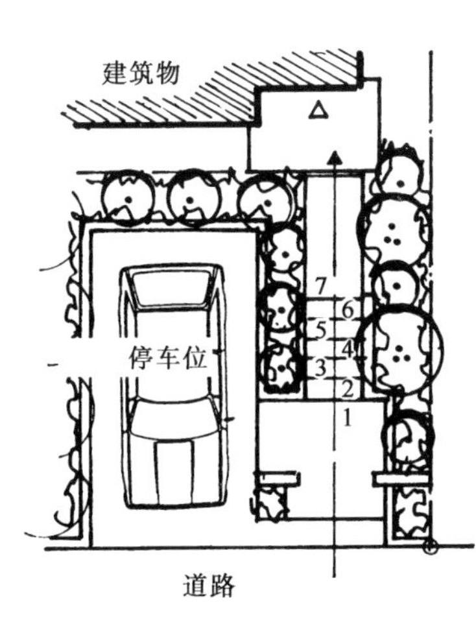

直线的台阶，可在缓步台和门周围形成较大的空间。高低差则会产生变化

入口处弯曲的设计。可给绿化提供有效的空间

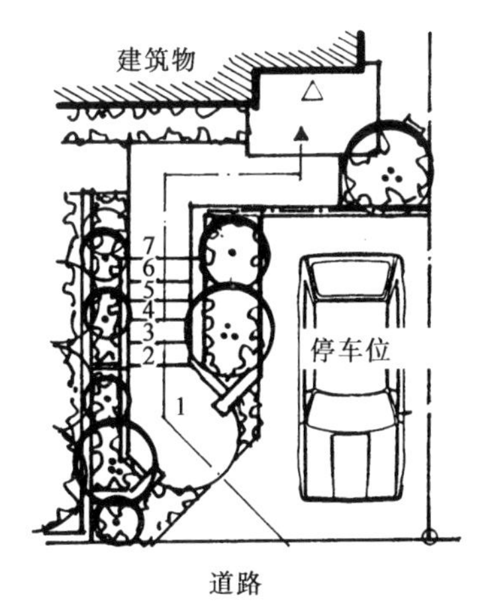

引道与入口错开的设计。使得引道与停车位之间显得更宽裕

图17 台阶引道的设计技巧

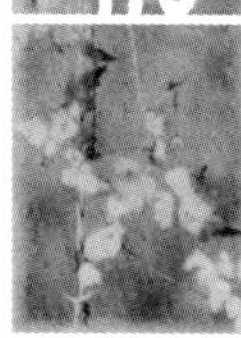

4.6 引道设计的手法

自道路出入口经门柱至建筑物入口的引道，要尽可能保持物理上和心理上的距离，设法使其具有一定的纵深感。可是，如前面所述，在大多数情况下，宅地都没有什么宽裕，想要保持这样的距离是很困难的。这时，就需要采取一些变通的手法来营造出心理上的距离感和纵深感。这些手法包括，让通道的走向倾斜或弯曲，使其整体上成为曲线；通过路面铺装产生视觉上的变化；在接缝处栽种植物等。进而，还可以围绕通道空间或在步行者视线前方配置绿色植物及添景，给景观带来一定变化，以使其不再显得单调和枯燥，空间也看上去更宽裕。

ⓐ 避免正对入口，以加大纵深并产生变化

从引道的距离感和宽裕度等心理层面来说，设法使道路进出口与入口位置错开，尽可能不正好相对，是一个重要的设计手法。当实在无法避免正对时，可将门扇的位置稍微错开一点儿，或将引道走向设计成蜿蜒的曲线，使道路入口处不再直接面对入口（图18）。

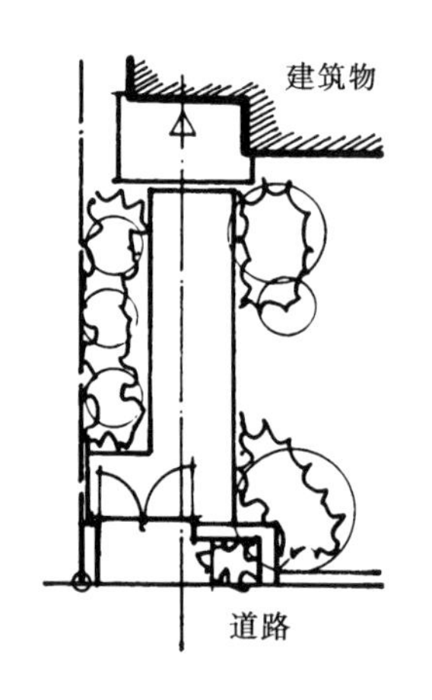

将道路入口与建筑入口错开一点儿

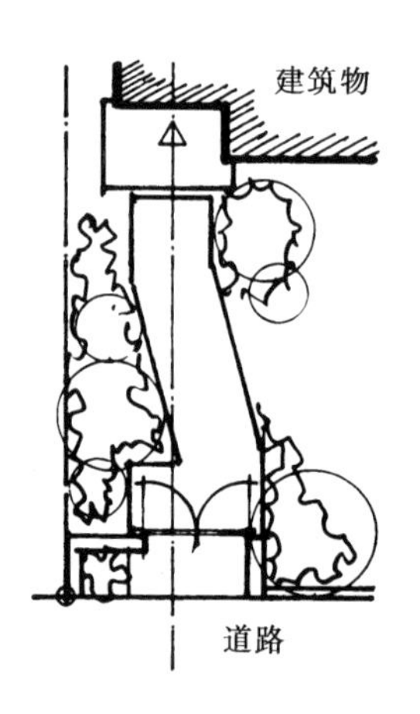

与道路入口正对，但使引道倾斜弯曲

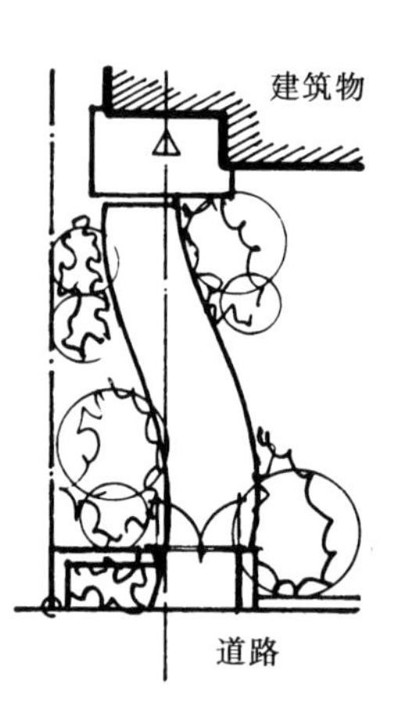

将道路的入口错开，成为曲线的引道

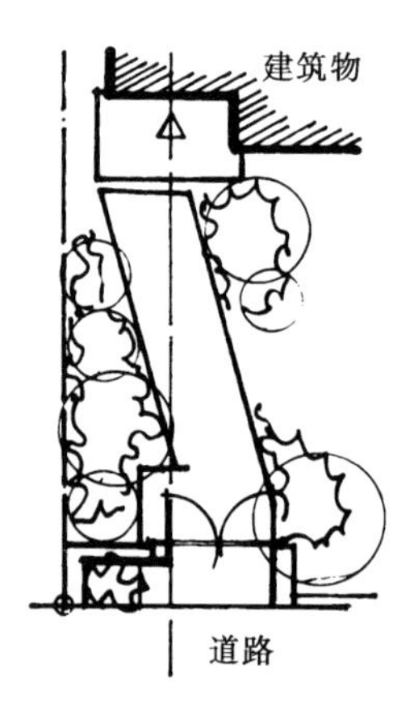

将道路的入口错开，成为斜线的引道

图18 避免与建筑入口正对

ⓑ 让引道空间产生形状变化并以植物围绕的手法

通过采用这种设计手法构筑的引道，在每天上班、上学、购物或累了回家时，便可以一边从引道上走过，一边感受季节的变化，在满目的苍翠和扑鼻的花香中体验到自然的美，从而忘却了一天的疲惫，又精神饱满地去迎接明天的到来。然而，一条单调乏味的引道，任你栽种什么样的奇花异草，也不会显现令人满意的效果。因此，必须设法克服引道入口与建筑入口和门扇直接相对的弊端，使其不再显得那样单调，在引道四周的绿化和引道走向上下些工夫，才能构筑一个优美怡人的引道空间。

1）园路形状及绿化方法

如图19所示，大门位置与入口位置正好相对，而且引道又不太长。可是，通过对园路形状进行巧妙的设计，其四周布置的植物也具有明显的效果。因此，请一定重视接缝处的植物栽种，并巧妙地加以利用。

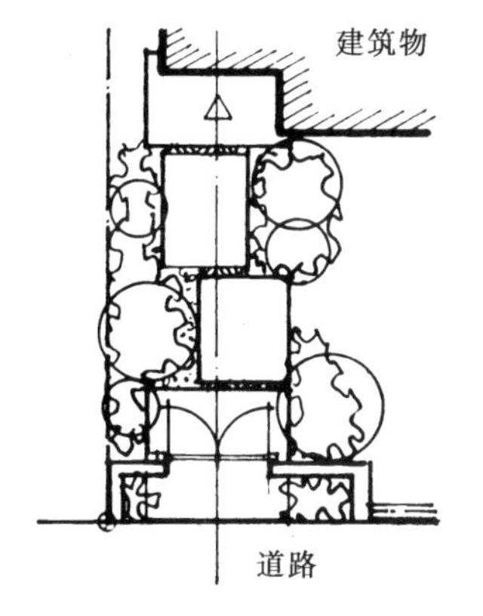

将园路分割成几个大的段落，通过避免直接相对来消除单调感。将接缝处进行绿化，让绿色环绕园路。成为一条虽然狭窄，但却绿色丰盈富于变化的引道

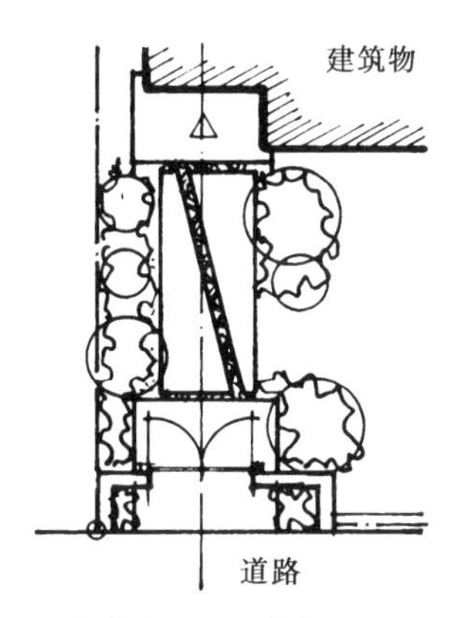

在一条直线形的园路表面，大胆地形成一道斜线接缝，被作为草皮接缝。这样便可舒缓园路的生硬感，同时还产生引道被拉长的错觉。由于很难在平面进行绿化，因此栽植大树冠的树种，伸展的枝叶，看上去像华盖一样

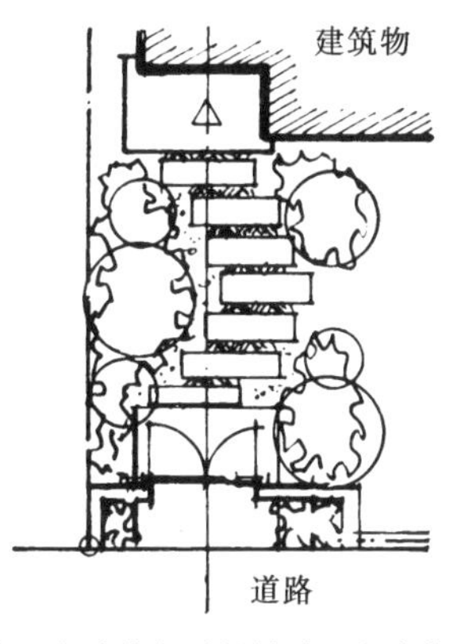

在避免直接相对的同时，让引道走向弯曲，并在其表面铺敷踏石，在踏石的空隙处栽种草皮，使得视野中展现更多的绿色。脚下草皮的绿色也会产生出变化和距离感。只是因接缝较多，走路时须多加注意

图19　园路形状及绿化方法

2）引道四周环绕的植物基本位置

为了更有效地将绿色植入引道中，园路形状与视线就显得十分重要。我们只要将下面的园路形状、绿色布置和视线方向等事项把握住，便可以进行引道设计了（图20）。

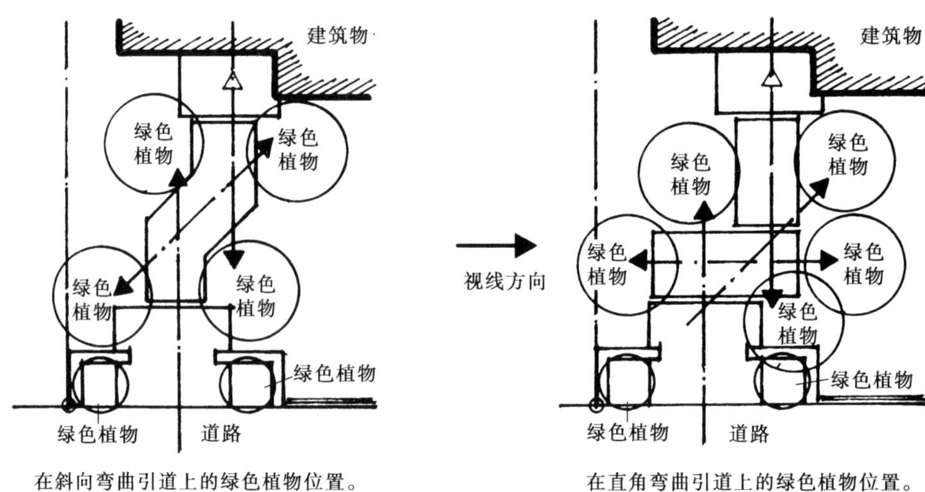

图20 因引道形状不同，绿色植物的布置也各异

ⓒ 在狭窄的宅地内设计引道形状的方法

引道越短越显得单调，很容易成为一条乏味的园路。因此，应该在设计上下足工夫，在本来很狭窄的空间内，设法让园路变得长一些。首先一点是，入口与引道的开头必须错开，绝不能让它们直接相对。这样一来，就多少拉长了二者的距离，而且便于有效地布置绿色植物。绿色植物一定要布置在从园路上走过时视线的前方（图21）。

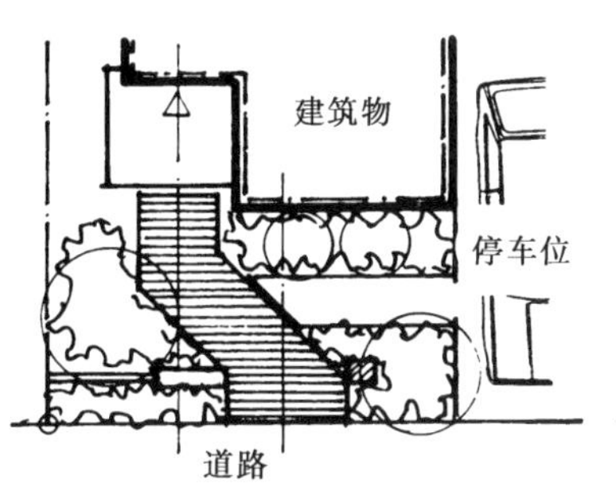

将自道路出入处相对于建筑入口向右错开一点儿，成为斜向弯曲的引道

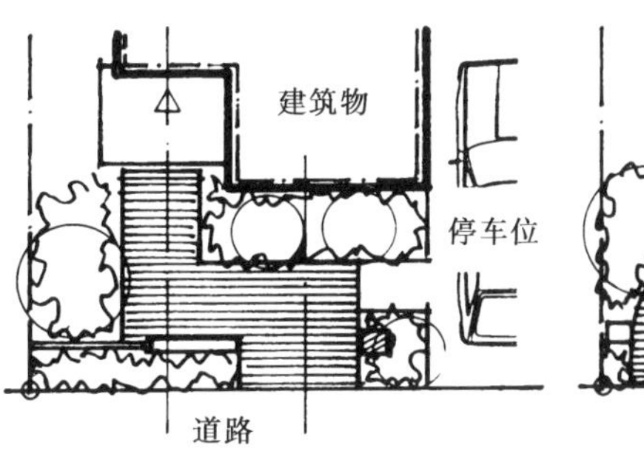

将自道路出入处相对于建筑入口向右错开一些，成为曲折的引道

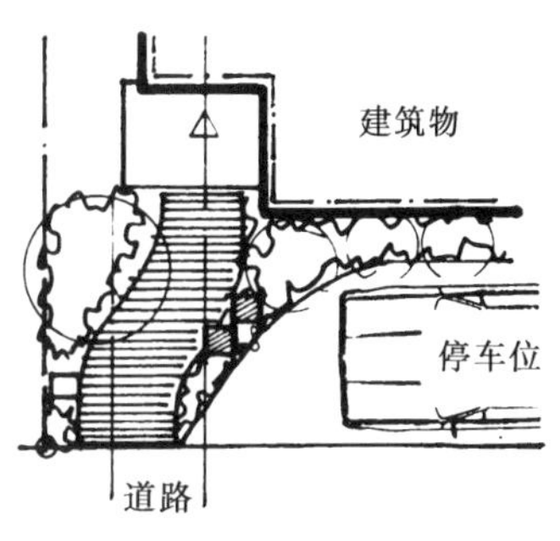

将自道路出入处相对于建筑入口向左错开一点儿，成为曲线形的引道

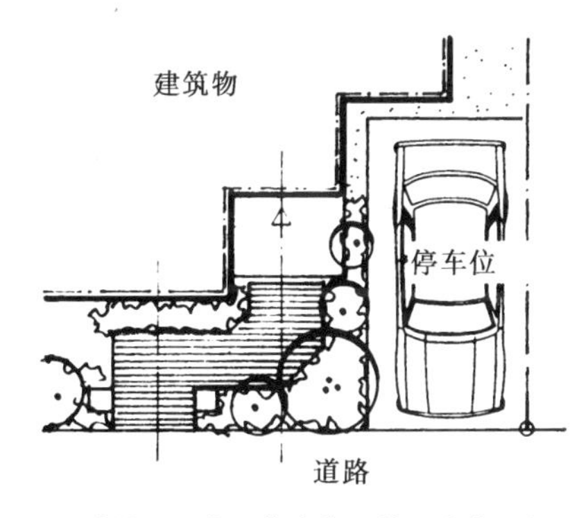

因建筑入口靠近停车位，故无多余空间。将出入处向左错开，成为弯曲的引道

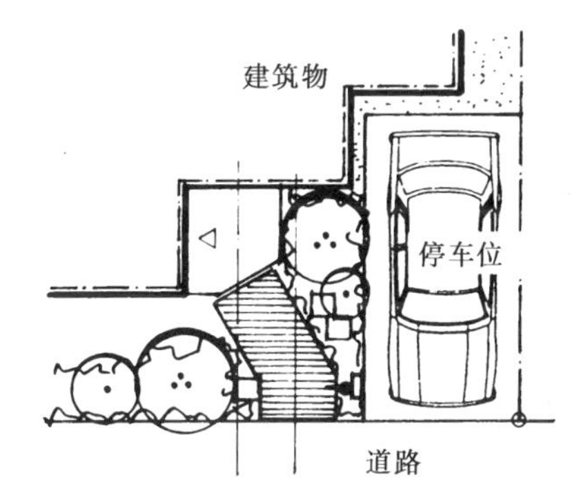

在将极其接近的建筑入口错开的场合，需要在设计上设法使入口门廊对着园路方向。成为斜着错开的引道

图21 狭窄引道的设计方法

ⓓ 与停车位邻近引道的设计方法

在停车位与引道共用一个空间的情况下，引道的设计难度比较大。如果不能保证汽车所需的绝对面积，便无法停车。因此，势必以牺牲引道为代价。可是，即使是从右侧来看试图确保停车宽度和引道宽度似乎无法可想的引道空间，也可以将正对着的直线错开一点儿。如此，便能够保证路边绿地的存在，使得从道路或从入口看去的景观变得更优美。

如果让停车位自引道空间脱离，使之与道路平行的话，就有可能成为一条较宽裕的引道。这样一来，便很容易理解，即使在同一块宅地内，由于改变了停车位的布置方法，也会使引道空间发生一个较大的变化（图22）。

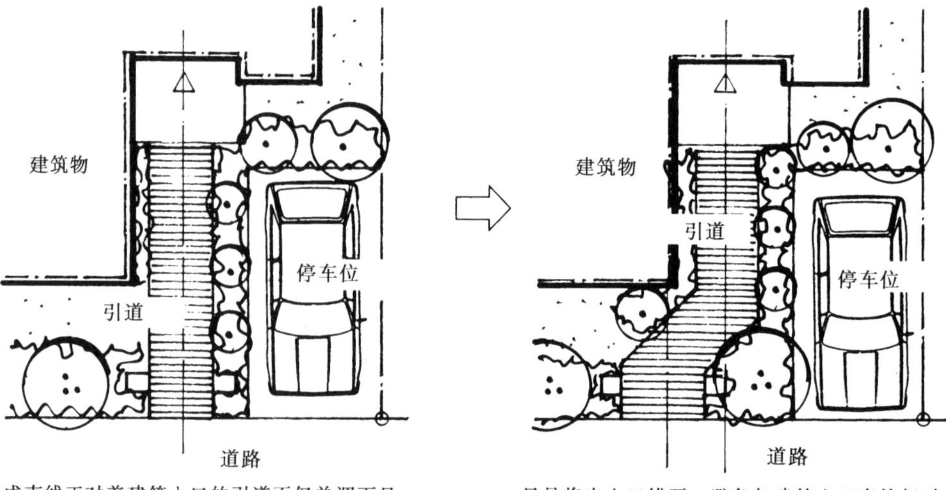

成直线正对着建筑入口的引道不仅单调而且绿化效果也不理想

只是将出入口错开，避免与建筑入口直接相对，绿化效果便得以显现，而且引道也发生变化

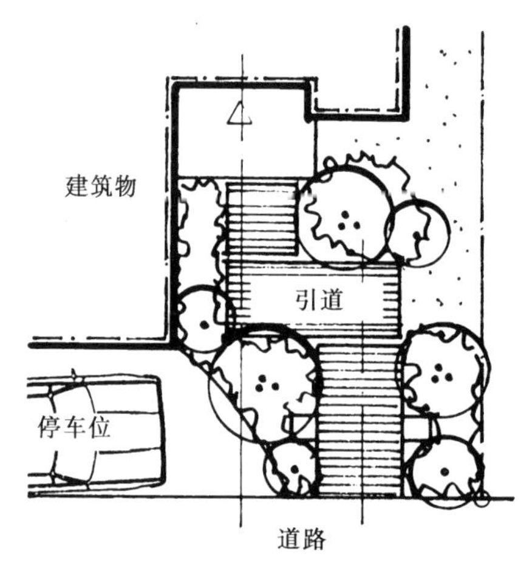

让停车位与引道空间脱离，确保其与道路平行，在曲折的园路上可有效地布置绿化空间

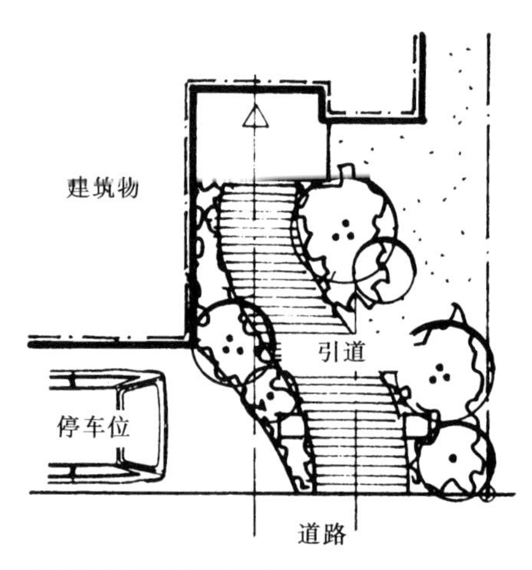

让停车位与引道空间脱离，确保其与道路平行，在同样曲折的园路上 亦可有效地布置绿化空间

图22 与停车位邻近引道的设计方法

ⓔ 2个停车位与引道的设计方法

要以确保2个停车位为条件来构思进入内部入口的引道该如何布置。

如图23的左图所示，通过将停车空间分别与道路垂直和平行的布置，让引道的出入口自2台车之间通过，并可与入口错开，栽种的植物也将其环绕。而图23的右图则让2台车均与道路平行，这样便造成引道与入口直接相对的后果。在此种布局中，绿化植物很难将引道团团环绕；不过，如果在园路的形状上能做些调整，或许也可以带来一定的变化。

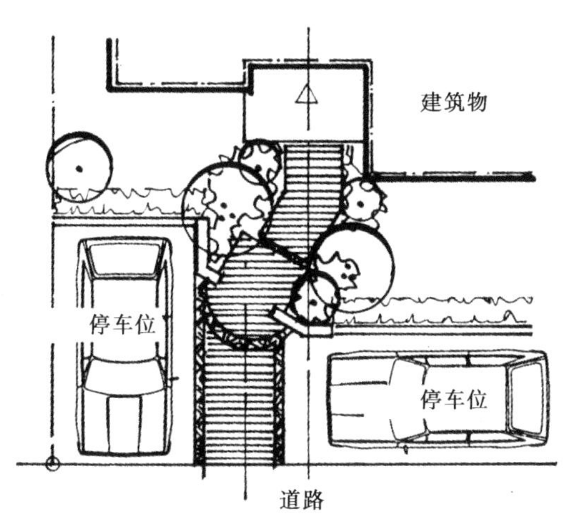

自2个停车位之间通过的引道。处理上的变化重点放在进入大门之后

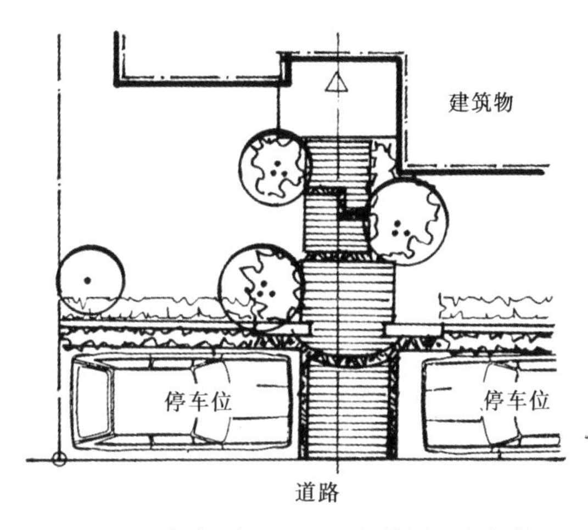

自2个停车位之间进入，正对建筑入口的引道。变化主要来自装饰和植物

图23 有2个停车位时的引道

f 当入口被布置在宅地边界处时的引道设计

有的建筑物的入口被设在紧靠相邻宅地处，类似这样的建筑外部空间中的引道，如果设计不得法，便很容易成为一条几乎没有从狭窄的空间通过的余裕，且又十分单调的引道。如图24的左图，在停放1辆车的情况下，设计上将与入口正对着的引道出入口利用停车空间的一部分转换了一个角度，这样便使本来直接相对的单调感得以缓解。在停放2辆车时，则如图24右图所示，由于引道系自纵向与横向停车位之间通过，便能够产生变化和距离感，栽种的植物也显现出效果。

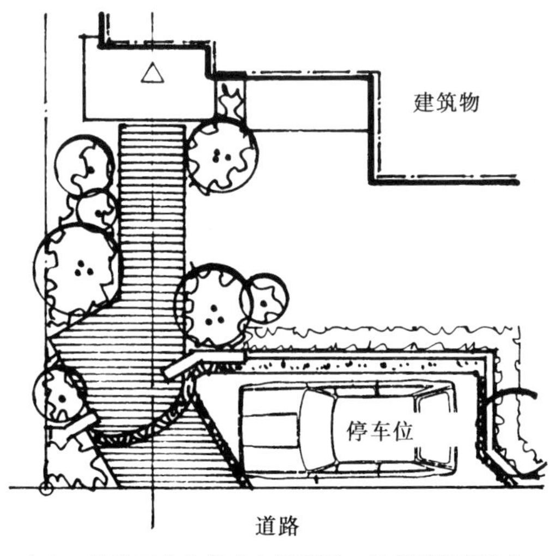

出入口的前面作为停车空间利用。考虑到汽车出入方便的引道

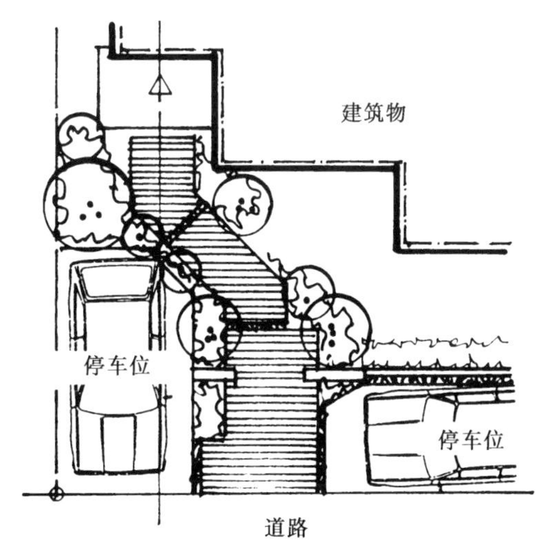

自2辆车之间通过的引道。斜向弯曲的大门前被作为停车空间利用

图24 入口位于相邻宅地边界时的引道设计

4.7 引道周围的照明

由于引道多在夜间利用，因此便需要布置用于夜间安全行走的照明。尤其是夜间行走在有台阶的引道上，照明更是不可缺少的。与此同时，引道上布置的照明还不仅仅出于行走的需要，它对引道空间的夜间修景也有很大影响。而且，利用灯光照亮暗夜，这在防范上也会起到重要作用。如果将光或热传感器与照明安装在一起，不仅在夜间，甚至白天也会得到利用，通过对其安装的场所、数量和分布等进行合理的布置，便可以使引道不再冷清，变得更安全。

ⓐ 照明的位置

设置在从道路至入口的引道上的照明，自门灯开始，至建筑入口门廊灯结束。需要考虑的是设在这二者中间区段的照明。如果引道较长，使用的照明器具也会较多；反之，有很多引道比较短，假设门灯和门廊灯十分明亮，就没有必要再设置引道照明（图25）。为了满足夜间安全行走的需要，从照明范围的角度上说，只要每隔5m设1处照明（60W脚灯）便绰绰有余。不过，照明并不单单是为了驱除黑暗，它还应该具有渲染的作用，让夜间的引道空间变得更美。特别要注意引道阶梯部分的照明设置，一定不要在台阶的踏面和踢面上产生阴影。另外，由于倾斜或弯曲走向的引道往往都会出现死角，因此务必在转弯处设置照明。

比较长的引道，仅靠门廊灯和门灯的照明是不够的，还要考虑在引道上设置照明

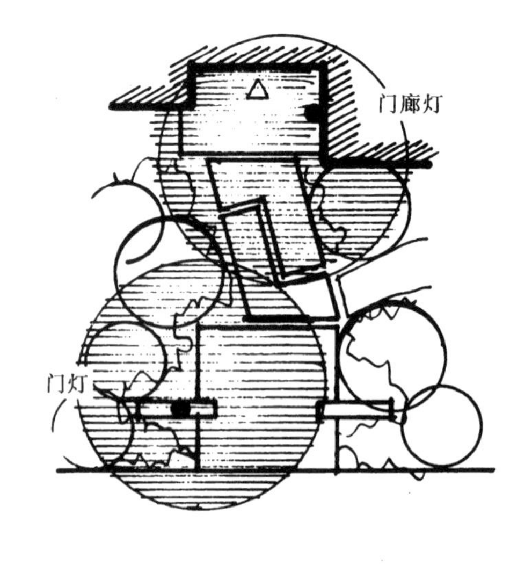

多数情况下，只利用门廊灯和门灯就可以满足靠近建筑入口的引道的照明需要

图25 引道照明区划

ⓑ照明的高度和灯光照射方向

在仔细分析各种照明器具的灯光高度和照射方向的基础上，挑选符合渲染效果的照明器具是很重要的。譬如，要想将树木照亮则使用聚光灯；以引道铺装面为照明的重点，要采用可直接放在地面的低台灯和低柱灯；墙壁和台阶侧面用壁灯；需要照亮整个引道周围则要使用柱灯（图26）。通常情况下，设计上都采用市售的照明器具；但根据设计需要，也可以将市售的简易照明器具与自制的灯罩、陶瓷制品或各种石材组合在一起，看上去也很有意思。

在引道上行走时，如果灯光照射到眼睛，则很难看清脚下，或者出现灯光炫目的不正常情况。为了避免此类现象的发生，很重要的一点就是要仔细考量器具的种类和安装的位置。此外，采用的光源是希望发出明亮的光还是灰暗的光，是模糊的光还是色彩鲜艳的强光……，都要根据其用途和目的，在充分考量光的颜色及光的方向的基础上，对照明器具进行认真选择（图27）。

以脚下的低照明为主，照亮引道铺装面、草坪和灌木等的下草

等腰高的照明可照亮整个引道铺装面和高树下

来自上方的照明可照亮整个引道

图26 不同照明高度可照亮的范围

只开启光源上半部的照明，其光线自下而上，具有聚光灯的效果。但须注意不要将上方开得太大，以免成为炫目的光

将光源的上下部各遮挡一部分的照明，使光具有明确的方向性，成为横向散射的光

遮挡光源上部的照明只照亮脚下，成为散射到下方的光

图27 不同方向的光源产生的不同效果

事例1 笼罩在馥郁花香中的引道

这是一条笼罩在花木浓郁的芳香中的引道，走在引道上，阵阵花香会扑面而来。向来以迎接春天的到来同时绽放而为人称道的草花和花木布满园路周围，人们就从花木中穿过。踏着倾斜走向的引道，不知不觉便来到入口前。引道表面采用砾石铺装，走在上面脚下不滑，也没有台阶，感到很轻松。自然的风格显得很合时宜，而且也很美观。

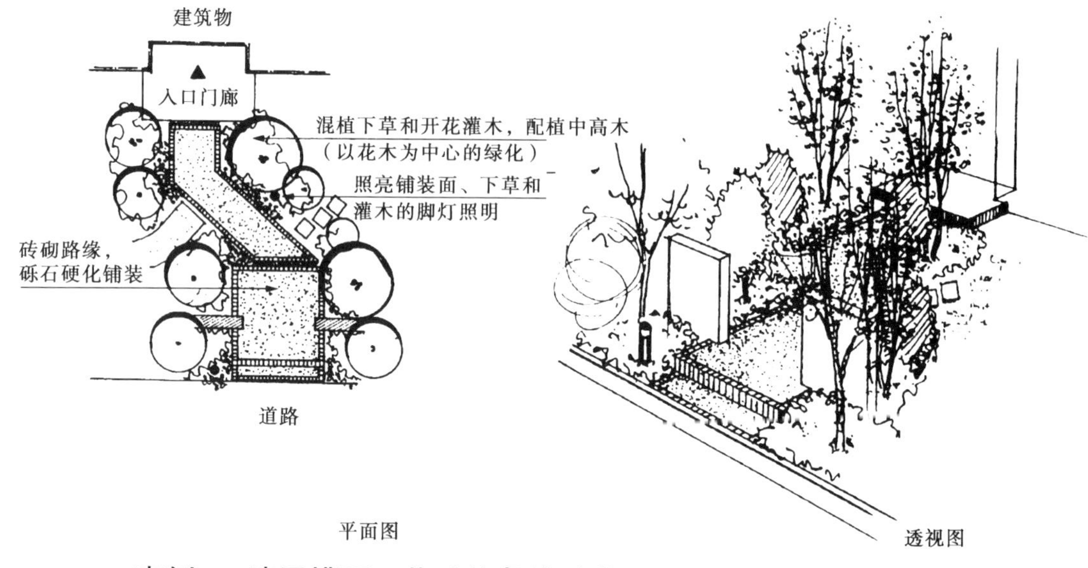

平面图　　透视图

事例2 清风拂面、花香扑鼻的引道

这是一条以天然石材的板石拼接铺装、踩上去很舒服的引道。引道四周被葱郁的树木围绕，似乎可以听到它们在窃窃私语。方向变化的曲线引道，走在上面视野也不断改变。脚下的花草，发出阵阵沁人心脾的香气。

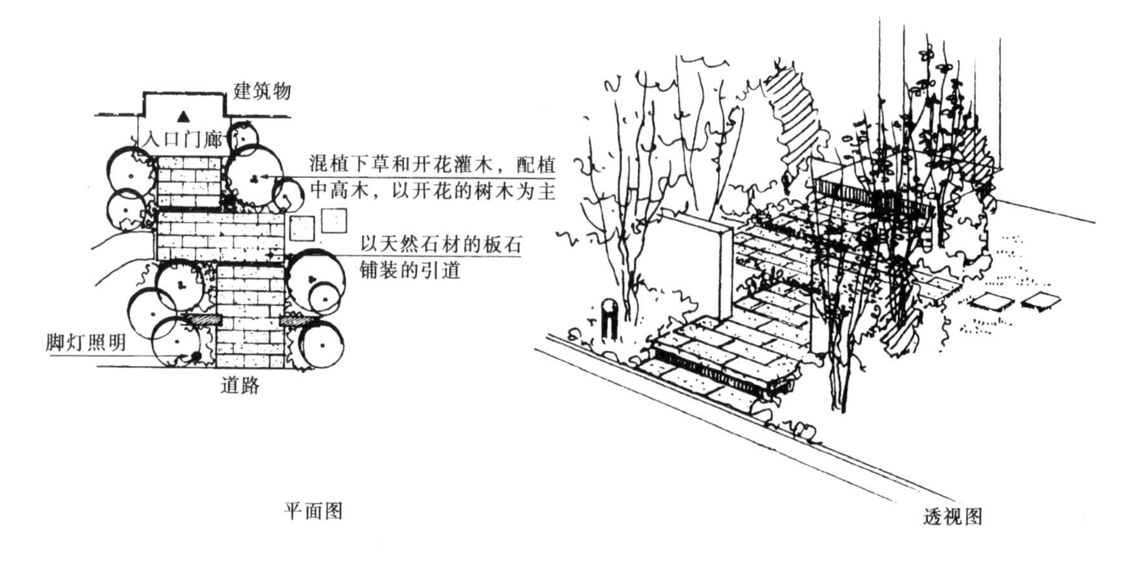

平面图　　透视图

事例3 路面树影婆娑的砌石引道

阳光透过树木的枝条缝隙射到路面上，映出婆娑的树影，砌石的引道铺装，走在上面让人感到悠然自得。天然石材的古朴风格和光影的变化增添了不小的乐趣，可爱的草花透过石与石之间的接缝，露出娇媚的容颜。雨天里，石块表面一淋湿，颜色会陡然变深，与路边树木的翠绿相互映衬，看上去更加生动。脚下覆盖园路的草花正在争奇斗艳……一边缓步朝着入口走去，一边沉浸在对如此优美的引道的倾慕中。

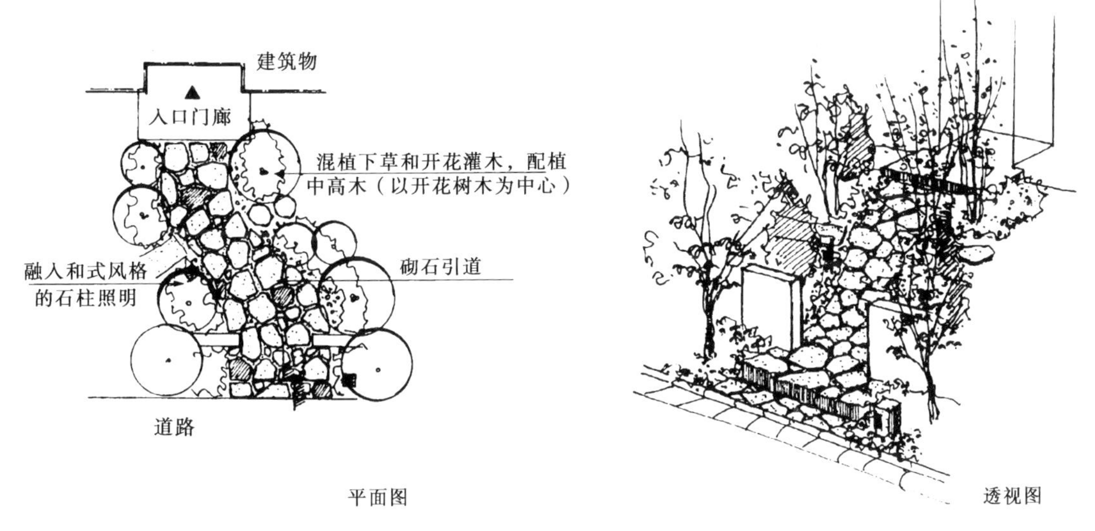

平面图　　透视图

事例4 上下视野开阔的引道

站在道路上，视野内的视线前方种植绿色植物，以使其产生变化。包括视线从树木根部移到树干和树枝的变化，以及从狭窄处开始弯曲的引道走向的变化。这些都会产生拓展视野的效果。当草花也进入视野时，每向前迈出一步，都将使你欣赏到不同的景致。路面的处理也突出表现了是在随着阶梯上下变化的，使原本单调的氛围得到很大改善。再加上横向的绿化效果，便营造出了一条色彩丰满的引道。

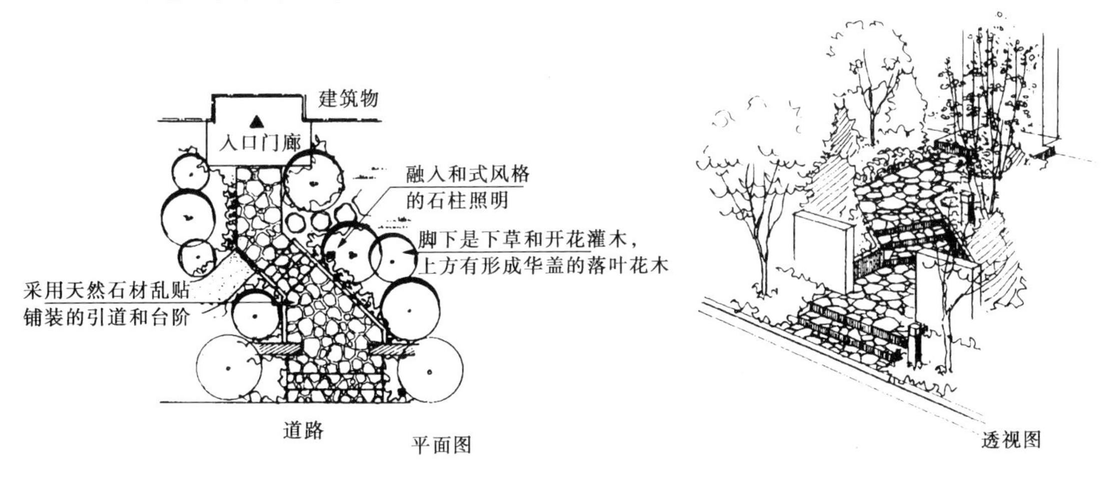

平面图　　透视图

第5章

停车空间的设计

位于嵯峨附近带停车空间的住宅（京都市右京区）

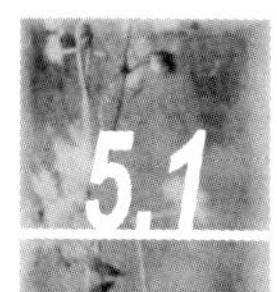
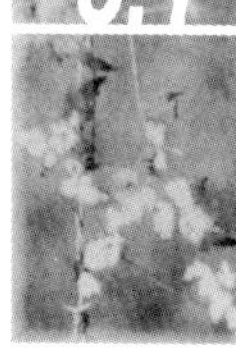

5.1 停车空间的理念

停车空间通常都位于面向道路的地方，其布置和设计对立面（参照第2章）的影响很大。特别是在停放多台车的时候，因为有可能要根据每辆车的用途来做不同的布置，所以必须了解业主的生活方式并征求其意见。单就确认停放汽车台数而言，亦并非只是一个“打算停放几辆车”的问题；还须向业主了解“有几辆车、何时、由谁、做什么用”之类的情况，在此基础上才能制定出布置规划，并最终确定停车位的面积。此外，通常规划出来的自行车停放处大多都显得很杂乱，因此应该尽量布置在从马路和引道上不易察觉的角落。

作为停车空间，从满足“出入库方便”和“安全性”等功能上考虑，一般都布置在面向道路的位置，这便对立面设计造成很大影响。有鉴于此，还应该对汽车不在库内，停车位裸露地面的设计效果给予足够的重视。有关停车空间设计的8点注意事项被归纳在下面的表1中。

停车空间设计注意要点 **表1**

注意项目	内容
①确保必要尺寸	·汽车尺寸 ·自行车尺寸 ·车辆用具收纳场所
②停放多辆车时	·每辆车的用途
③汽车和自行车停放位置的确定	·建筑物正面宽度 ·与建筑物出入口的关系 ·对邻居的影响（噪声、废气等） ·自行车停放处与视线的关系
④与其他空间的位置关系	·入口、便门 ·引道 ·主院 ·家务院
⑤与前面道路的关系	·道路坡度 ·入库方向（单向通行除外） ·电线杆、标识和紧固拉线的位置
⑥出入库	·确保视线无阻（障碍物和陡坡等） ·有无遥控装置
⑦必要的设施和备品	·洗车用水栓 ·电源插座 ·车辆用具收纳
⑧其他	·内装设计 ·排水坡度

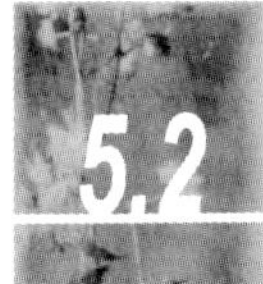

5.2 停车方法与设计要点

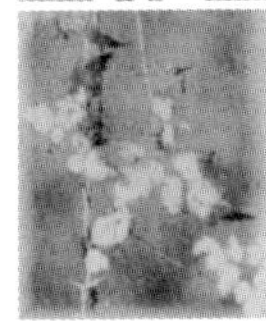

对停车空间要求具有出入库方便、乘降舒适之类的功能，因此必须了解停放车辆的规格、性能和停放时所需要的尺寸。而且，当汽车不在库内时，露出的地面在设计上也有一定的要求。

ⓐ汽车尺寸及行走轨迹

普通车的尺寸大致为1750mm×（4500～5000）mm左右，停车空间的设计一般均以此作为参考值。设计时系使用按实际尺寸比例缩小的尺寸绘制图纸，据此便能够计算出人员乘降所需的空间和在后备箱中取放行李物品所需的空间（图1）。

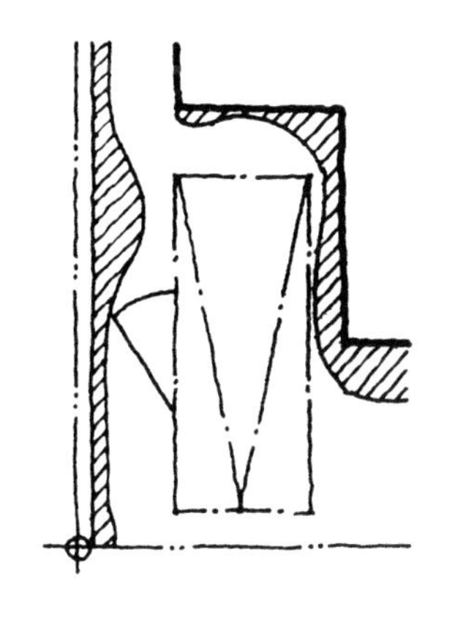

可用于绿化带空间

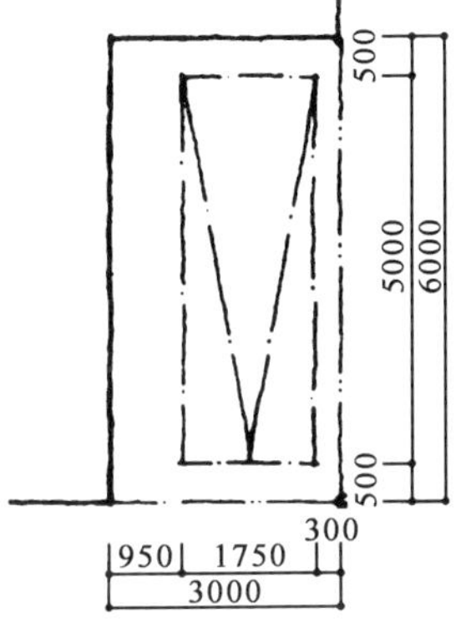

一般的垂直停车所需要的尺寸约为3000mm×6000mm左右。此外，尚要留出驾驶席乘降用和开阖后备箱所需的空间

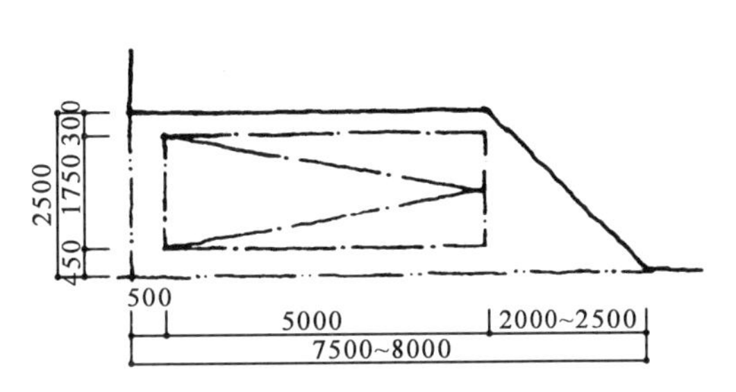

平行停车所需的尺寸约为7500mm×2500mm左右。因面向道路有一个较宽的开口，故须考虑车库地面的铺装和绿化

图1　以比例尺进行制图作业便能够了解可利用的空间（斜线部分）

ⓑ停车方法及车的轨迹

对驾车入库感到打怵的大有人在，尤其是在平行停车或整条道路都很狭窄的场合，方向盘一会儿左转，一会儿右转，真是麻烦透了。因此，设计者便面临着如何谋划出一个用起来方便的停车空间的课题。

停车所需要的空间，会因面前道路的宽度和停车方式而多少有些不同。尽管应该考虑到驾车者的乘降和后备箱物品装卸所需的空间；但在各种不同场合，都有一个所需空间尺寸的最低必要值，现将其列在图2～图5中。

1）垂直停车

垂直停车时，由于车的轨迹朝着外侧画出一个较大的圆弧，因此要根据“前面道路宽度”，在宅地内留出必要的空间（图2）。

2）平行停车

平行停车时的前面道路宽度与停车空间二者之间虽然没有太大关系；可是，对汽车进出车库的驾驶技术要求较高。而且，为确保出库时的安全，应遵循“倒车入库，前行出库”的原则（图3）。

3）斜向30°～45°停车

在前面的道路狭窄的情况下，斜向30°～45°停车比较方便。不仅很容易倒车入库，而且在路边形成的三角形空间内，还可以栽种花草树木和停放自行车（图4）。

4）垂直停车2辆

在垂直停车2辆时，要根据前面道路宽度来确定宅地内与道路相接的引道必要宽度（图5）。

Ⓒ停车方法对设计的影响

由于停车空间的布置不同，对从道路上看到的建筑物设计也会产生一定影响，并随之影响到整条街区的景观效果。在垂直停车的情况下，建筑物的侧面很清楚地显露在外面，通过与邻舍停车空间的相互布置，会给街区景观带来很大变化（图6）。相反，如果采用平行停车方式，建筑物的整个正面便成了景观构成的主角（图7）。

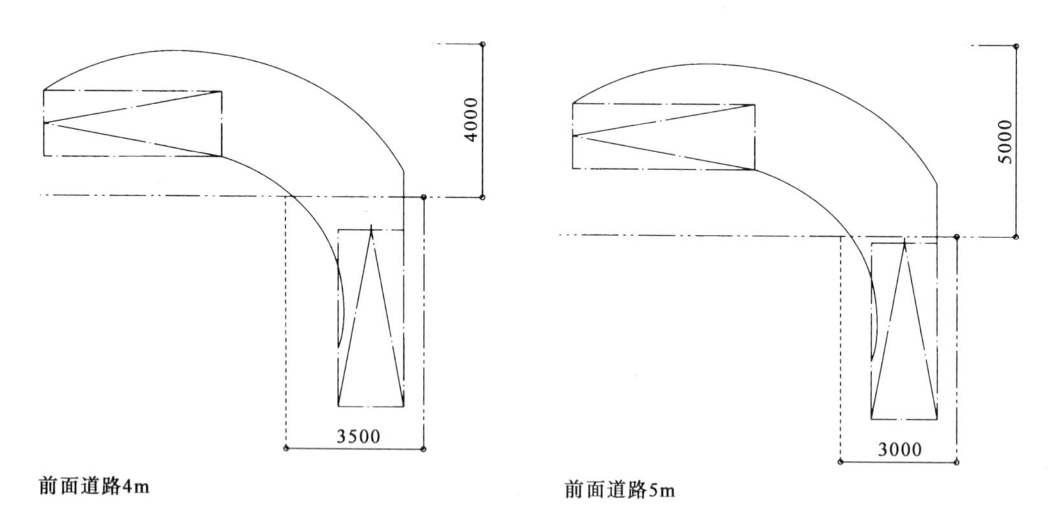

图2　垂直停车的基本尺寸

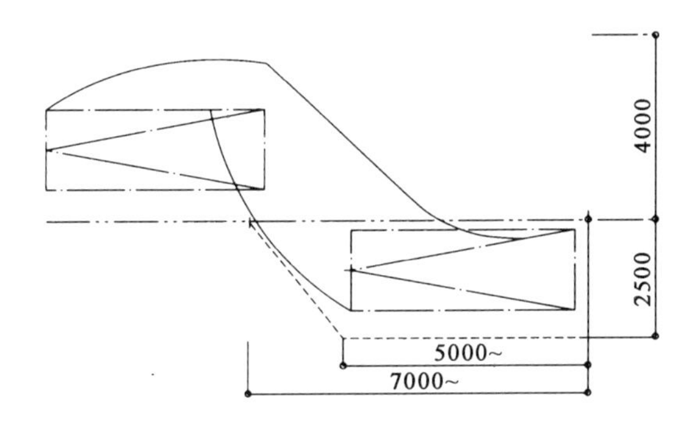

图3 平行停车的基本尺寸（前面道路4m）

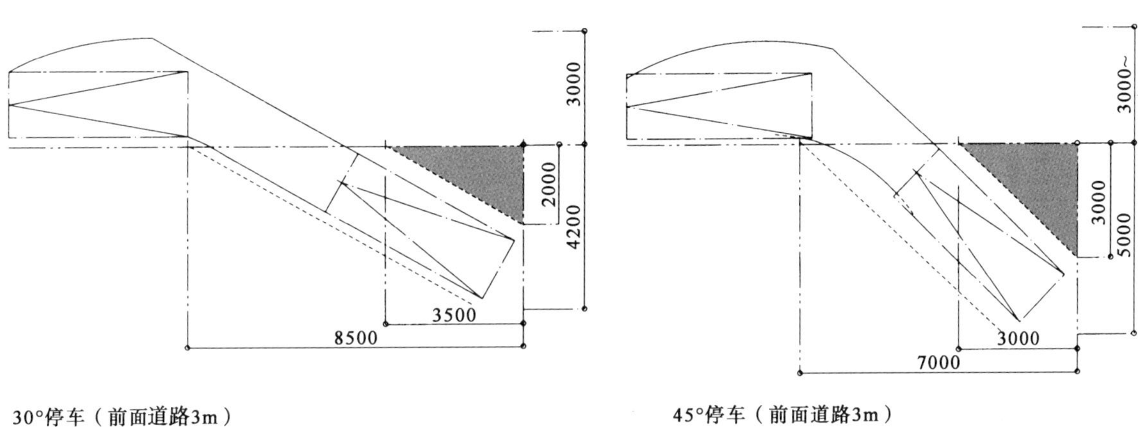

30°停车（前面道路3m）

45°停车（前面道路3m）

图4 斜向停车

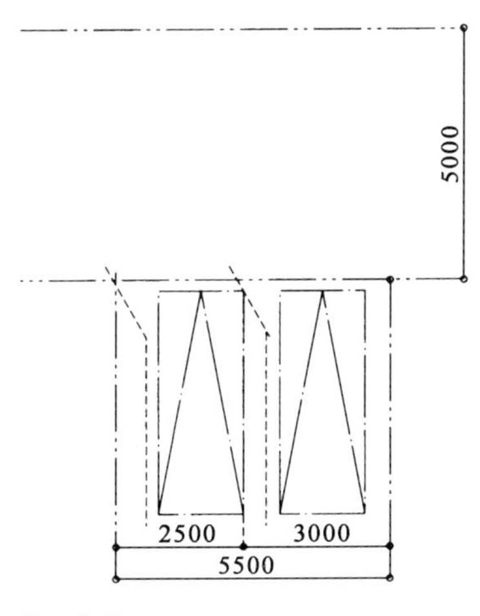

前面道路5m

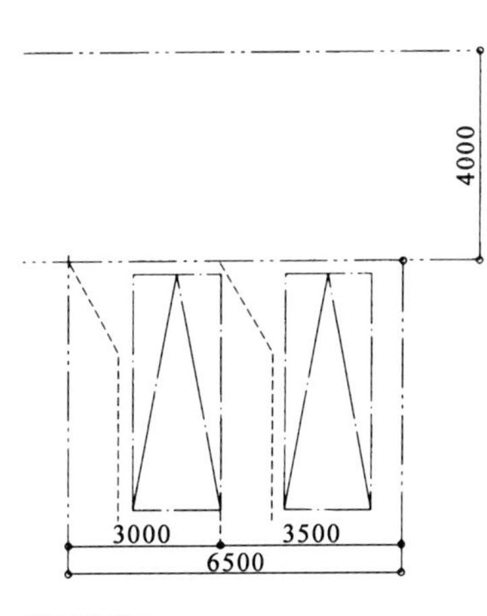

前面道路4m

图5 垂直2辆停车

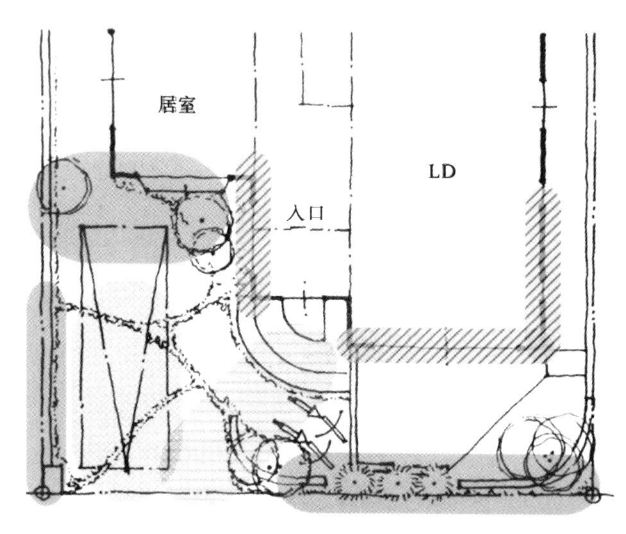

由于建筑物侧面看得很清楚，因此会对街区景观的整体效果产生影响

停车空间：如与邻舍的停车空间连接起来，则会使空间显得更宽敞
引道：可考虑与停车空间进行一体化设计
绿化：考虑到汽车不在停车空间时做成中庭式的设计，对地面和立面进行绿化
建筑设计：建筑物侧面的设计将对街区景观效果产生很大影响

图6 垂直停车（南侧道路）

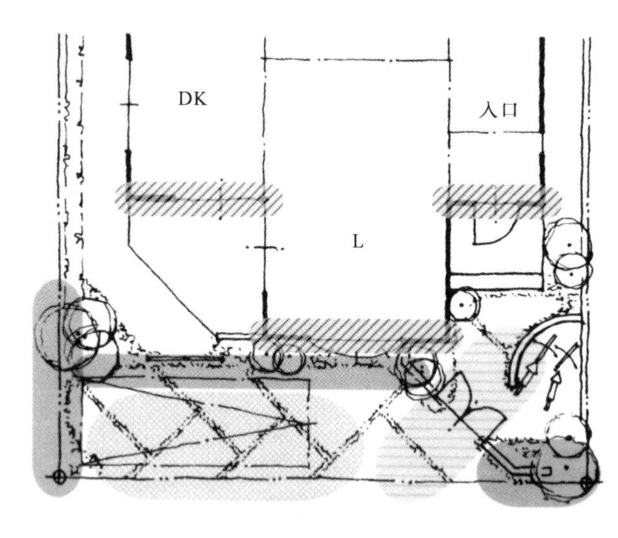

拟通过二层阳台的阴影和屋顶朝向等建筑设计手段带来一些街区景观的变化

停车空间：当汽车不在停车空间时，其地面的设计将对街区景观产生很大影响
引道：与停车空间一体化设计，并留意地面的装饰效果
绿化：包括建筑基础周围在内，进行有效的立面绿化
建筑设计：在总计2层平面的场合，注意不应使立面显得太单调

图7 平行停车（南侧道路）

如果宅地内类似于小巷状时，包括与邻舍边界在内的路边设计均构成该建筑物的立面设计。而且，由于小巷状的部分还兼做引道空间，因此视线会随着地面的装饰一直向院内延伸，甚至应该考虑到宅地深处的树木和花格墙的景观效果（图8）。

在停放多辆汽车的情况下，要根据这些车辆是否都必须频繁出入来确定停车空间的布置方式，而且其布置方式也将对立面设计和引道空间产生很大影响（图9~图11）。

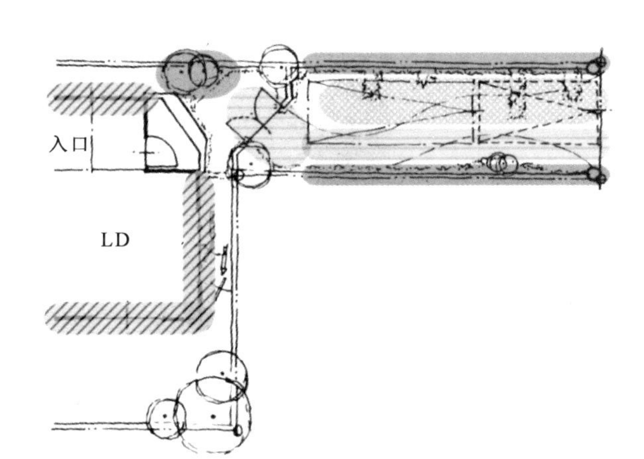

汽车离开后，停车位的地面设计会使引道显得很生动

停车空间：当与小巷状地块邻接时，不设边界栅栏的设计会使空间更开阔
引道：可考虑与停车空间进行一体化的地面设计（亦须注意门的位置）
绿化：通过地下边边角角的花草和立体式的绿化营造出一个生气盎然的氛围，另在视线终止处配植树木
建筑设计：注意与相邻建筑物开口部等处的位置关系

图8 小巷状宅地（延伸宅地）

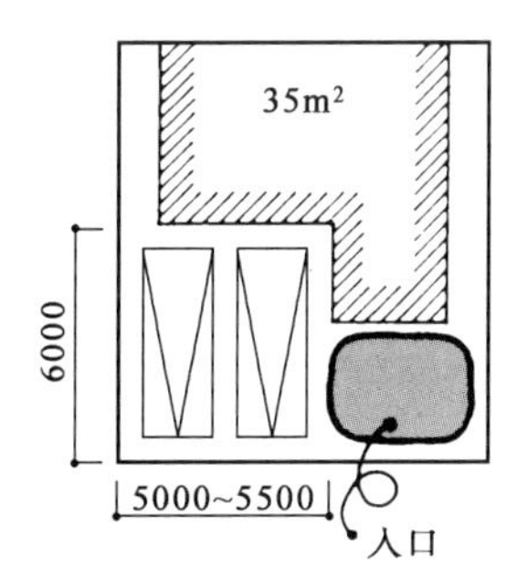

图9 并列停车（垂直）

其布置便于出入库，但占用了面向道路最好的空间，并使里面产生压迫感

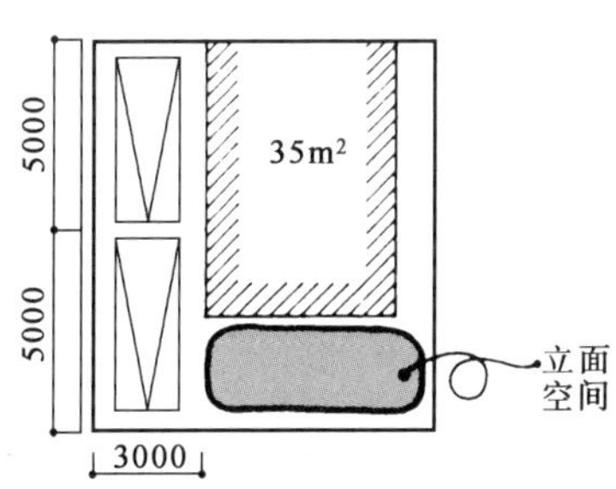

图10 纵列停车（垂直）

假如里面的停车为“假日休闲用”或“丈夫上班后妻子购物用”，这样的布置就问题不大，而且在立面可用的空间也更宽敞

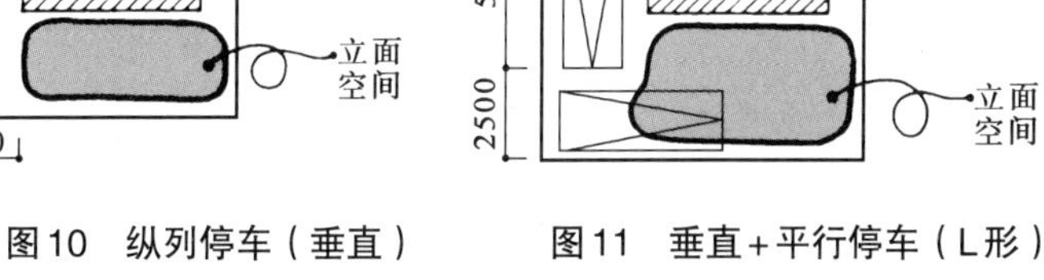

图11 垂直+平行停车（L形）

虽然自家只有1辆车，但如果需要来访者的停车空间，包括地面设计在内，引道和立面在设计上亦使可利用空间扩大

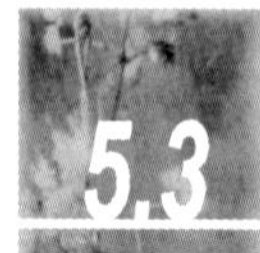

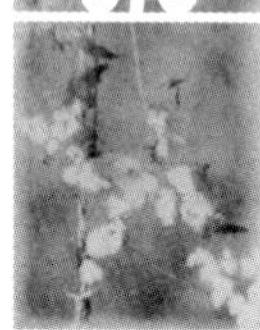

5.3 位置关系的要点

如前所述，停车空间的布置对立面设计效果会产生很大影响；与此同时，还要考虑到物品搬进运出的动线，进一步研讨入口与便门的位置关系。并且，有必要关注从建筑物里向外究竟会看到些什么。

ⓐ与建筑物的位置关系

特别是在南侧面向道路，且入口位于建筑物中央的情况下，大多都会将停车空间设在作为备用房间使用的“和室”前面。这样一来，就呈现“打开窗子眼前就出现汽车后备箱”的状况。因此，应该通过采用斜向停车和调整动线方向的手段设法将汽车隐蔽起来（图12）。

另外，自汽车至入口的动线（人行走的路线）如果“离开道路直接进入入口”也是不允许的。为了搬运购回的一大堆物品，还应该确保通往便门的动线（图13）。

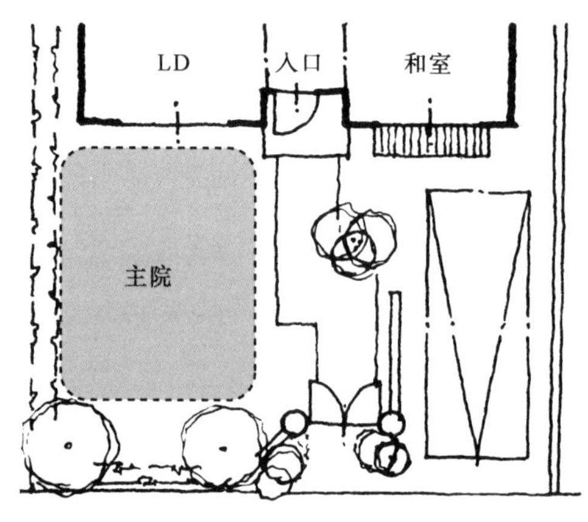

LD前构成一个形状规则的主院，和室前则成为“眼皮底下的停车场”

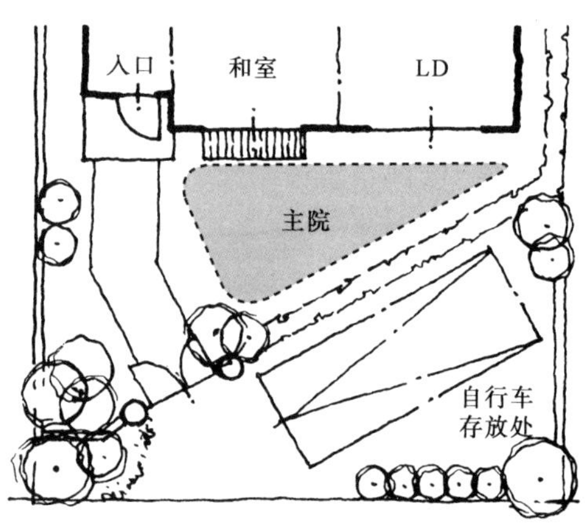

LD及和室面向一个不规则的主院，停车部空间的三角部分可同时用于存放自行车或作为收纳空间使用。人与车的动线尽管形成交叉，但因驾车者=居住者，故问题不大

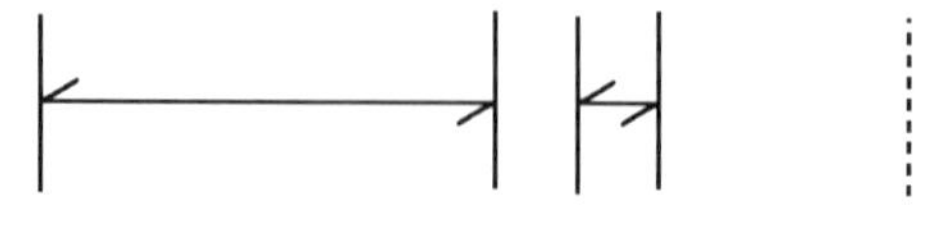

立体式绿化的范围偏向左侧

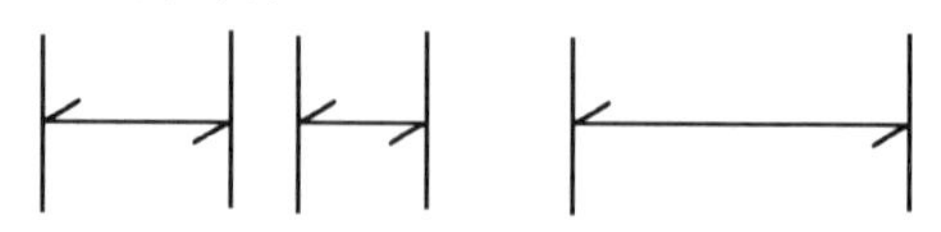

面向道路基本均等的立体式绿化

图12 建筑物与停车空间的位置关系

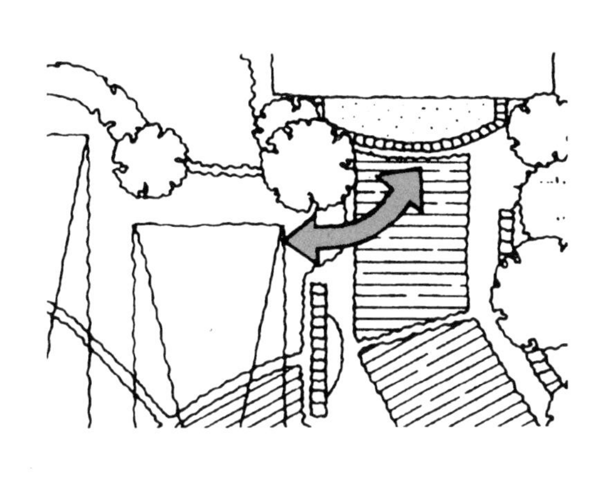

确保从停车空间通往引道的动线

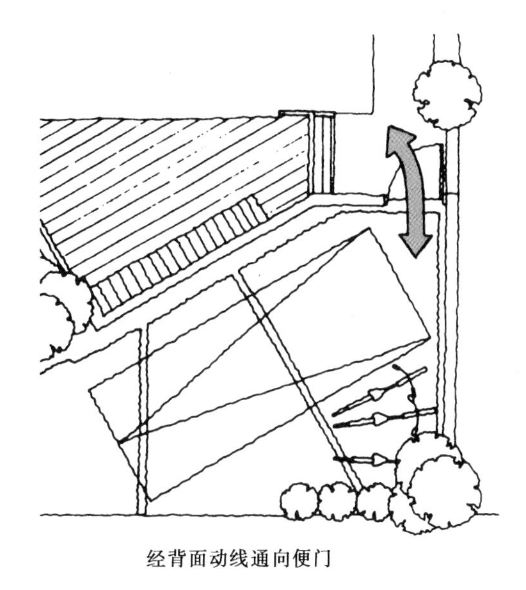

经背面动线通向便门

图13 建筑物出入口与停车空间的关系

ⓑ与其他空间的位置关系

停车空间的平面布置规划，不仅与建筑物的出入口，而且还与建筑外部空间有着密切的位置关系，因此必须做充分的研讨。

1）与引道的关系

引道不仅是居住者，而且也是来访者都要经过的场所。尤其是在宅地十分狭小的场合，如果将引道设计成花园状，则会营造出满目苍翠的环境，使景观效果最大化，自然也是住宅主人乐见其成的要点所在。

不过，由于停车空间紧挨引道，也有物品搬运或雨天出入不便的一面。正由于其经常存在的景观上的缺陷，在设计中应多加注意（图14）。

2）与主院的关系

为便于将从家庭用品商店购入的园艺材料和休息日木工材料等搬入家内的作业场所，如果能够确保进出主院的动线，则不会弄脏室内，也不必换鞋出入（图15）。

3）与后院的关系

通往后院的动线与通向主院的动线同样重要。为了能够将仓房中存放的物品搬进运出，也需要设法确保来自停车空间的动线（图16）。

在进入大门后视线前方设置影壁，不仅可遮挡视线，也将停车空间隐蔽起来

以中高树木遮挡视线

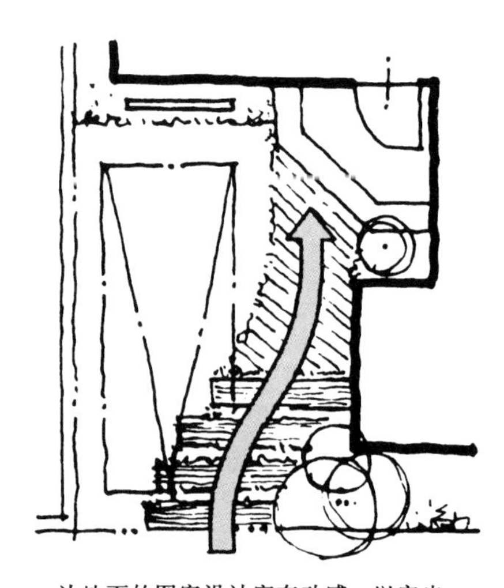

让地面的图案设计富有动感，以突出“向下牵引视线”的作用

图14 引道与停车空间的关系

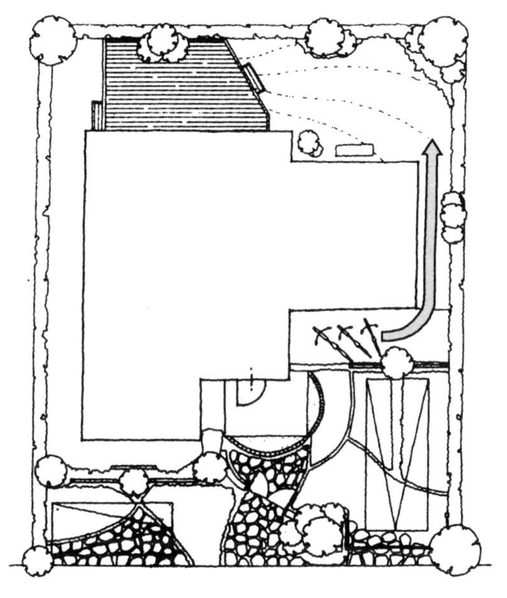

从停车空间里面的自行车存放处通往院内

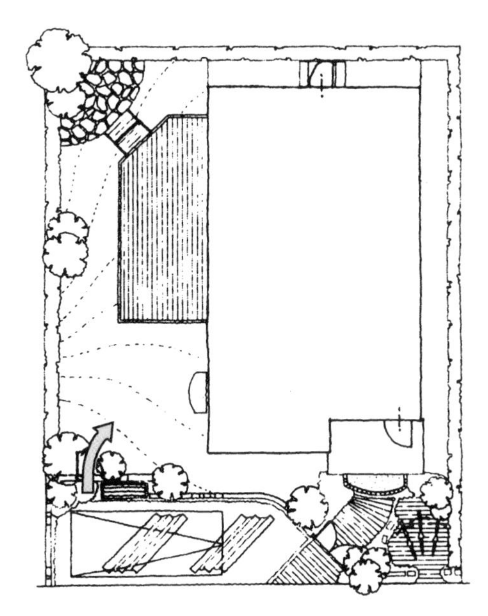

从停车空间角门通往院内

图15 主院与停车空间的关系

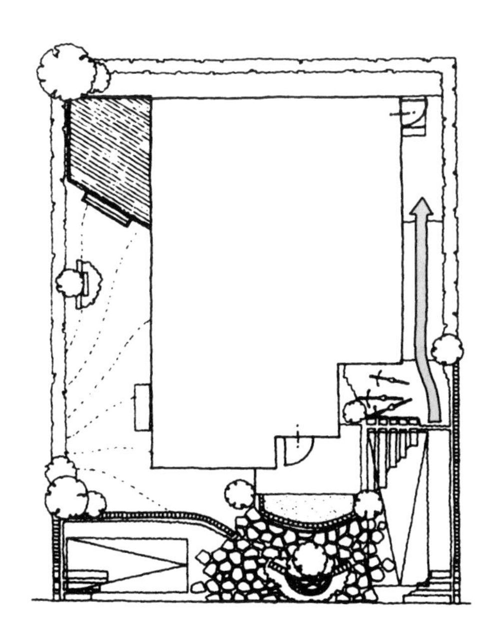

从里面自行车存放处一侧通往后院

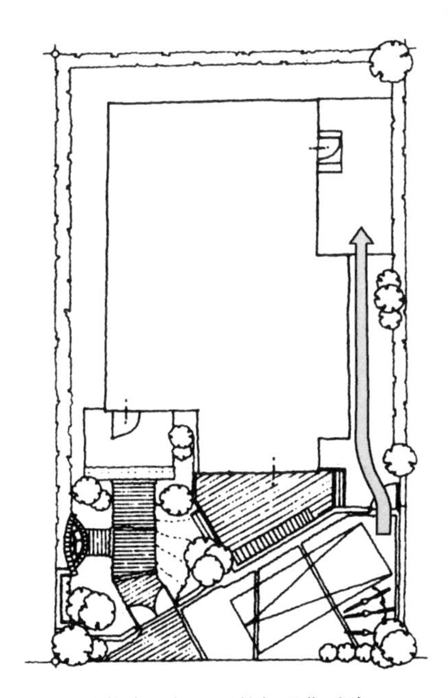

从停车空间里面的门通往后院

图16 后院与停车空间的关系

ⓒ与前面道路的关系

由于停车空间一般都设在与道路相接的场所，因此在设计上往往受到前面道路的制约，这是其应注意的要点。

1）道路坡度

在前面道路坡度很陡并要垂直停车的情况下，如果无法保证与道路之间的距离，汽车轮胎便呈现悬浮状态（图17）。

2）入库方向（单侧通行时）

在前面道路为单侧通行时，如果是带有像图18那样布置角度的停车空间，将无法倒车入库。

3）道路上的障碍物（电信柱和道路标识）

道路上会有许许多多对车辆行驶构成障碍的东西；但仅从汽车出入库的角度考虑，尤以电柱和道路标识为其中之最。特别是对电柱的紧固拉线和道路标识须格外加以注意（图19）。出库因向前行驶，故操作起来不会感到有什么困难；但入库时必须倒车，则要求具有较高的驾驶技术。

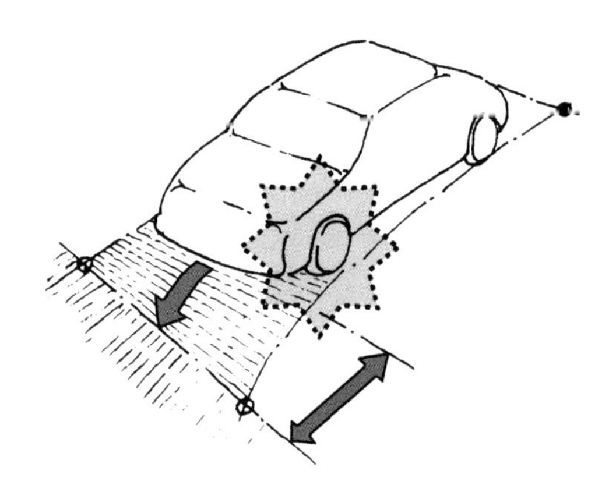

图17　对道路坡度考虑不周

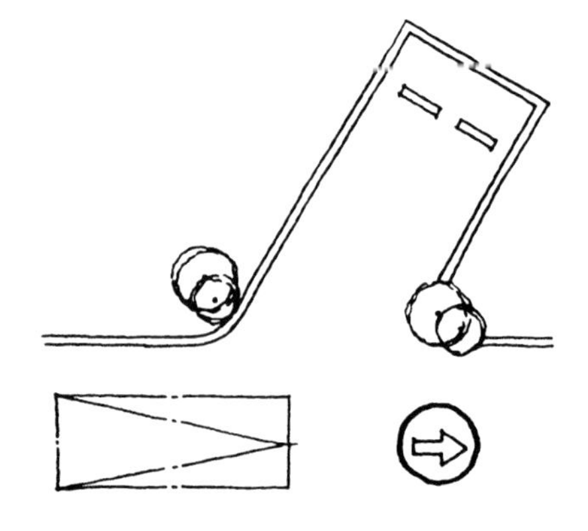

图18　对入库方向考虑不周

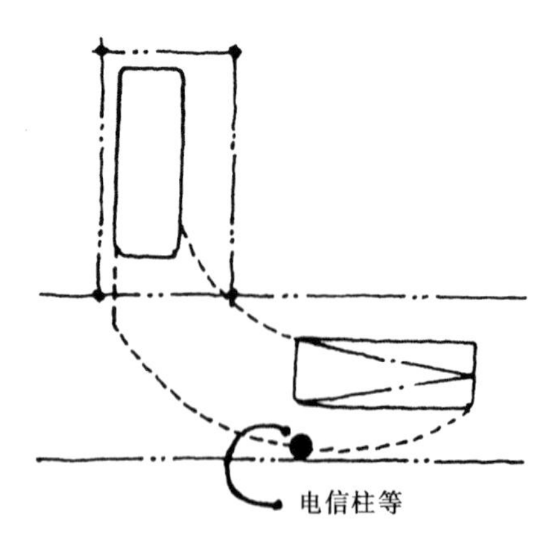

图19　对障碍物考虑不周

ⓓ 确保车辆出入时的安全

如前所述，为了能够比较容易地出入库和轻松乘降，应该对停车空间的位置关系做全面细致的考量；除此之外，还必须认真研讨如何确保安全的问题。

1）确保足够的视野

从安全角度讲，确保足够的视野对于车辆出入库至关重要。尽管会因车辆类型而有些区别；但无需以平面图加以考量，只是从立体角度来考察能否确保足够的视野，并借此拓展其设计宽度（图20）。在平面图上有树木的情况下，比较重要的问题是，树木究竟对实际的空间形象会有怎样的影响（从平面图上看似乎会遮挡视线的树木，其实由于树种和树形的不同，或许并不是什么大问题）。何况，平面图上绘制出的道路并没有标注坡度多少。像图21那样的陡坡路段，在倒车出库时便成为一种“完全看不见道路情况”的状态。如果事先能够做些细致的调查，本可避免类似情况的出现。

2）应对陡坡的办法

从道路上经陡坡而下时，应该在距顶点前后1m左右设置一个缓坡（图22）。假如要根据某个具体车种设计的话，可采取先做一个纸型，再依据纸型加以研讨的方法。不过在研讨时，一定不要忘记缘石与路面的级差（通常为50mm～100mm）。普通乘用车自地面算起的最低高度约为150mm～180mm左右。

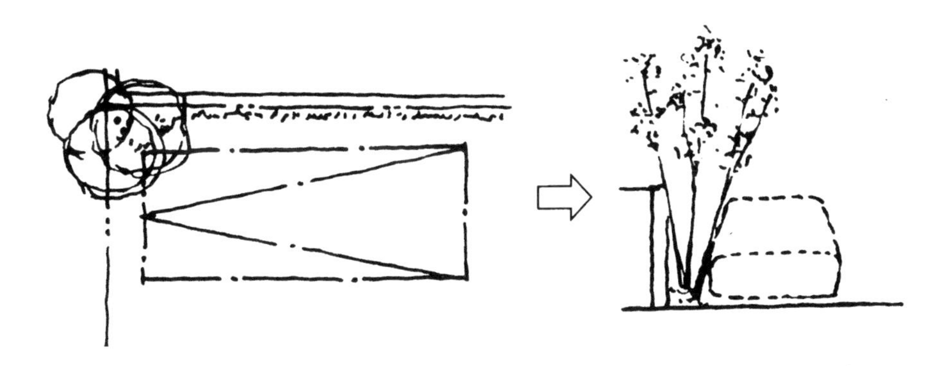

图20　对图纸的信息要做立体考量

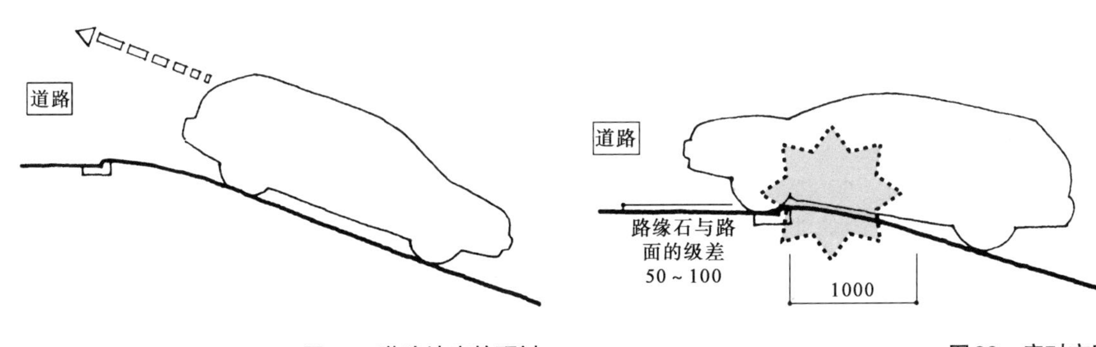

图21　道路坡度的研讨

图22　应对方案

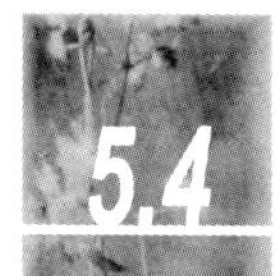

5.4 设备和收纳空间

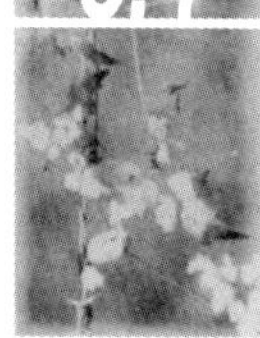

在停车空间周围，需要设置收纳洗车及清洁工具、备用轮胎和汽车备件的结构空间以及必要的设备。

ⓐ必要的设备

1）水栓

如果是新房新车一族，即便算不上爱车如命的人，也会勤快地冲洗自己的汽车，因此一定要设有水栓，水栓可设在停车空间附近，同时用来给立面周围的树木浇水。可以使用预设在土间的箱式水栓，也可在设计上将水栓与枕木和墙壁组合起来加以利用（图23）。

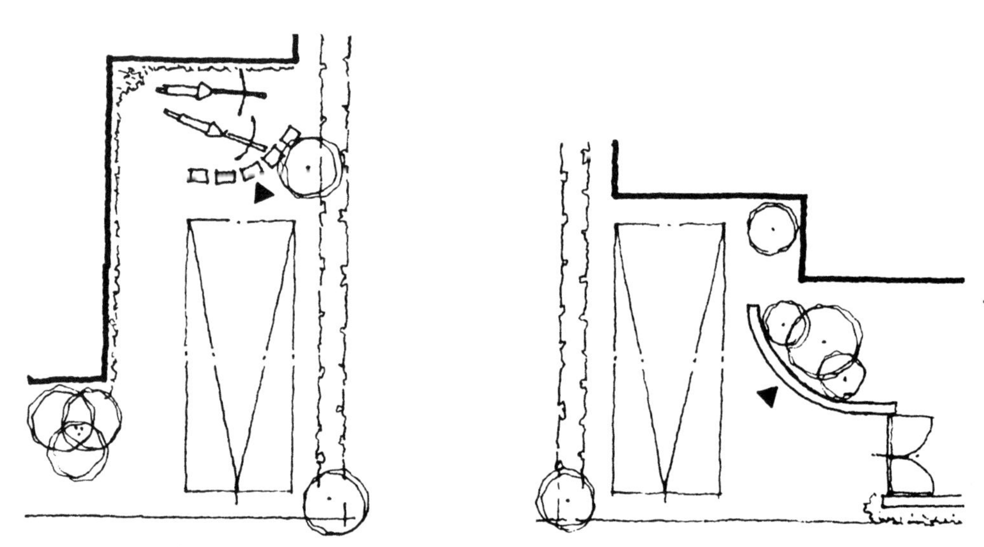

图中标有▲记号处即为水栓位置。右图将门翼墙作为设计的要点具有同样效果

图23 对停车空间水栓位置的探讨

2）插座

车用清洗机多为充电式的，此外还有车中点烟用打火机使用的电压12V的电源。如果考虑将停车空间还兼做休息日的木工作坊，这里便需要安装电源插座。从建筑外部空间设计角度，我们对建筑设计者建议，最好在建筑物本体的外墙面上安装防雨插座（图24）。再者，关于电气工程的施工，本来应该有国家的资质认定；然而，由于安装插座什么的都被人们归属于“器具处理”一类的工作，因此像停车空间里的照明，完全可能是自己动手布置的，这在某种程度上也可以看做是设计上的延伸和扩展。在室内一侧则务请安装与插座联动的开关。

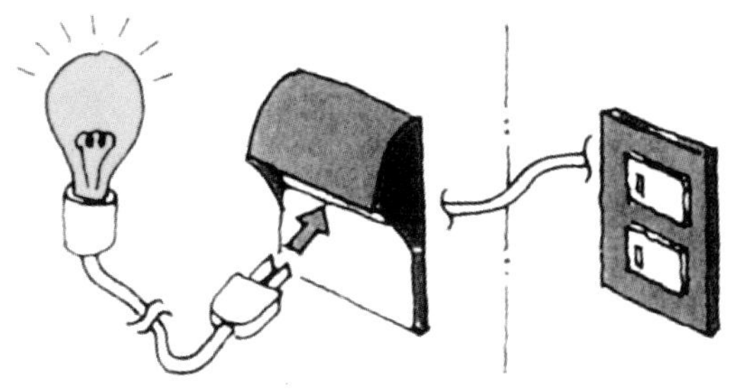

图24 防雨插座

ⓑ 收纳车辆用具的空间

如果能够将必需的汽车维修工具和洗车用具都收纳在停车空间内固定的位置，使用起来是很方便的（图25）。即便没有仓房那样大，哪怕只是一个像家庭用品商店卖的大包装箱子，也足以解决问题，只要在设计时事先留有摆放的空间就可以了。此外，也可以将收纳空间设置在车库屋顶的上面。

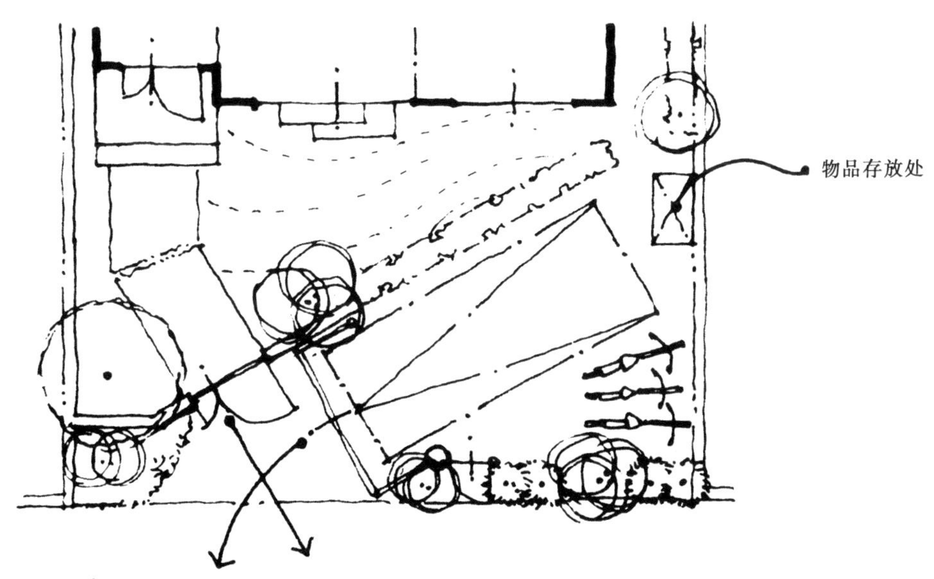

图25 车辆用具收纳空间

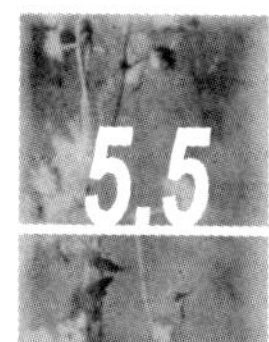

5.5 自行车存放空间的设计

通常，在设计师中间很少对自行车存放空间做较为详细的讨论。可是，一个4口之家便有可能备置4辆自行车，而且每台自行车的样式和颜色也许都不一样。因此，无论你怎样安置和摆放，看上去也显得不整齐。为此，在设计上，应该尽量将自行车存放处安排在不会被来自主引道的视线看到的位置。

ⓐ 自行车尺寸及所需空间

普通自行车的尺寸为L1700mm × W650mm × H1100mm左右。最为常见的设计图都是将自行车与停车空间内的汽车平行摆放；可是这样一来，要想将放在里面的自行车推到道路上来就变得十分困难，应该说这不是一个实用的设计。到头来不得不将自行车停放在路边，看起来很杂乱（图26）。

ⓑ 布置举例及要点

因为自行车存放处是一个不管怎样整理也显得十分杂乱的空间，所以在设计布局时应尽可能考虑从道路和引道上看不到的位置。如图27那样，设法将大门与自行车存放处的动线分离，将自行车存放处设在墙的背面或利用凸窗的下面。

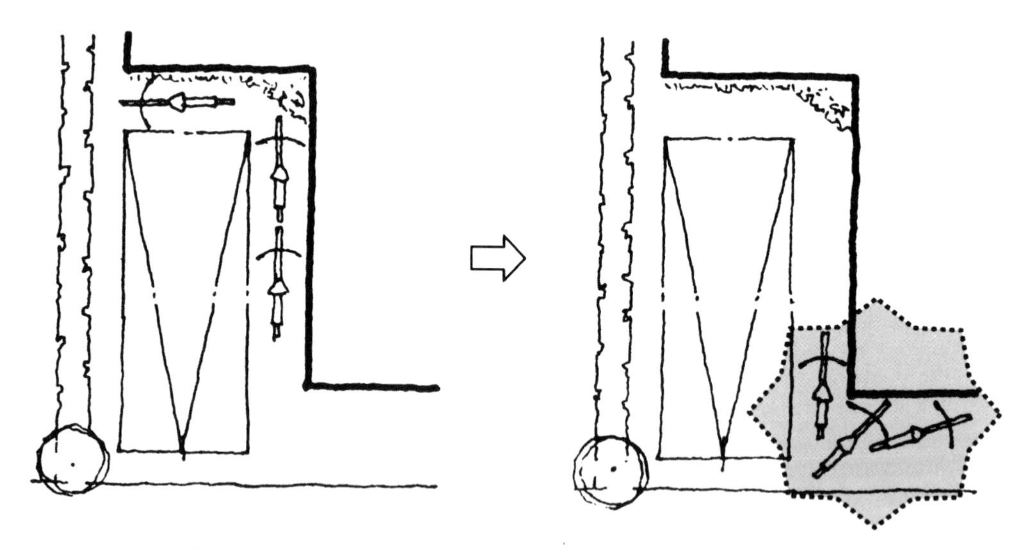

尽管在图纸上绘出了自行车的停放位置，但在实际上自行车出入十分困难，结果便成了右图那样，变得杂乱无章

图26 考虑自行车存放空间使用上的方便

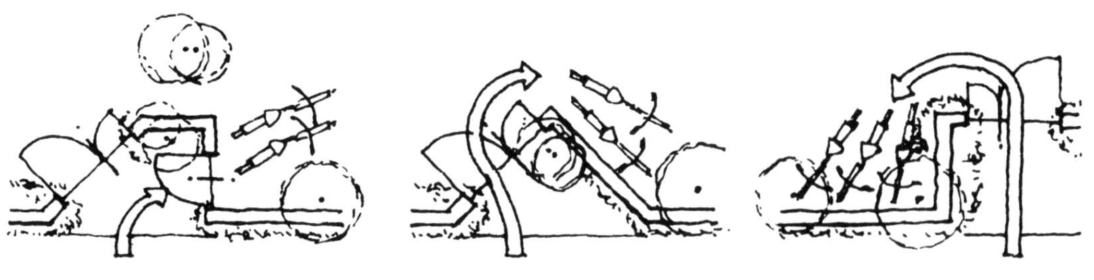

将大门与动线分离

设在进门后的死角处（尚需注意来自引道的视线）

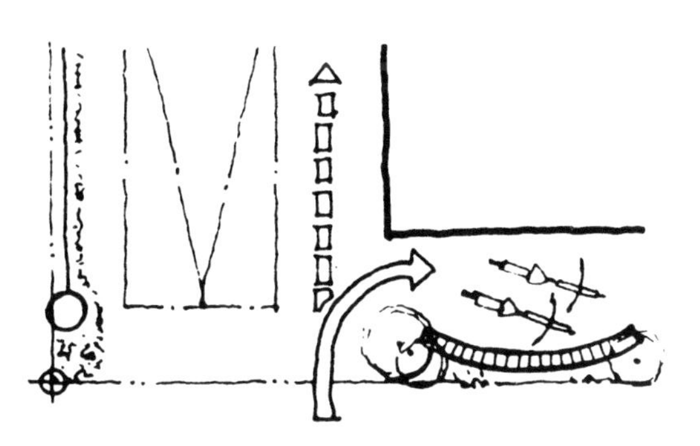

在开放空间里，为避免杂乱而将自行车置于墙壁背面

亦可利用凸窗下的空间。自行车的车把高度约为1m左右，从腰窗的住宅内几乎看不到有“✿”的部分

图27 让自行车停放空间不引人注意的要点

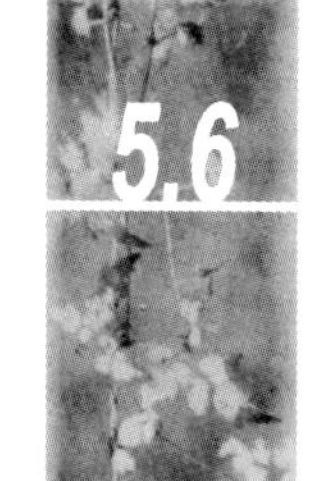

5.6 多用途空间设计

由于日本早已进入老龄社会，因此无障碍设计和多用途设计成为人们关注的焦点。对于建筑外部空间来说，无障碍设计（=去掉障碍）存在的难题还有不少；但多用途设计（=紧随变化）却是能够做到的。特别是在私人住宅的场合，一个大的原则就是必须得到房屋主人的理解；轮椅用的坡道，其坡度也没有必要修成同法律规定的公共建筑物那样。至于类似自行车停放处那样被限制的空间，将来应如何利用，对此提出一个切实可行的方案，也是建筑外部空间设计者的使命（图28）。

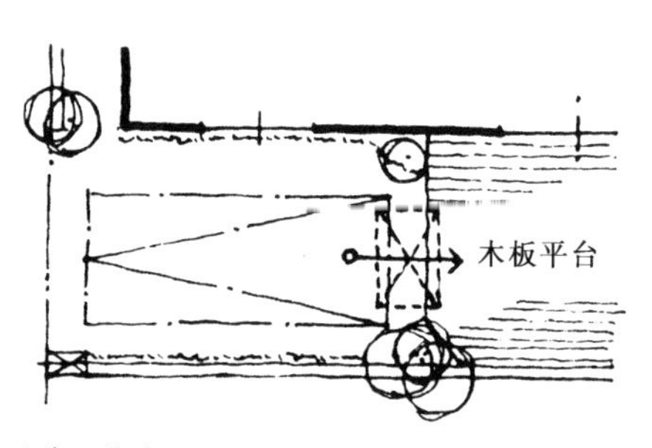

让靠近停车空间的木板平台与客货两用车后部货箱底板高度接近，以便于轮椅上下

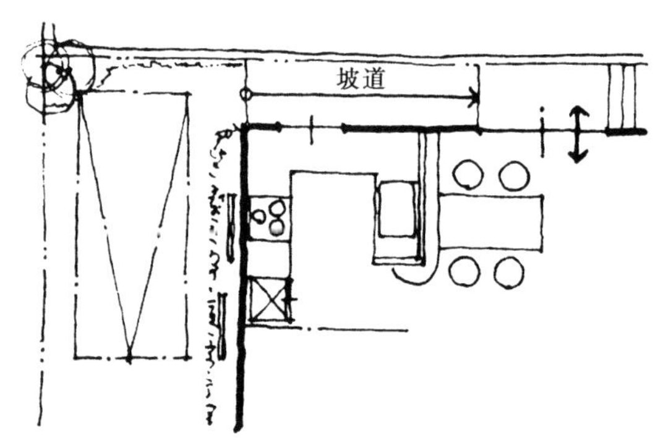

即使是狭小的宅地，沿着与邻舍交界处，也应设置坡道

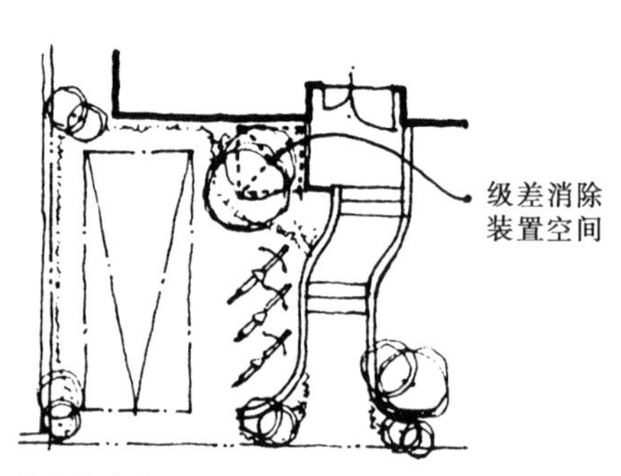

设在停车空间里面的小块绿地，将来可作为安装级差消除装置的空间

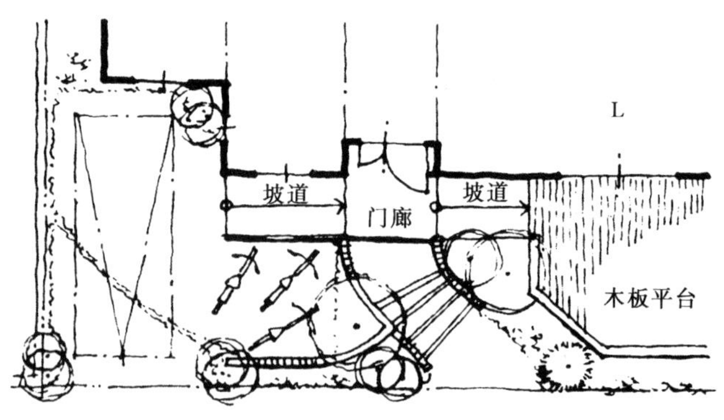

与建筑物平行地分成2段设置坡道，不仅可供轮椅通行，而且购物的货车亦可直接驶入

图28 考虑到轮椅的停车空间周围的设计

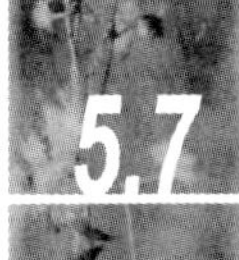
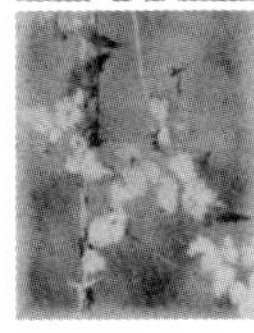

5.7 其他要点及构想

如同此前讲过的那样，对于停车空间要求应具有多种功能，就连与雨水排放及道路标识等的关系也包括在必要的功能之中。而且，停车空间一般都面向道路，占用的是整个宅地中最好的位置。正因为如此，停车空间设计的效果如何将对建筑物立面形象产生很大影响，这已不单单是个满足功能需要的问题。

ⓐ 由外部因素决定的设计要点

1）水坡

停车空间内的水坡一般设为1/100（即每5m长下降5cm）；不过，由于铺装材料的不同，有时也可将水坡设为1/50。尤其是在半地下车库等场合，有时不得不以较陡的坡度在建筑物侧面设置水坡，因此有必要对建筑设备排水的布置进行细心研讨（图29）。

2）道路上的标识

在有些场合，会于道路的拐角处设置禁止进入之类的标识，这大都会对建筑物立面形象造成影响，因此，应对门与树木的位置给予充分的注意（图30）。

3）来自道路的视线

从设计角度，有必要考虑到包括汽车不在库内时如何遮挡来自道路上的视线。如栽植树木或设置格子墙等都是有效的方法（图31）。

4）带屋顶的车库

假如汽车库是带屋顶的，应该让使用的材料及屋顶坡度与建筑物的风格一致，形成一体，使人们从外面不会注意到（图32）。

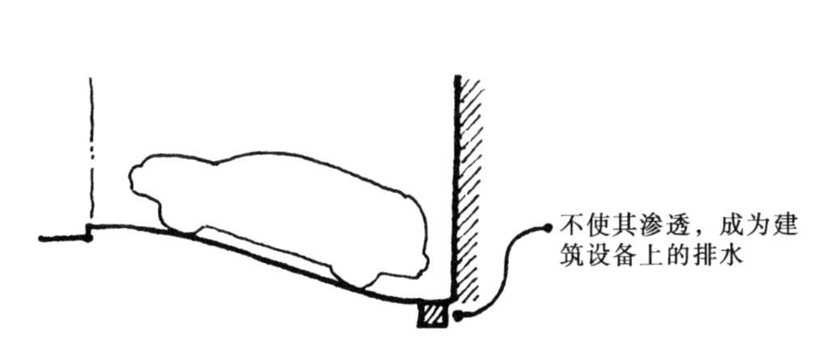

图29　水坡与排水位置

图30　禁止进入的道路标识（门侧的树木前）

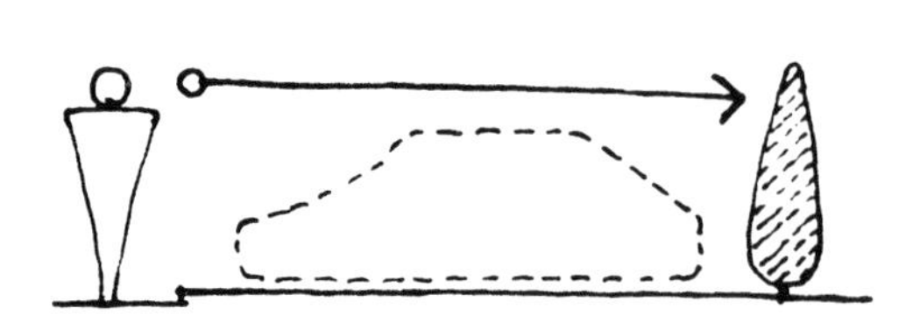

图31 以树木遮挡来自外面的视线

图32 带屋顶的车库与建筑物坡顶的配置形成的一体化设计效果

ⓑ 防范要点

在小巷似的宅地内停放的汽车和扔在路边的自行车，往往会成为一些不法之徒觊觎的对象。通过安装与传感器联动的照明和自行车链锁，可在一定程度上阻止不法者的犯罪企图（图33）。

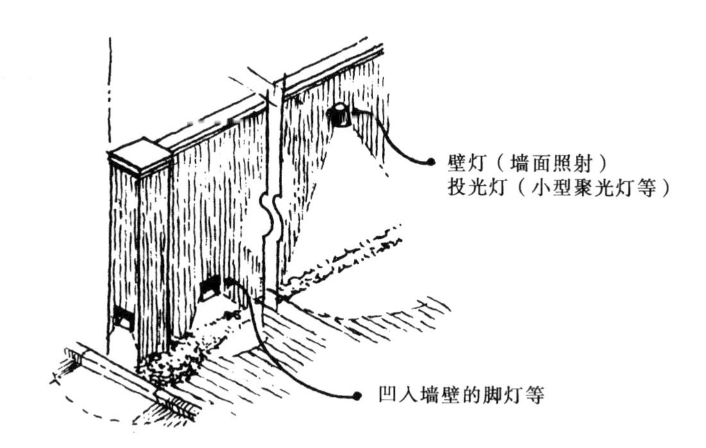

在小巷似的宅地内，将步道的照明在夜间设置成与传感器联动的，所需费用并不多

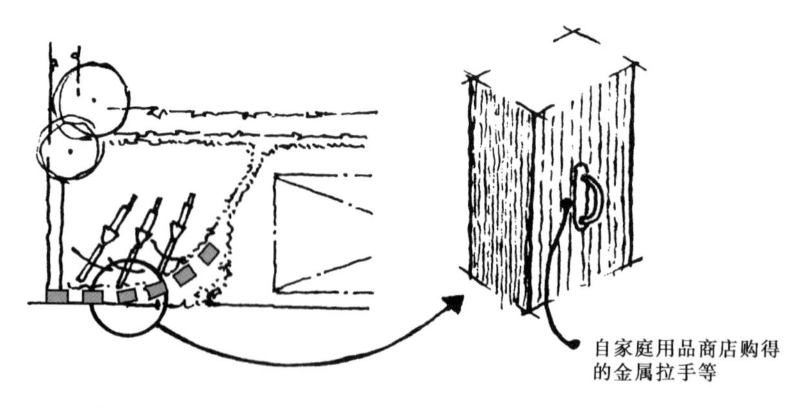

在为遮挡停放的自行车而立的枕木上，安装着用于拴链锁的金属拉手

图33 停车空间的防范要点

Ⓒ营造出宽裕度的构想

即使再少，也要确保一定的绿化空间，并以此营造出一个让人感到宽裕和温馨的停车空间（图34～图36）。

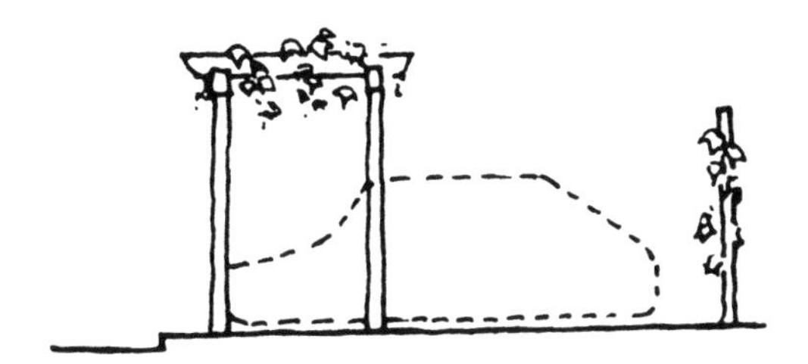

以蔓亭和花格墙增加绿色的体量，那些结果的攀援植物可让人们品尝到美味的果实

图34 增加绿色的体量

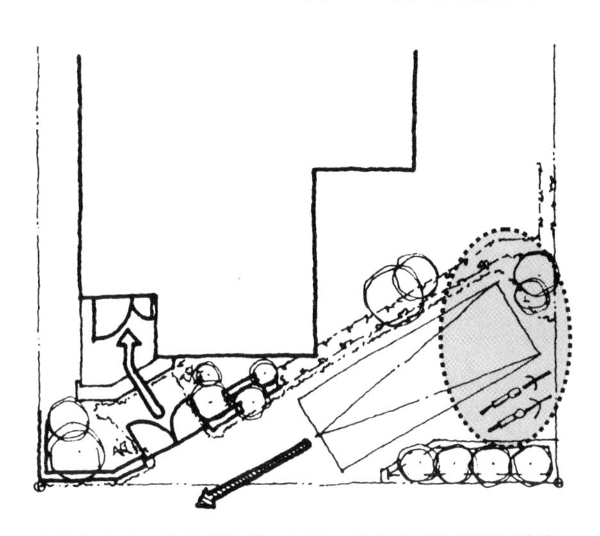

与道路形成一定角度的停车空间，即使前面的道路再狭窄，也照样可以轻松地出入库；而在三角形的空间内，可存放自行车、栽植花木和收纳杂物

图35 斜向停车形成的空间

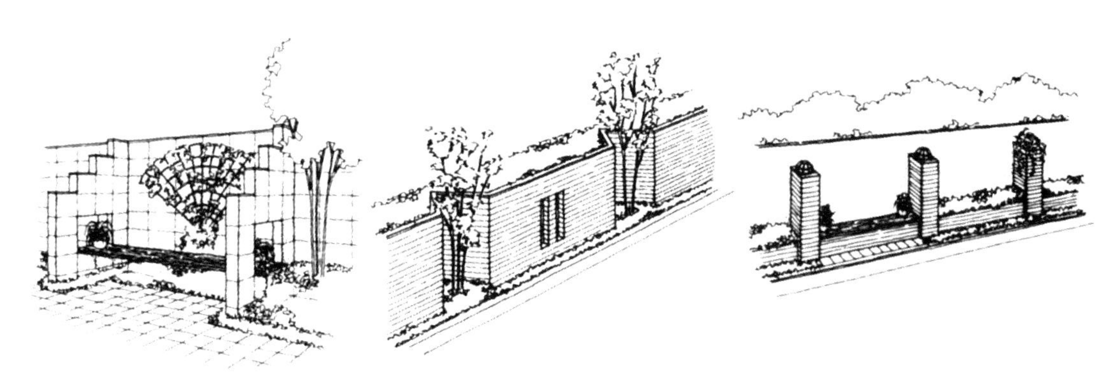

作为一种障碍物，如果在扶壁的设计上花些工夫，也同样可以显现出生动的效果

图36 将混凝土砌块的扶壁也纳入设计中

ⓓ 立体化的形象设计

人的视线所观察到的与“平面图”的效果不同，最后得出的是一个“立体的”判断。立体化的形象设计，则会使设计的范围进一步拓展（图37）。

如同乱桩状立着的枕木倒影落在地面一样，成为一种将立面与平面连接在一起的设计

天然石材乱贴铺装的地面与装饰墙连接使地面和墙壁让人感到成为一体

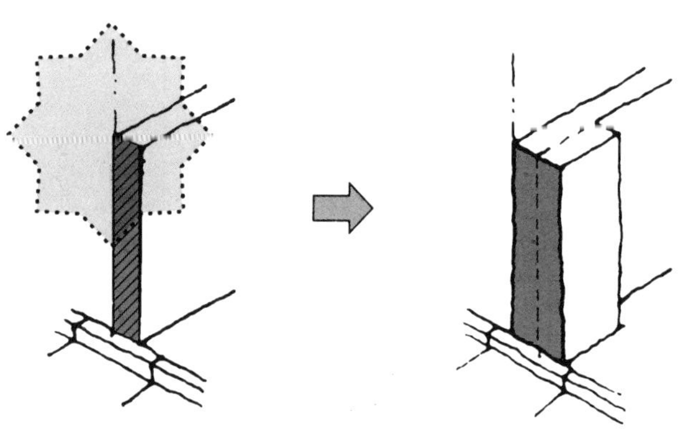

相邻宅地边界的围墙或栅栏如垂直对着路边，则使其端角显得十分尖锐且很不美观，因此应采用柱形结构加以装饰（图中的例子系采用双层混凝土砌块结构）

照片中，将RC的围墙在端部做90° 弯折，以掩盖从正面会看到的过于单薄的围墙断面

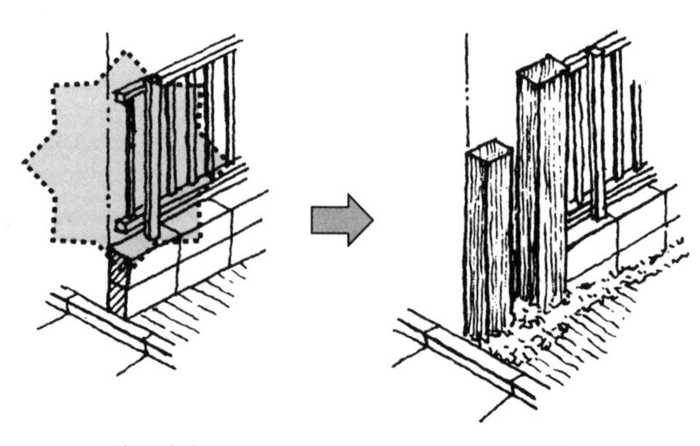

应注意邻居边界的栅栏端部被枕木遮盖起来

图37 立体考虑设计效果的要点

事例1　各种地面铺装的设计

正在走路的人，通常情况下“视线会落在眼前3m左右的距离上，看到的范围基本是地面”。亦即进入视野的差不多都是地面。

停车空间因面向道路，刚好处于为路上来来往往的行人所看到的位置。因此，即使汽车未在库中，车库地面的视觉效果也对整个住宅立面的设计形象产生很大影响。

惟因如此，在设计上必须具有停车空间地面在汽车出库后将呈现什么样子的意识。通过以比例尺绘制出汽车的实际尺寸（点划线），便可了解设计中可利用的范围到底有多大。

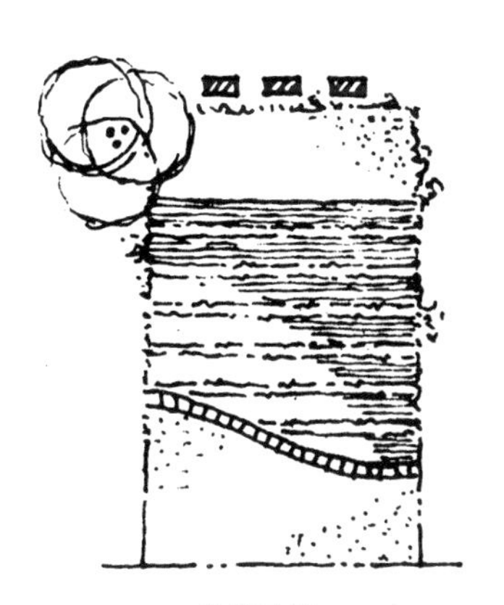

自然风光
（枕木+植被+铺石）

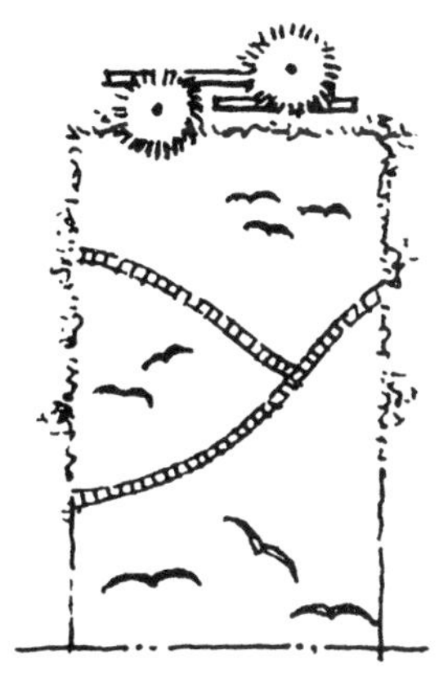

水波中的海鸥
（瓷砖+马赛克）

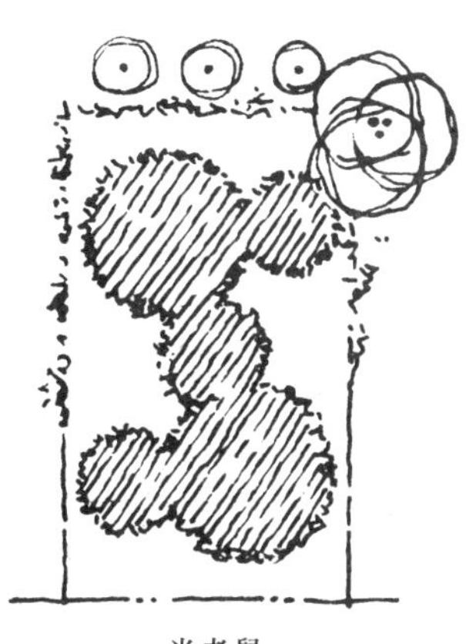

米老鼠
（植被+碎石）

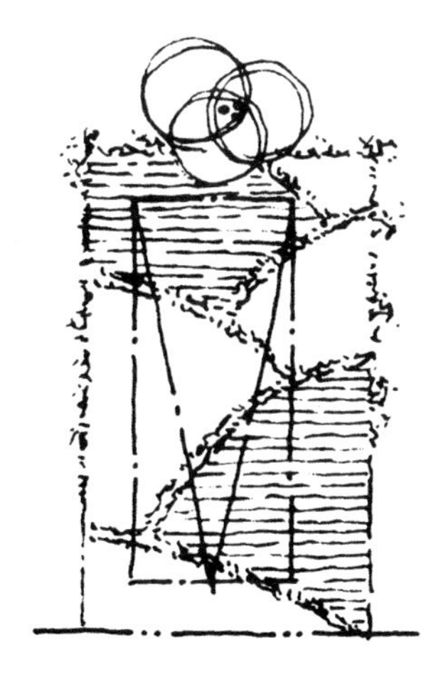

群山
（植被+铺装）

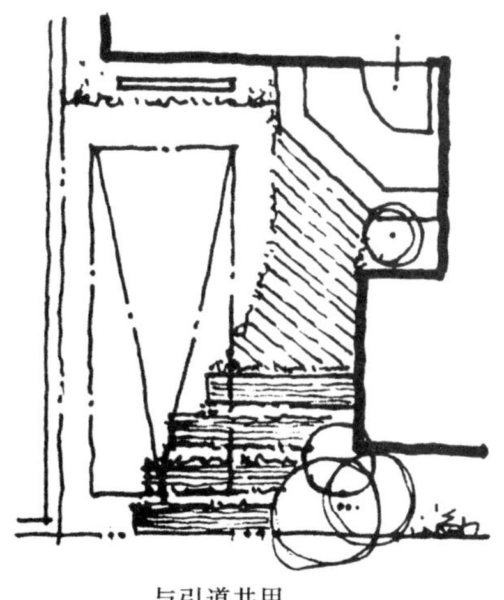

与引道共用
（枕木+铺装+植被）

事例2 用于多种目的

虽然停车空间面向道路占用了宅地内的最佳位置，但考虑到如果汽车不在库内这里还可以用于多种目的时，在我们眼前便展现出各种各样的可能性。例如可以利用与乘降关系不大的空间；或临时将车存到街里去，腾出车库来办聚会；星期天还可以作为木工作坊等。类似的方案还能够列举出许多。

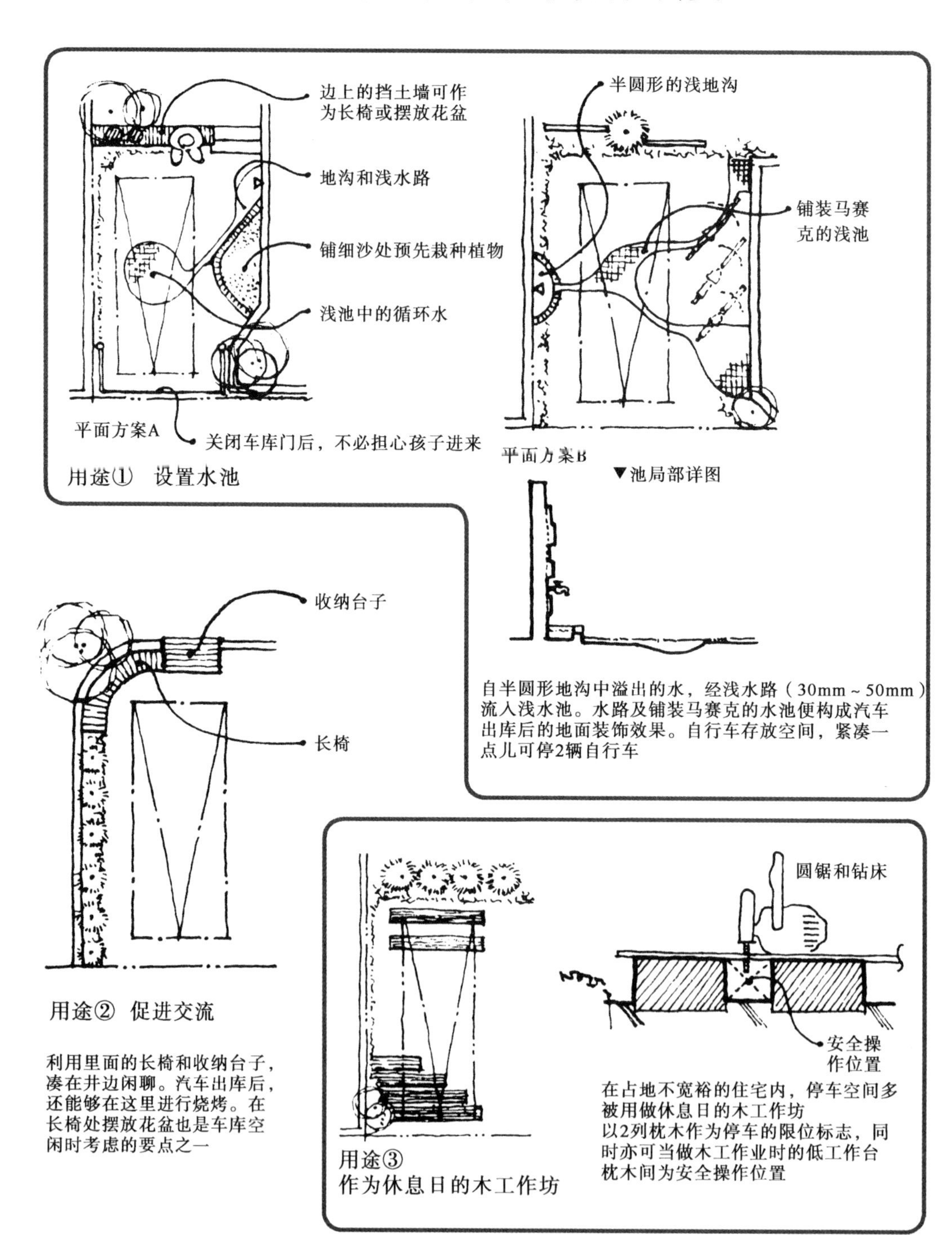

第6章

主屋前庭园的设计

大德寺孤篷庵“布泉的洗手盆”（小堀远州作，京都市北区）

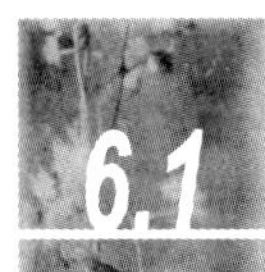
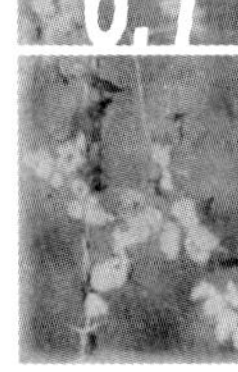

6.1 主屋前庭园的理念

ⓐ 主屋前庭园是一个舒适的户外生活场所

曾有那样一个时代，人们将拥有自家的庭园看做是事业成功的标志，庭园里布置着昂贵的松木结构物、高大的庭石和石灯笼等。另外，也有人向往杂木的庭园，试图让人们在自己的庭园中看到武藏野的缩影。到了现代，尽管人们在狭小的宅地里仍然布置着自己的庭园；可是，作为普通百姓能够得以建造的，也只能是一座有如盆景一样的象征性的庭园。这样一来，庭园作为与房子同样的生活场所及体验各种乐趣的空间，它的作用反而显得更加重要了。与观赏植物园内的美丽花朵相比，人们倒更喜欢用自己的双手劳作，营造一座花团锦簇的庭园，并体验这一过程的快乐。在某种意义上，庭园已经成为只有在户外才可能出现的新生活方式的实践场所。屋外的木板平台如此地为人们所青睐，我想也应该源于同样的理由吧。从屋内走到户外，沐浴在自然中的和煦阳光下，阵阵清风拂面而来，可以一边饮着清茶，一边海阔天空地聊个尽兴。当下，人们孜孜以求的，已经不再是由空调器控制的人工环境，而是极度地向往那种贴近大自然的生活场所。

ⓑ 主屋前庭园与建筑物的调和十分重要

通常情况下，主屋前庭园位于建筑物的南侧，面对着起居室和和式房间。规划设计伊始，便首先应该了解建筑物与主屋前庭园之间相互存在怎样的关系。需要调查的主要问题，诸如建筑物是和式的还是西式的、面向庭园的房间是和式的还是西式的、与主屋前庭园连接的出入口在哪里、窗户的位置及高度、居室与主屋前庭园的高低差和挑檐的形态等等。对这些问题的了然于胸，是营造一座令业主满意而又实用的庭园所不可或缺的；除此之外，要想让造出的庭园更美，还必须设法使庭园与建筑物相互调和。

譬如，在庭园里设置木板平台时，不仅要绘制出平台的图纸，而且还须站在使用者的角度给出建议，在这个平台上都可以开展什么样的活动。这一点尤为重要。如果打算在这里聚会进行户外烧烤，还应该特别注意以下问题：此处有无绿荫或遮阳设施、野炊炉的除烟装置如何、餐台摆放形成的氛围能否让客人感到轻松自在、参加聚会的将有多少人、从餐台上看到的景观是否怡人、是否需要布置花园水池一类的水景以及食物器皿摆放的位置……，在做规划设计时，这些具体场景都须在脑海中一一闪回。

ⓒ 了解设计条件

主屋前庭园的设计与住宅一样，首先要分析和整理业主的生活方式以及宅地形状等条件。

图1系在本章作为主屋前庭园设计案例使用的总平面布置图。

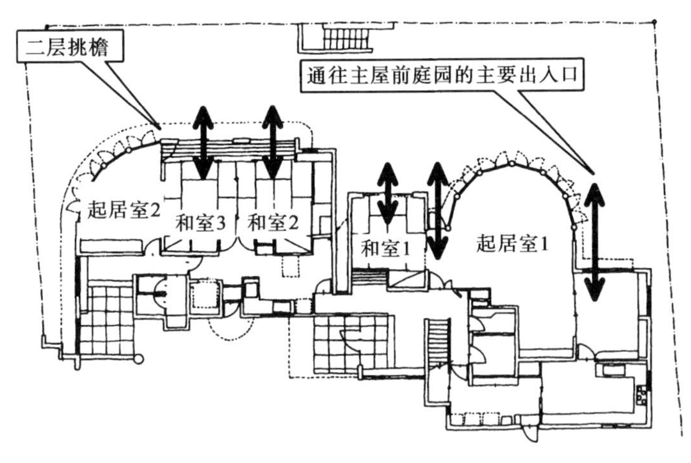

*箭头所指为连接建筑物与主屋前庭园的出入口

图1　建筑物与主屋前庭园的关系（总平面布置图）

该地点位于东京市内住宅区的一角，业主在东京市内经营一家医院。其子女已经成年独立生活，这座新建的房屋系一所由夫妇二人与丈夫的母亲两代人共同使用的住宅。宅地东西长约30m，进深约为7m左右，呈细长状，5个房间均面向庭园排列。其中，起居室1及和室1为夫妇二人房间；起居室2、和室2及和室3则由母亲使用。此外，住宅四周有3个方向被道路围绕，住宅基础较道路表面高出2m左右，从宅地中央部分通往外面道路处设有台阶。

夫妇俩营造这座庭园的初衷，就是为了能够将朋友召集到一起举办个聚会什么的。因此，在这里设置了木板平台；而在和室的窗前则是一座沉稳的和式庭园，同时也可以让母亲在里面享受栽花种草的乐趣。

ⓓ 确定主题

主题对于决定主屋前庭园的空间形态来说十分重要。我们可以将其分为如较大的木板平台庭园和蔬菜园那样的实用型庭园，或是以描摹自然景观为主的观赏型庭园。无论属于何种类型，都必须是一座让人乐在其中的优美庭园。主屋前庭园就是为生活在其中的人们搭建的舞台，而舞台的灵魂便是空间。因此，主题是与究竟要营造一个什么样的空间密切相关的。

从这张平面图中可以看出，在进深很小的细长主屋前庭园内，夫妇居住的和室前是以观赏为主的和式庭园；西式房间前布置着用于聚会的有木板平台的西式庭园；在母亲生活的和室及西式房间前，则是一座充满田园气息的和式庭园。虽然两代人共居一处，但却将庭园的局部形态和功能做了划分。在规划设计中，为了能够使排列在侧面的空间相互之间的“景色及功能一体化和连续化”，将主题确定为“新和式庭园”。具体说来，内中的木板平台以四角形作为基本形态，与和西庭园的主要设施形态统一；对母亲心仪的庭园则做了和西合璧的设计。

ⓔ营造空间

空间有不同的形态，既有由墙壁、篱笆和格构等围起来像房间一样的封闭空间，也有以方格栏杆隔断或树下地儿那样凭意会才能感受到的模糊领域。主屋前庭园，在通常情况下便是这种大小及性质不同的空间的复合。同一空间应该怎样进行区域划分和划分后彼此又怎样相互连接，这是设计中的重要课题，这样的作业必须在平面布置和动线设计的总体规划中加以细致研讨才行（图2）。

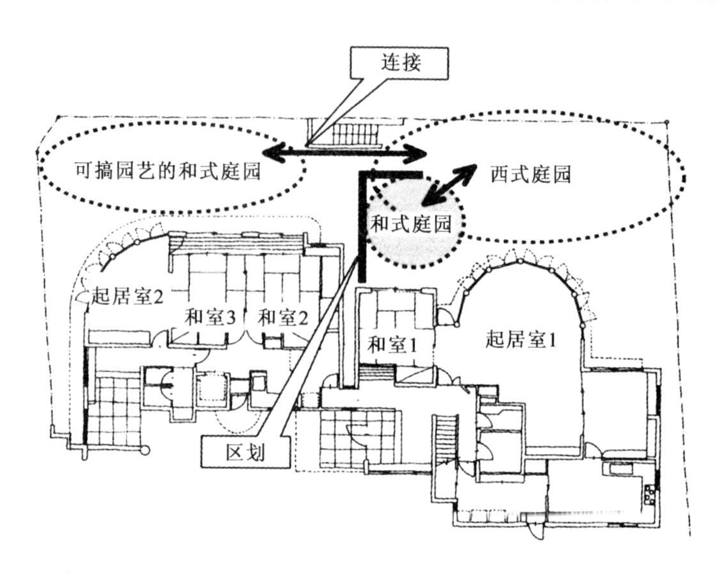

图2　同一空间的区划和连接

ⓕ营造景观（主景和背景）

在空间构筑上，还有一个重要的关注点就是必须营造景观。景观是由两部分构成的，一是主景，即被称为焦点的突出部分；另一个则是烘托主景、在主景周围浮现出来的背景。要营造从建筑物内望到的庭园景观，往往还需要设法遮蔽从正面显露出来的相邻建筑物和仓房等。这样的遮隐，也是为了营造将主屋前庭园衬托得更美的背景所不可缺少的。因此，应该从一开始便充分理解，一座优美的主屋前庭园的构建必须自背景的营造开始（图3）。

ⓖ造型技法的应用

为了构建一座景观优美的庭园，应该让庭园内布置的设施和植物相互具有关联性（给予其在局部和整体中的适当位置），并作为一个整体来处理。类似这样的作业，少不了关于造型方面的知识。被称为“造型要素”的线条和形状的特点，被称为“造型美原则”的协调、均衡和韵律问题之类的设计技法，必须事先就烂熟于心（图4）。一座优美的庭园，是完全可以采用绘画构图形式充分表现出来的。所谓构图，即结构均衡的问题。因此，必须学会如何均衡地进行构图这样的处理手法。

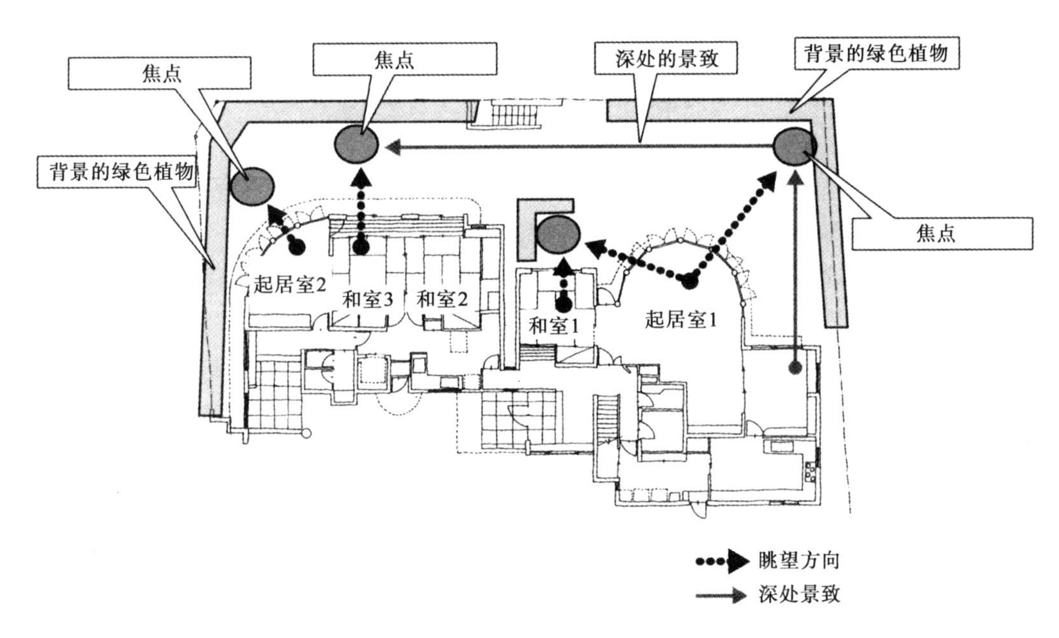

图3 用于构建优美主屋前庭园的焦点及其背景营造

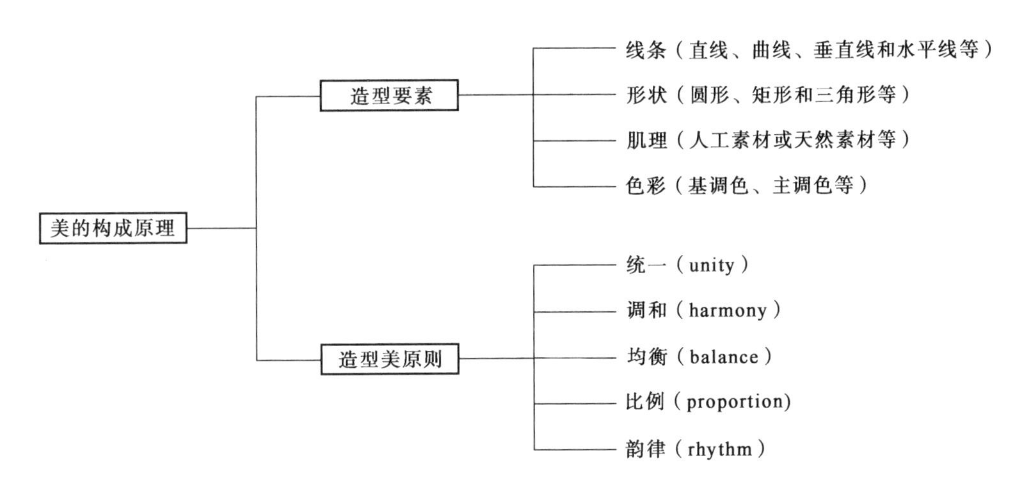

图4 造型美的构成原理

ⓗ 主屋前庭园的设计要点

如果把以上的内容进行整理的话，可以像图5那样表示。在主屋前庭园的设计过程中，无论是在何种场合，都必须对这些要点进行充分的研讨。

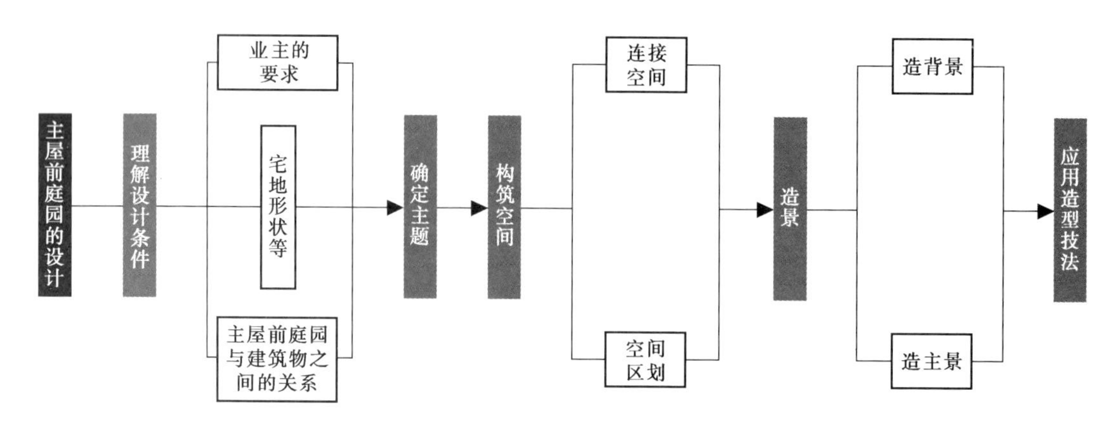

图5 主屋前庭园设计要点

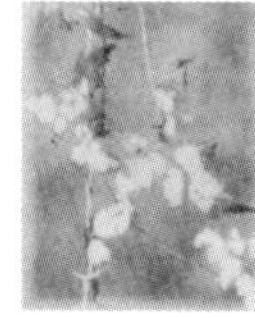

6.2 连接空间（动线和视线的设计）

ⓐ 区域划分、动线布置和景观构建的总体设计

依据其建造的目的和使用方式，可将主屋前庭园划分成几个不同的区域（空间）。为了能够使这些区域统一和协调，不仅要对区域划分和动线布置做认真研讨，而且还要将景观构建包括在研讨范围之内（图6、图7）。把各区域连接起来的，不单单是园路，尚有依靠视线得以成立的景观。如果隔断低于人的视线，会

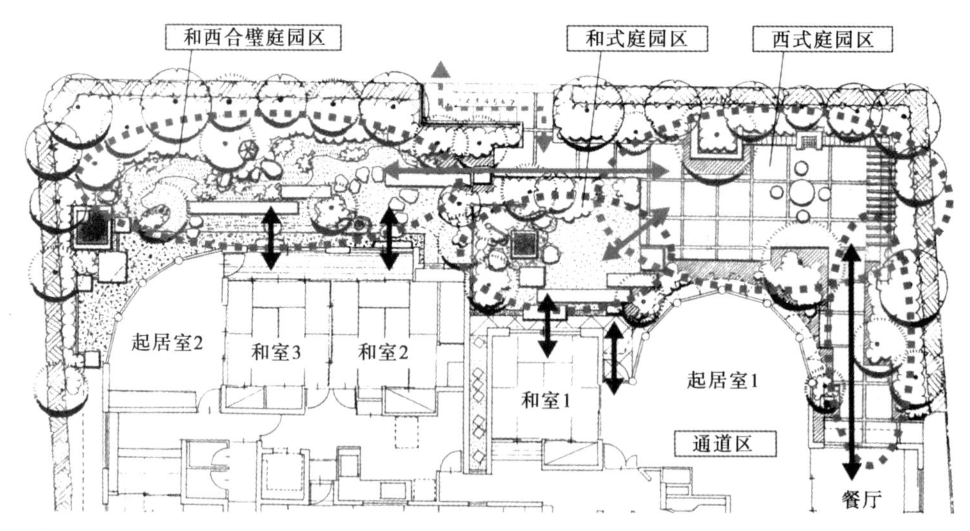

图6 区域划分和动线布置

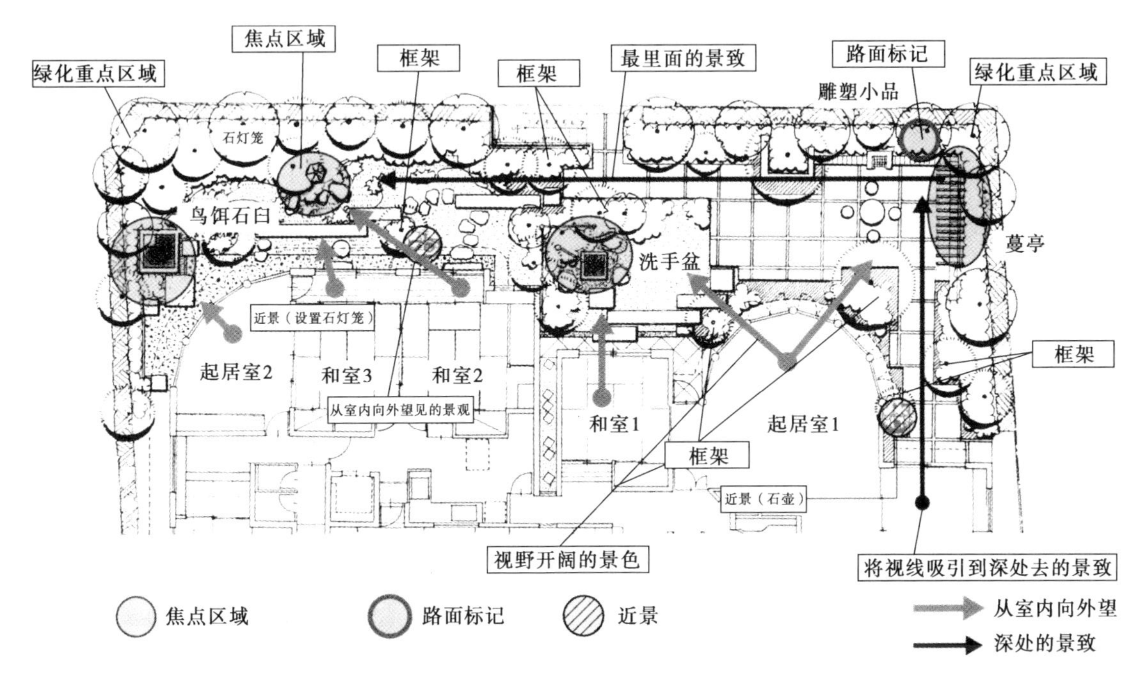

图7　造景平面布置

要重视侧面（东西向）的动线及景观的构建，在通景线（vista）的前方设置石灯笼等标志物。为了能够营造将从室内望出去的视线引向纵深处的景观并给人留下深刻印象，在庭园的不同位置设置了焦点区域，与此同时还采用了近景及框架等表现手法

使2个区域看起来像1个一样。而且，为了达到整个庭园协调统一的目的，在这个总体设计平面中，将作为主屋前庭园核心的西式庭园木板平台的基本形态设计成矩形；而和式庭园内的洗手盆和踏石等同样以矩形的设计为主。这样一来，整个庭园主要设施的形态便得到了统一。另外，在面对母亲房间的庭园的延伸段周围栽种了花草，并以切割石块制成鸟饵石臼等，试图通过和西合璧的形式，将和式与西式的设计风格统一起来。

动线不仅是行走的路线，它也是引导视线的途径，意味着可以利用视觉的连续化将几个不同的区域衔接在一起。因此，所谓动线布置，其实也就是一种调整视点位置、视线方向和视线停留时间等的设计，此时在头脑中必须具有总体设计的概念。

ⓑ 从居室通往主屋前庭园的流畅动线设计

1）以和式风格取得的平衡

在和室建筑中，为了确保地板下面的良好通风性，地板（上面铺榻榻米）与庭院地面有着近700mm的高低差。因此，为了能够便于从房间四周至院落之间的上下，通常都要在屋前地面铺敷较地板低250～300mm的踏脚石。

为了能够承接直接从挑檐流下来的雨水并将其排出去，还设置了被称为雨水沟的侧沟。由于设落水管会影响到檐端的美观，因此往往都将其省略。即使在安装落水管的场合，为了让建筑物墙根周围看起来美观一些，同样要设置侧沟。在侧沟与建筑物之间雨淋不到的地方被称为护坡道，或称做墙外狭道。这条狭道要高出地面100～200mm左右，过去都是用土夯实，现在一般采用碎石铺装或直接石砌等方法。尽管位于所谓建筑物挑檐的下面，但因这里是建筑物外墙与檐口线之间的地面，自古以来便作为建筑物与庭院相连的重要接点，成为造园师展现才艺的空间。尤其是那些狭小的庭园，这个檐下的空间，更是庭园内重要的看点。

在不设地板檐廊的场合，则以铺石遮雨檐廊作为和室与庭园之间的过渡（图8）。

2）以西式风格取得的平衡

一般情况下，尽管西式房间的地面与庭院的高低差不像和室那样大；但也在400～500mm左右。因此，与和室的场合一样，也存在一个如何让进出室内外上上下下方便的问题。通常采取的手段是，在建筑物前避开雨水处设置台阶（图9），台阶高出庭院地面100～200mm左右。台阶和墙外狭道不仅可以保护建筑物不受雨水的浸蚀，而且还使建筑物看上去具有稳定感，显得很美观。除此之外，作为一种动线处理手法，又起到了从住宅到庭院圆滑过渡的作用。

最近，为了能够使台阶处成为户外生活的场所之一，有将台阶愈来愈扩大的倾向。这时，仍然要将台阶当做建筑物的一部分，并设法使其与庭院的连接不会变得不自然（图10）。另外，当从室内向外眺望时，由于首先映入眼帘的是一片台阶，使庭院的可见范围变窄，因此必须对台阶的位置、朝向、面积和形状等加以充分的研讨之后才能确定最终的设计。

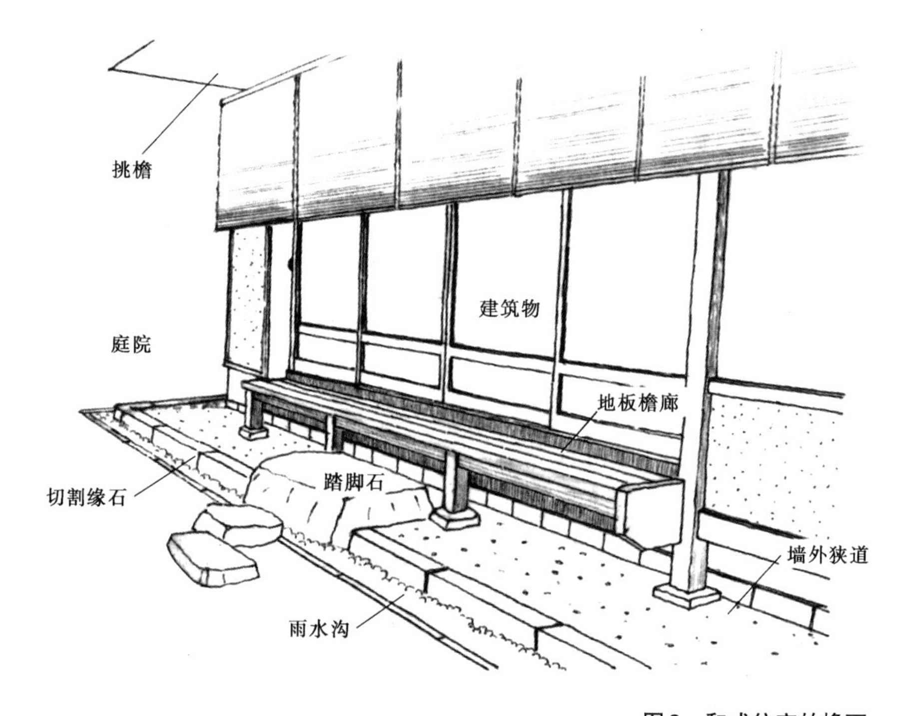

图8 和式住宅的檐下

图9 台阶

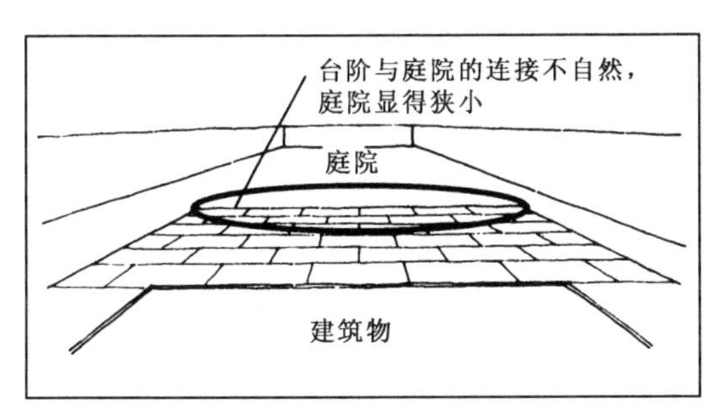

如同建筑物与庭院的连接一样，台阶与庭院的连接亦应设法使其一体化。最好不采取用台阶的直线条分割庭院的手法

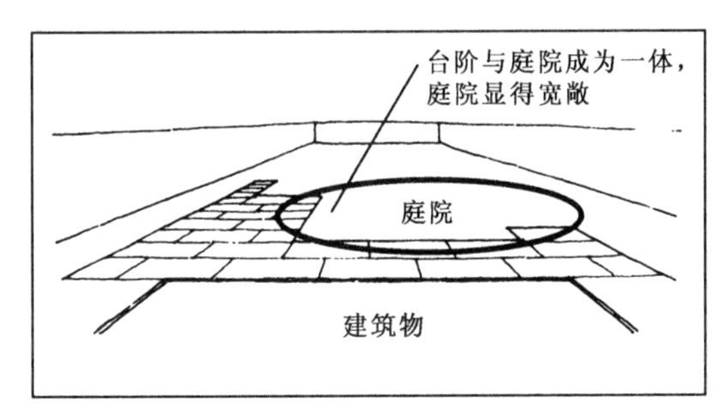

位于投往庭院视线方向的台阶如果变得窄一点儿，让台阶的线条与庭院地面的线条融合在一起，则可能达到使二者一体化的目的

图10 台阶与庭院的连接

Ⓒ营造建筑物与主屋前庭园的结点空间

1）以和式风格取得的平衡

为了增强檐下的区域感，并使景观具有统一感，作为隔断相邻房间和入口等处的装置，有时需要构筑翼墙。翼墙构筑成头顶探出的挑檐与下面的护墙狭道之间以及建筑物与庭院之间的结点空间。通过不直接从室内这样的人造空间走到庭院那样的自然空间，而是经由一个中间的过渡地带的设计，将各个不同空间圆滑地连接起来，可以将建筑物与庭院以自然的形态形成一体化的布局。另外，作为建筑物墙面的附属部分，翼墙不仅能够使建筑物具有稳定感，而且通过使用翠竹之类的天然素材，更加突出了与庭院的连续性（图11）。

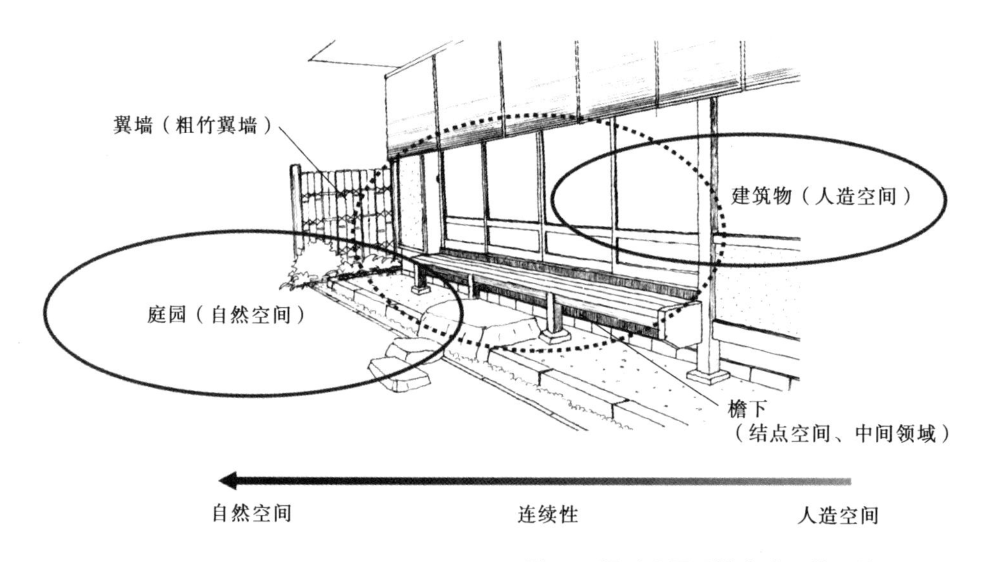

图11 通过设置翼墙来增强檐下的领域感

2）以西式风格取得的平衡

在设有台阶或木板平台的场合，自建筑物墙面探出的格栅或砖壁之类的翼墙构成与庭园之间的结点空间。翼墙除了会在休憩或进餐时给人以松弛感和安定感外，还起到了阻挡风袭和确保私密性的作用（图12）。

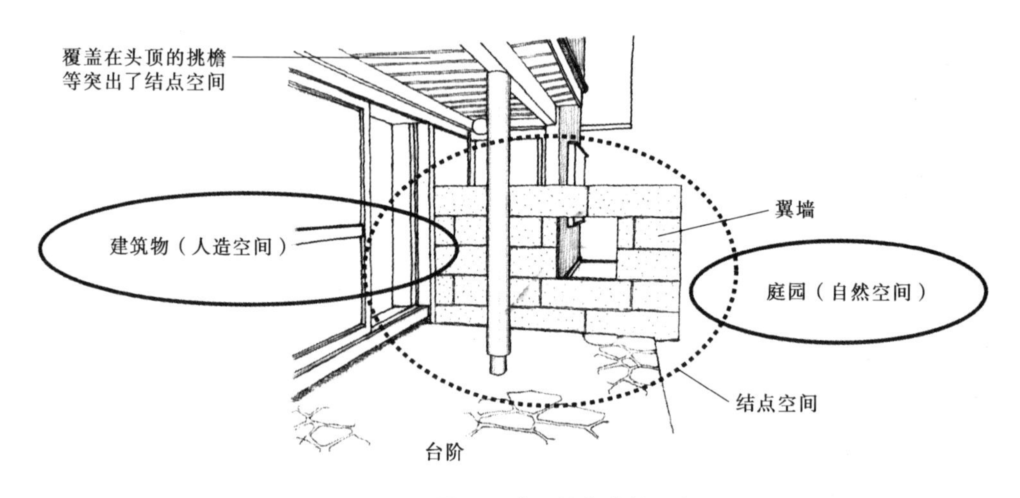

图12 由翼墙构成的结点空间（前川国男宅邸的台阶）

另外，设在台阶上的蔓亭、遮篷和提供荫凉的绿荫树，因为能够覆盖头顶的天空，所以也突出了作为人体标准尺度的结点空间，并可使人的心情平静下来。能够缓解强烈的日晒并遮挡西照阳光的装置，对于人们舒适地享受自然环境是不可或缺的。

ⓓ 庭园与庭园连接（隔断的重要性）

当主屋前庭园被分做几个区域时，按照日本传统的造园手法，并非像室内那样用间壁墙完全隔开（遮蔽），彼此什么都看不见；而只是将家务院那样不想被人看到的区域进行隔断遮蔽。在室外空间的构筑上，大多都采用可让光和风进入的通透式隔断。

竹垣、翼墙、格栅、植物、缘石和不同的铺装等等，都可以作为隔断方式被利用。只要利用得法，就能够使不同的空间圆滑地接续起来，而且彼此的有机联系还不会受到破坏（图13、图14）。

在需要将和式与西式不同设计的空间连接起来时，如果两种设计选择的是相同的材料，便会很自然地产生谐和感；假如二者采用的是不同的材料，而且其中植物的体量又不够大时，可以通过使用作为第三素材的“绿色空间”让二者的界限弱化，变得模糊。与此同时，还能够扩大各自素材的优势，从而将二者很好地调和在一起。

图13　由篱笆墙隔断的例子

图14　由花格子隔断的例子

❸视线布置（主屋前庭园的近景构建）

1）以和式风格取得的平衡

当从室内向庭园眺望时，配置在建筑物附近的石灯笼和洗手盆之类的石造景物（图15），以及在建筑物近旁栽种的树木，都构成了庭园的近景，而且还使庭园的景色具有一定的纵深感。特别是石造景物，因为系半人工制品，与建筑物比较调和，加之具有离得越近越引起人们观赏兴趣的特点，所以如果将其摆放在距从室内向庭园张望时的视线较近的角落里，效果会更好。

在建筑物近旁栽种的树木，往往被称为“入赘树”（图16）。为了使建筑物与庭园一体化，可将建筑物内的地面进行铺装处理，以使其看起来更加美观。像柏树和梧桐那样生着阔叶的树木，突出纵深感的作用特别强。而且，栽种在窗边的树木，成为一种看点，吸引着人们将视线投向庭园，因具有额缘似的轮廓效果，故使庭园的景色看上去更优美。

图15 布置成近景的石造景物

图16 建筑物附近栽种的“入赘树”

2）以西式风格取得的平衡

布置在西式建筑物附近的睡莲钵、鸟饵石臼和雕塑等装饰物，与石灯笼一样具有近景效果。而且，类似那种被植入美观的容器中、吸引人们眼球的草花类的盆栽，也同样起着表现近景的作用（图17、图18）。如果屋前的台阶比较宽敞，或是只设有台阶的狭窄庭园，可在台阶上布置构成近景物的花坛、水池和植物等，把台阶就当成庭园本身进行处理，同样能够营造出具有纵深感的景色，并使建筑物与庭园很好地调和在一起。

图17　作为近景布置的壶

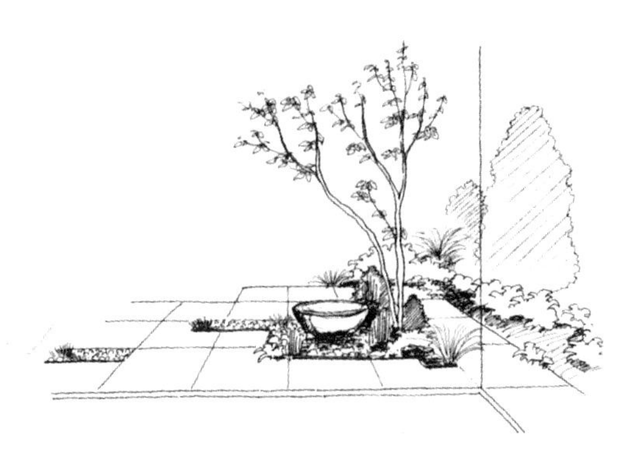

图18　近景的鸟饵石臼

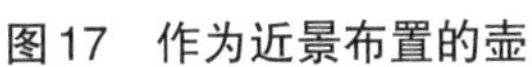

f 制造焦点

所谓焦点，即让主屋前庭园整体上具有统一感的核心所在。想而知之，我们应该选取那些吸引人们眼球的醒目处，利用喷泉、花钵和雕塑等装饰物，以及花木之类的植物。在左右对称的工整型庭园中，通常都将焦点布置在轴线上；然而，在自然型的庭园内，应考虑将焦点布置在结构平衡的地方。有时，也将焦点布置在庭园的中心处（重心）（图19、图20）。这样一来，由于使视线集中于一点，对整体的统一和协调至关重要，因此必须在对诸如背景、近景、高低和左右等庭园总体构图深思熟虑的基础上，再进行具体布置。

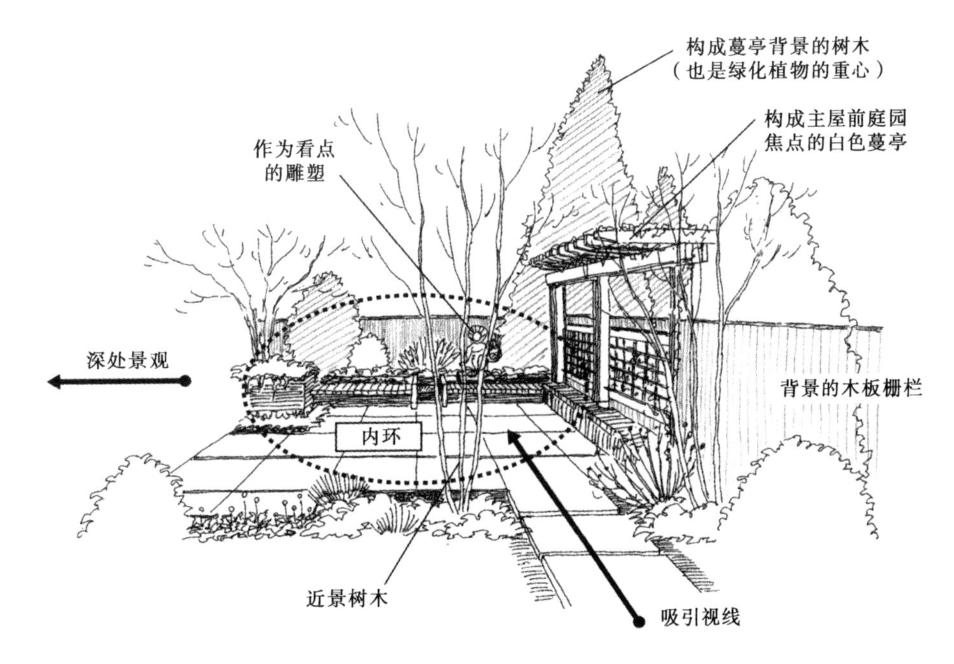

图19　将蔓亭作为焦点的主屋前庭园（从起居室1看到的西式庭园）

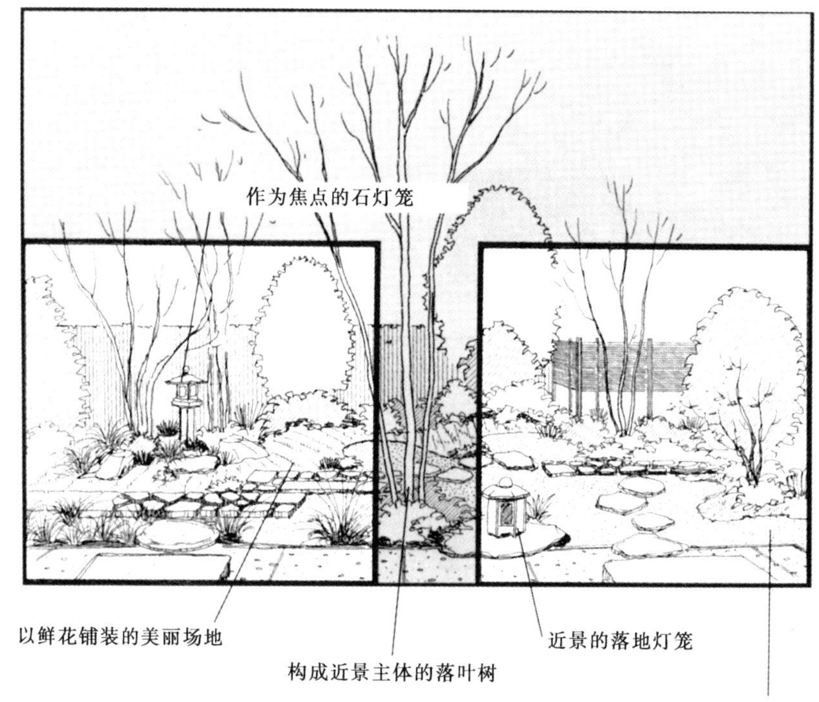

图20 以石灯笼为焦点的主屋前庭园（从和室2、和室3看到的）

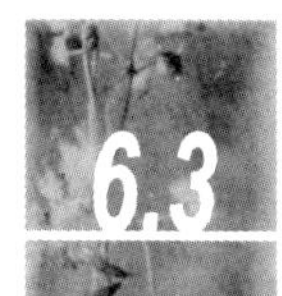

6.3 构建空间

ⓐ 构建“自然形态”

在使用水、石和植物之类的各种自然素材时，地形则构成最基本的自然界秩序。如水要从高处往低处流一样，地形则决定了树木栽种的位置、地面的起伏、石块的组合和排水的走向等这些概略的布局。换句话说，所谓地形设计，就是一种让构成地形的栽种植物和石块组合等作为“自然形态”具有其必然性的设计。

如果是一座宽敞的庭园，为了景观的变化起见，往往还要构筑假山；但在狭窄的庭园里，要想做到地表面不致过于呆板的程度，最重要的是构造一定的起伏。类似这样的地面起伏会形成阴影的部分，使景色产生深浅的变化。但凡造园施工一定会挖掘出大量残土，利用这些残土可以堆筑假山，使地形出现高低起伏。这也是造园工程中讲究经济性的诀窍之一（图21、图22）。

苔藓和草皮不适于排水不良的地块。即便是树木，如果生长在根的周围长期积有雨水的环境中，也会使根部腐烂。由于日本是一个多雨的国家，因此在室外的生活区域不应该将地势构筑得过于平坦，必须要设有一定的坡度。

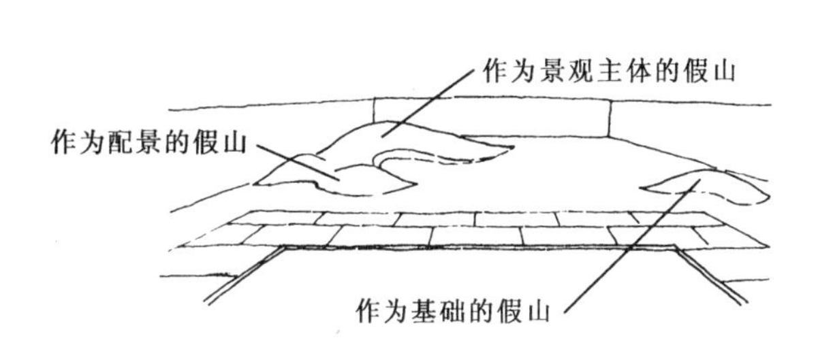

图21 通过地形的构筑，使之更接近自然形态

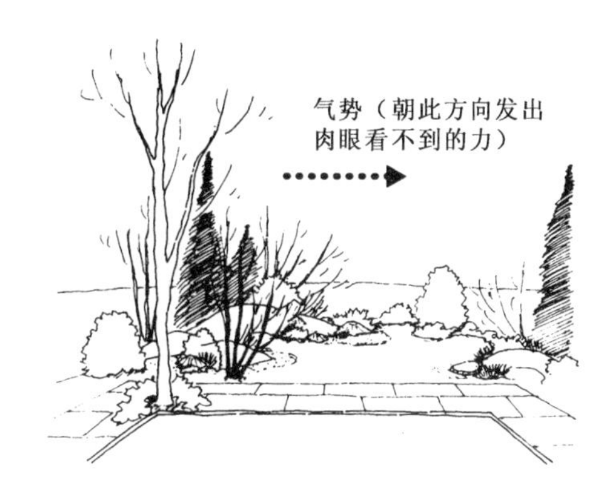

图22 依据地形来确定石块和植物的位置

ⓑ 构建“怀抱”

我们如果看到倾斜的树干和水平伸展的树枝，便可就近体验到树木涉及的范围。而且，在采用植物环绕的方式构建一个场所时，如果栽种的植物遮掩了一部分远处的景物，会使人觉得里面一定别有洞天。我们把这种所谓别有洞天的地方称作“怀抱”，并被看做是空间的一种形态（图23、图24）。只要有“怀抱”，便会使空间产生纵深感。与那些扫上一眼便一览无余的庭园相比，遮掩其中的一部分使人无法看到的庭园，则更加令人感到宽敞和深邃。

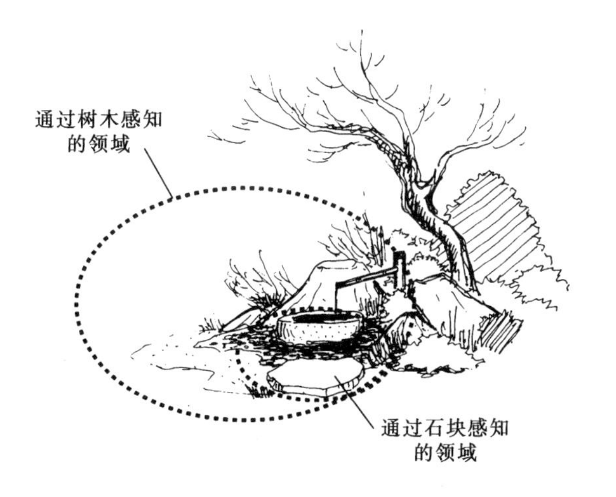

图23 石制洗手盆的“怀抱”

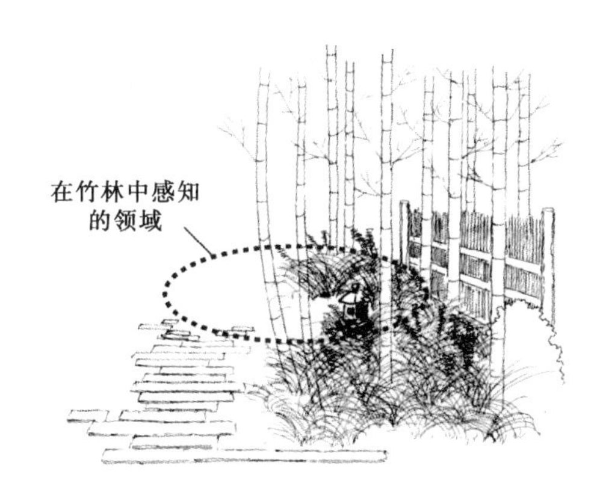

图24 竹林的“怀抱”

Ⓒ留有余白

为了使摆放在庭园里的长椅和小桌等设施，即使是独立树木能够看上去更美观，其周围亦不应该再有其他任何东西，而留出必需的空间（余白）。换言之，假如摆上什么东西的话，这个东西就会产生一个具有很强影响力的空间。如果在狭小的场所布置过多的器物，在这些器物周围出现的空间一定要相互冲突，反而产生负面效应（图25）。在主屋前庭园的布置中，留出“余白”，只要是肉眼看得见的东西一概没有，这一点十分重要。“余白”能够让进入庭园中的人心情平静，感到轻松自在（图26）。

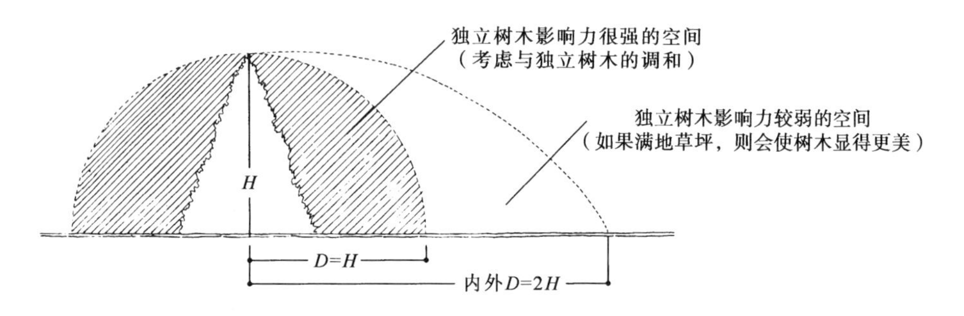

图25 布置物对周围的影响力

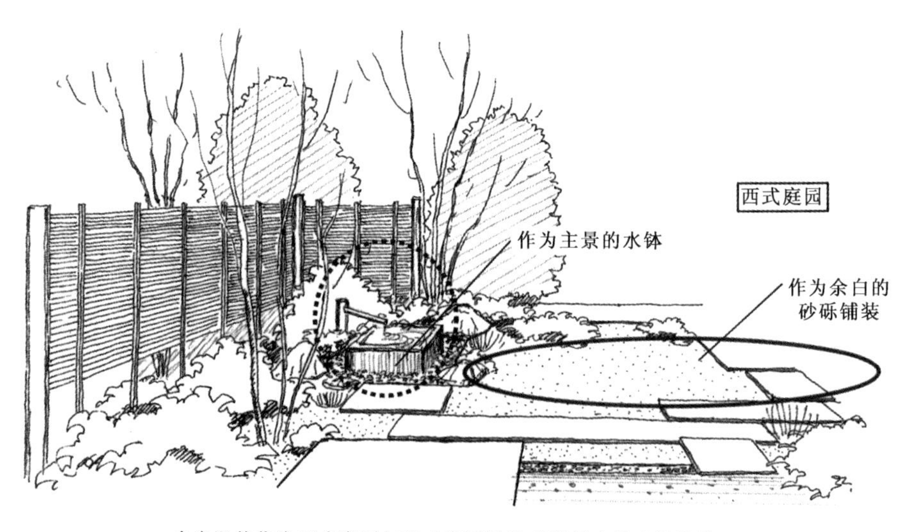

余白即使作为西式庭园与和式庭园的结点空间也是有效果的

图26 留有余白的庭园（从和室1内看到的景色）

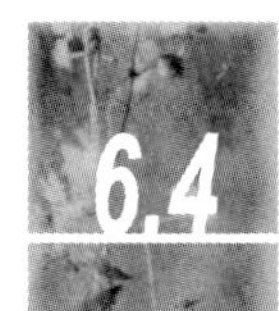

6.4 设置背景

ⓐ 多层结构的植物带

在主屋前庭园的设计中，背景的设置是最容易被忽略的。姑且不论哪种宽敞的庭园，如果是一座普通庭园，即使位于住宅南侧，从房间里看到的主要景色其实也都在南侧相邻建筑物的北侧。假设南侧的住宅又是一座紧邻边界而建的2层独立房屋，就应该考虑是否营造植物带，以缓和由此造成的压迫感。当采用多层结构栽植常绿树木遮挡视线时，至少需要3m以上的宽度。因为要根据相邻建筑物的位置和高度来确定遮挡视线用树木的位置，所以要制定出植物栽种基本规划。此时至为关键的是，在多层结构的植物带中，应该选择适当的常绿中木布置在常绿高木的两侧。比较合适的树种，应该是那些即使不见阳光也能够很好生长，而且发育较慢、下枝不易上扬的野石榴、山茶、八角金盘和桂花等（图27）。

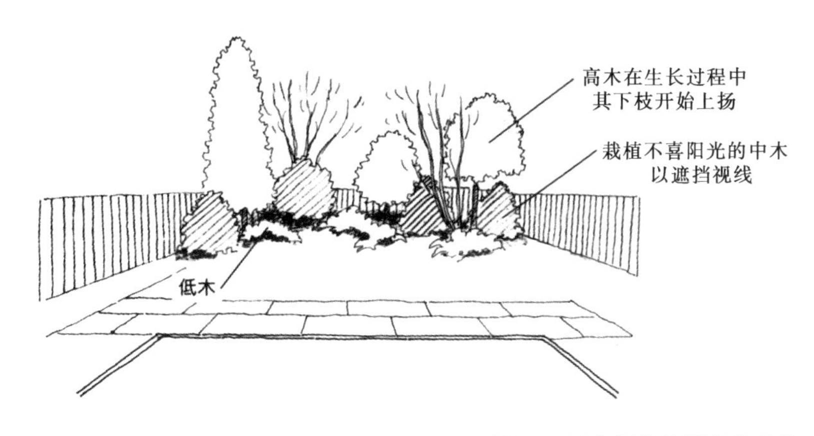

图27 以多层结构形成的背景

ⓑ 高篱笆的利用

在一些无法设置较宽植物带的场合，采用高篱笆的形式也可以收到同样的效果。自古以来，在关东地区的宅地林中，便将白柞的高篱笆设在建筑物的北西两侧，以遮挡冬天凛冽的寒风（图28）。此外，在靠近海岸的地方，出于防风和防潮的需要，也栽植了全手叶椎、弗吉尼亚栎树和冬青等。设置高篱笆是一种利用树木来调控自然气象的方法，也可以称作改善生活环境的智慧之一。在狭小的庭园中，更应得到利用。

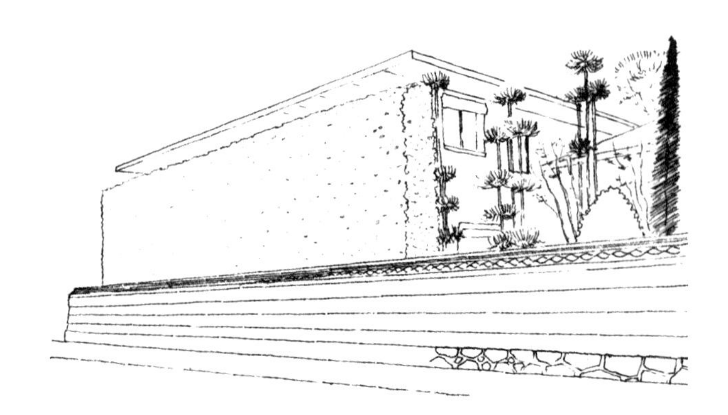

图28 设在西侧道路边的高篱笆

ⓒ 围墙修景

在狭窄的庭园内，坐落在地块四周边界上的围墙背面，如果从房间里看出去则成为正面。碰到这种情形，一般可考虑将围墙内侧构成主屋前庭园的背景；假如是和式庭园，也有必要在利用竹垣装饰围墙内侧方面下些工夫（图29、图30）。

图29 以木板栅栏进行装饰

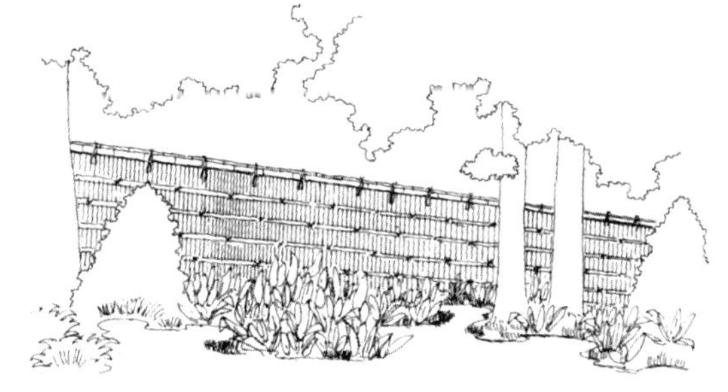

图30 以竹垣进行装饰

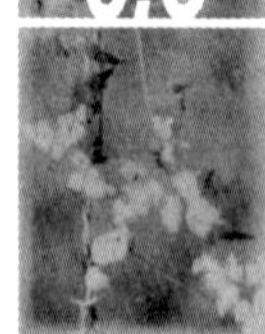

6.5 营造景观

ⓐ 高度设计

由于只要低于两眼高度的地方看上去便近乎于平面，因此在左右和前后等处都可以采用平面布置设计来进行处理；但高于两眼高度的地方则不能以平面图来表现。高度的变化及高度的组合等系一种立体的设计，应使用立面图和透视图等进行研讨。栽种的植物也应该低者在前，高者在后。与在平面设计中一样，如果能够把高度设计尽量做到完美，那对营造优美的景观来说十分重要（图31）。

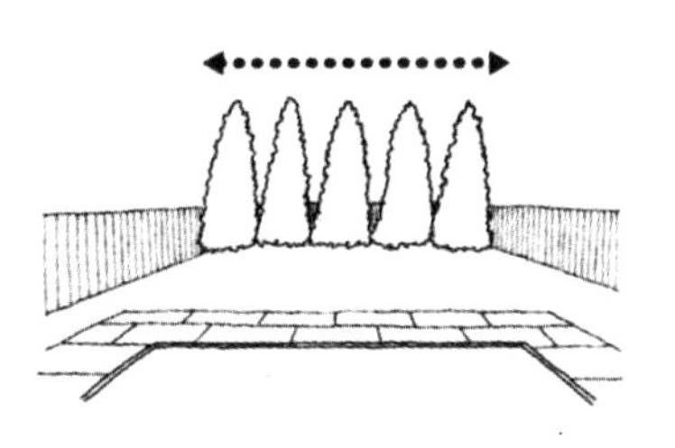

如果高度一致，便会在空中形成一条天际线，有明显的斧凿痕迹

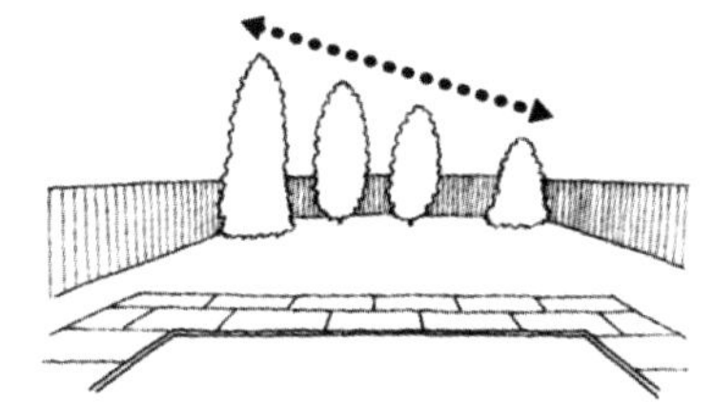

逐高逐低的天际线同样有人工痕迹

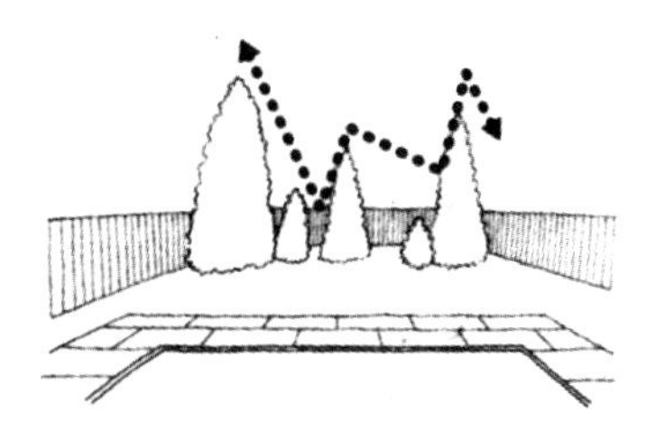

高低错落才会使天际线产生变化，看起来更自然

图31 植物高度的设计

ⓑ设定重点

在营造主屋前庭园的景观时，几乎没有采用左右对称形式的。说到其中的缘由，不外乎出于以下考虑，如果左右形成对立关系，则势必产生紧张感，加之形态上呆滞凝固，毫无生气可言，亦与作为日常生活空间应有的氛围相悖。只有那种以炫耀权威为目的的场合，才需要利用左右对称的形式。

其实，并不局限于庭园的构筑，自古以来日本人喜欢采用的营造手法之一便是均衡。为了达到均衡的目的，在庭园左右的某处布置主景作为庭园的重心所在。如果将主景布置在中央的话，也会将其一分为二。这样做的结果是，整个庭园既无广度，又缺少动感。因此，一般情况下不再采用这样的手法，而是在主景的相反一侧设置被称为“承受者”的配景。但是，关键之处就在于，这种主景与配景的主从关系并非是显而易见的，从整体上看，仍然显得很均衡。如果在主景的相反一侧不再设置任何景物，留下一块儿余白，或许会使均衡美显得更加突出（图32）。在余白之处，可用来设置水面、草坪和砂砾铺装等。

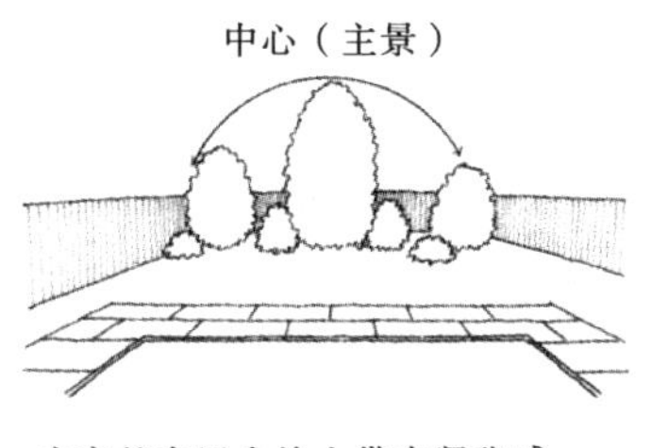

中高的布置会给人带来紧张感，使庭园看上去显得狭小

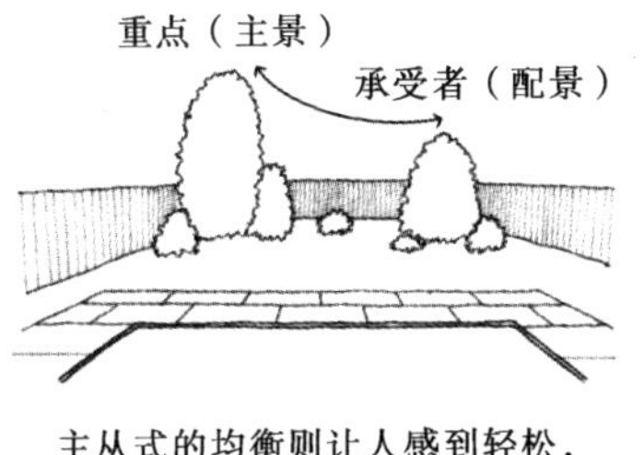

主从式的均衡则让人感到轻松，使庭园显得更宽敞

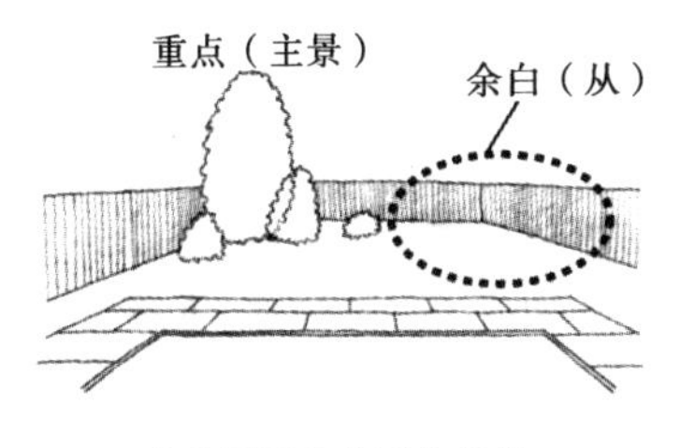

余白则更突出了均衡美

图32 均衡的设计

事例1 触及感官愉悦身心的花园

在人造设施重重包围中生活着的大城市里的人们，对大自然的那种“心灵医治（healing）”作用有着强烈的向往。这种healing，往往是在不知不觉中作用于感官而获得的。散发着芬芳的泥土、草木间飘拂的清风、透过叶隙射下来的一缕缕璀璨的阳光、随风摇曳沙沙作响的绿色枝条以及从落水管传来的叮咚的水声……一年四季，庭园里变幻着由光、声和风交织成的各种各样的映像，作用于我们的感官，愉悦着我们的身心，这是用再多的金钱也无法买到的。像这样的healing(心灵医治)花园，任何见到的人都不由得心神飘荡，这已非那些老式的庭园所可比拟。那种看上去令人震惊，并给人以强烈视觉冲击的庭园，不一定适合与住宅布置在一起。我们要的是一种以自然为摹本，即使看到了甚至都没意识到的庭园设计效果。

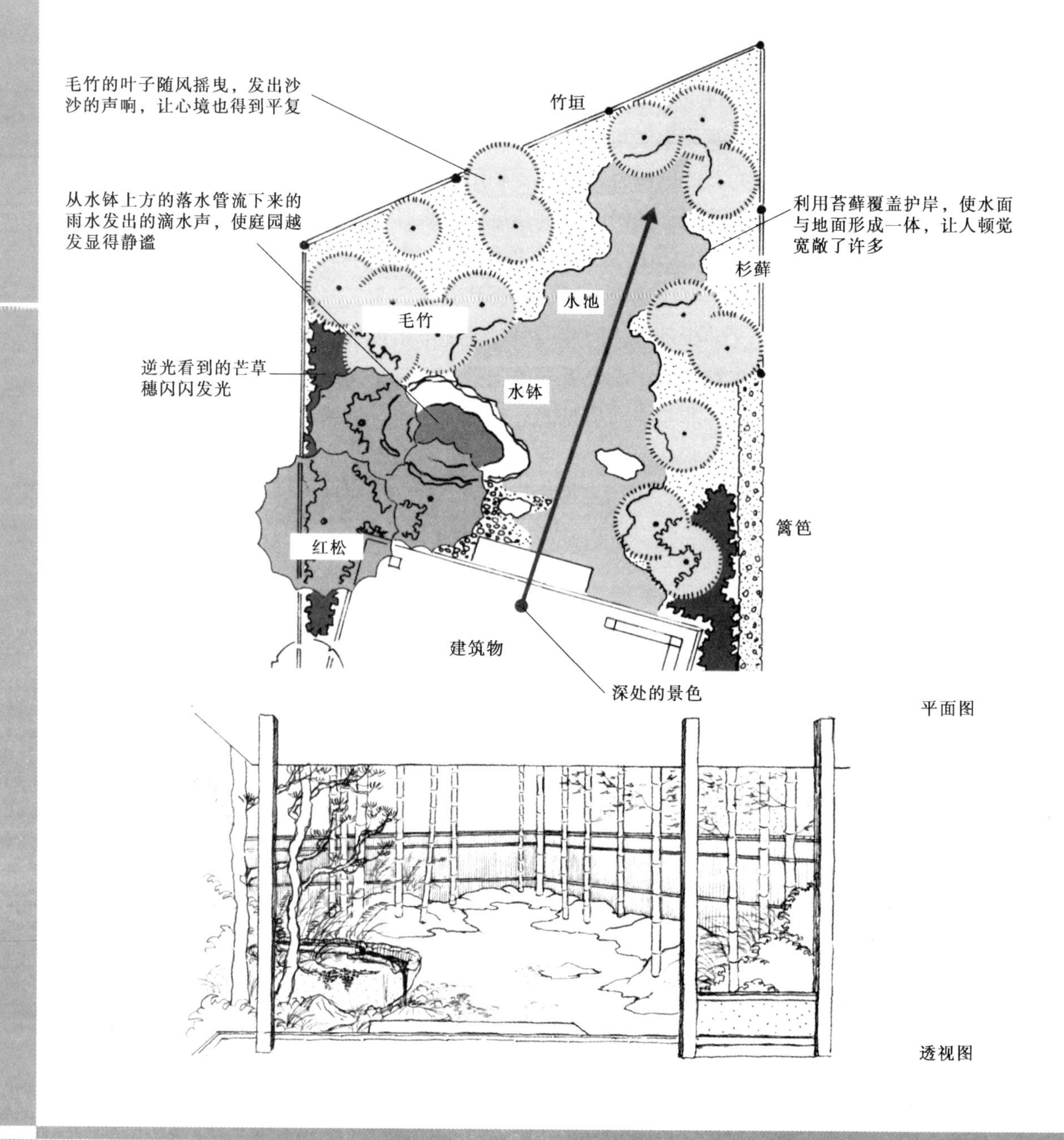

平面图

透视图

事例2 环境优美的庭园

今后在庭园设计上最大的课题是必须顾及到对环境的影响。通过对建筑物屋顶和墙面的绿化，可节约使用空调器时消耗能量的30%，而且也有助于缓解城市的热岛效应。类似这样的事，我们也可以将其搬到庭园里来做。如停车空间和台阶的地面铺装以及四周的围墙等，白天储存的热能，到了夜间又释放出来；而绿化后则会在一定程度上减轻这种结构物蓄热的弊端。还可以搭设蔓亭、栽植绿荫树木和地被植物，或让栅栏或围墙上爬满葛藤一类的攀缘植物。当气温上升时，植物的叶子会蒸发出水分，通过汽化热使周围的温度下降。假如大家都能针对蓄热问题来构建自己的庭园，城市环境将得到改善，并且也是对保护地球环境作出的贡献。

在有些地区由政府制定了一些奖励措施，奖励那些将落到屋顶的雨水收集起来，使之浸润地下的做法。雨水是一种自然资源，对于植物来说是不可或缺的生存条件之一。在栽种草花并以此为乐的庭园里，夏季有时1天要浇水2～3次。假如全部都依靠自来水供应，这不仅存在经费的问题，也需要从资源方面加以审视。落在宅地内的雨水，直接在宅地内进行处理，只让多余的部分流入下水道中，坚持这样的原则对于构建环境优美的庭园来说至为重要。

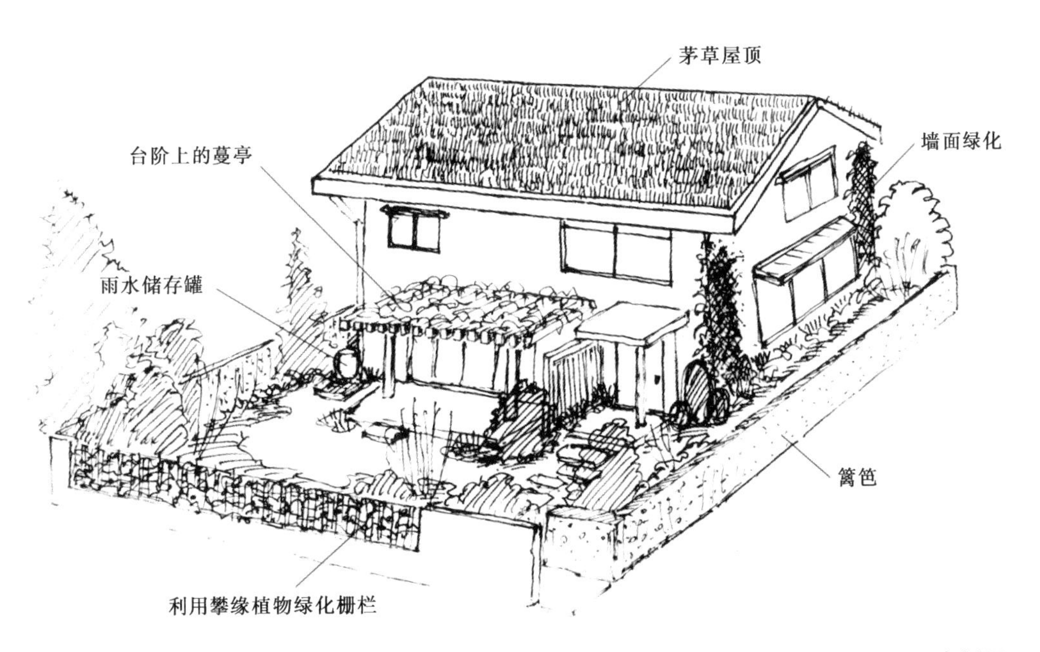

形象例子

第7章

侧院和后院的设计

阵屋（日本古代兵营、府衙或官员宅邸——译者）·小川家的侧院（京都市中京区）

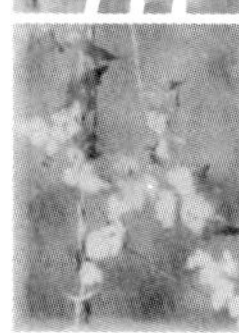

7.1 侧院和后院的理念

ⓐ 侧院和后院的范围

所谓侧院和后院，系指宅地中除去主屋前庭园和入口区的两侧空间，以及位于住宅后面被称为“back yard”的地方。其空间范围自住宅墙面算起，直至宅地边界为止（图1）。

侧院和后院不仅具有动线和收纳等功能，而且必须以舒适性作为追求的目标。可是，通常情况下，多半都将住宅坐落在紧靠北侧边界的位置上，甚至连宅地两侧都一览无余，惟一留出的空间差不多只够用做狭窄的通道。

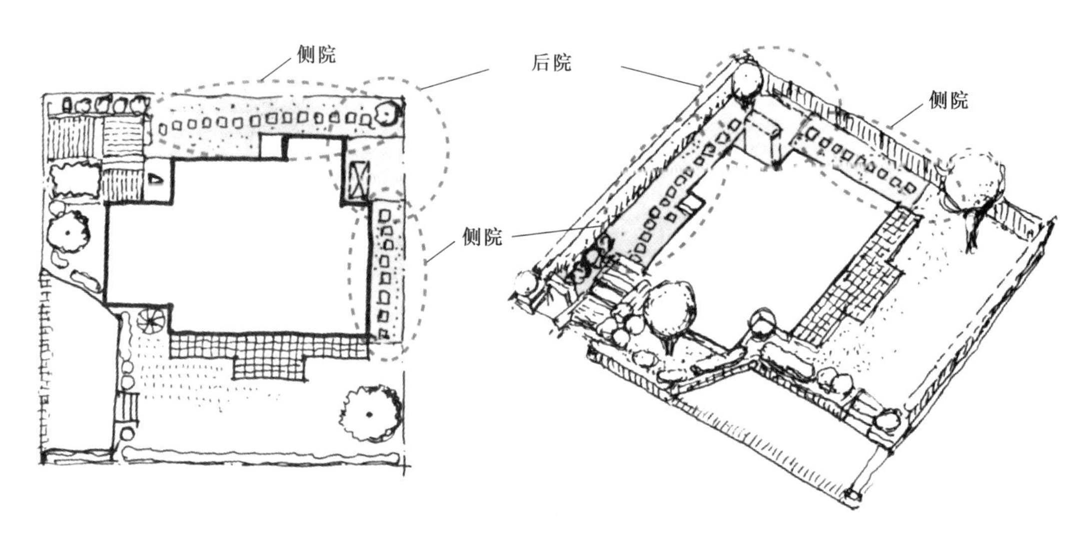

图1 带侧院和后院的普通住宅

ⓑ 侧院和后院的设计要点

在侧院和后院中，通道以外的部分主要是用做家务院，用来设置仓房和收纳库等，或者作为生活服务空间，用来停放汽车和自行车等。如果再进上一步，便要将设计的重点放在，如何使过去那种“狭窄、阴暗、不便”的侧院和后院变成“宽敞、明亮、方便”的侧院和后院上。

为达此目的，便要

①一面侧院至少具有1200mm的宽度，设法形成多用途空间

②让“庭园功能”优先于“通道功能”（一面可通行足矣）

③充分做到与住宅建筑物平面设计的均衡协调

④对四周的围墙、栅栏和篱笆的高度及形态予以充分的关注，确保住宅内外空间的一体性

⑤可将京都等地町家（本指临街的房子，此处系指商家住宅。——译者）的营建通道庭园和小巷的传统手法作为参考，使设计表现出精雕细刻的效果（图2）

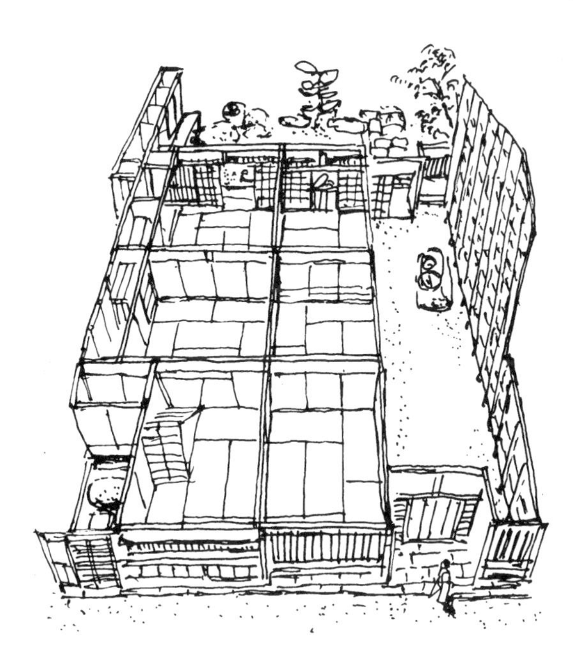

图2　京都·町家的通道庭园

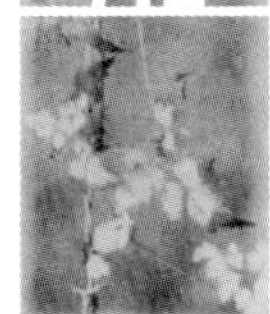

7.2 在侧院和后院布置的功能空间

在侧院和后院布置的实用功能空间有以下几种。

①晾晒台

②物品存放处和仓库。其中主要的收纳物是清扫用具、运动器具（滑雪具、冲浪板和旱冰鞋等）、园艺用品（铲、铣、夹、钵、喷壶和腐殖土等）和自行车工具等

③工作台（休息日木工角等）

④清洗台：备用厨房、休息日木工劳作后的冲洗场所

⑤摩托车存放处

⑥自行车存放处（包括三轮车）

⑦存放垃圾

⑧宠物角（犬舍等）

在做建筑物平面布置设计时，必须充分考虑到以上这些功能空间相互关系的均衡和协调。而且，无论建筑物平面布置是否已经确定，哪怕在现有建筑物已布置了上述各种空间的情况下，仍然有必要在空间利用上动些脑筋，如采用立体式设计，在围墙上设置一个蔓亭等类（图3）。

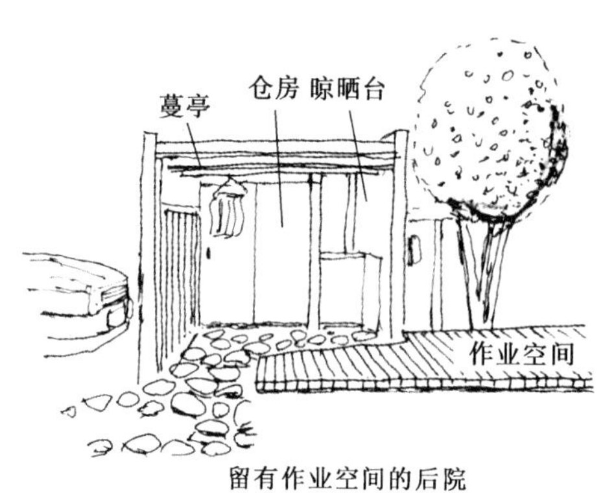

留有作业空间的后院

设置洗槽的工作台
花园厨房
垃圾箱

设有花园厨房的后院

设置宠物角的后院

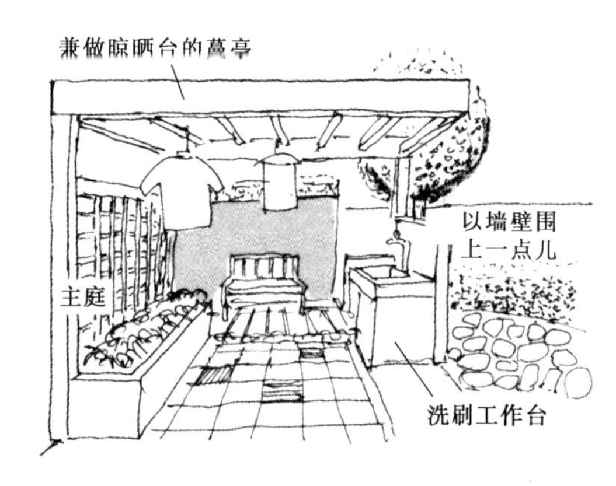

与起居空间台阶相连的后院
（设计上具有起居空间特点）

图3 侧院和后院空间的功能

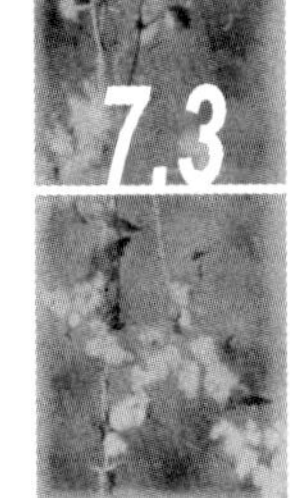

7.3 基本尺寸及与建筑物之间的平衡

ⓐ基本尺寸

侧院尺寸即使一侧只有区区900mm，另一侧的内距也必须保证不少于1200mm。后院作为存放物品的空间，应该在1.8 × 1.6=2.88m^{2}左右。休息日木工作业的空间最好能有3.3m^2（1坪）以上的面积。

ⓑ让侧院与住宅平衡的手法（设置中间领域）

檐、凸窗、檐廊和土间等连接内外的传统中间领域，即使在现代生活中，作为一种与自然密切接触并可扩大住宅内部活动范围的空间，亦具有重要的作用。因此，必须尽量确保这些空间的存在。

在一层和室面向庭园的一侧，要尽可能设置内距900mm以上的外廊；而且，石遮雨檐廊的宽度最好不小于600mm。土檐廊与土间（院）一样，都是古老民居中的传统空间形态，作为一种半户外空间，即便到了现代，仍不失为具有生命力的、有效的空间处理手法（图4）。

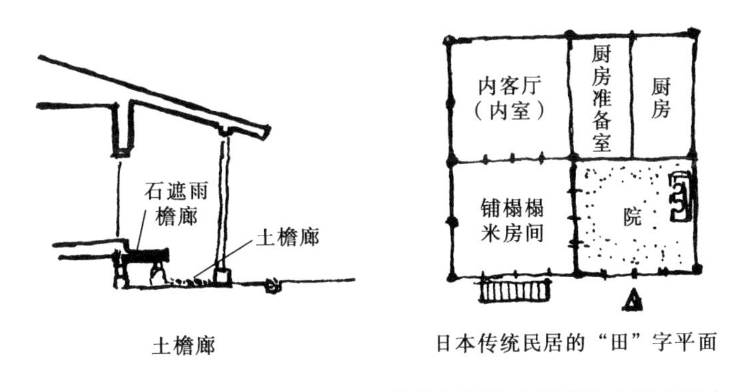

图4 传统民居的土檐廊和土间（院）

ⓒ阳台、日光平台、台地和花台

这些结构形态无一不为构建半户外空间而发挥着重要作用。因此，作为室内向室外延伸的部分，必须保证其具有足够的宽敞度和安全性，以提供一个舒适宜人的生活空间。不管是一层还是二层，阳台的挑出长度都应在900mm以上。在日光平台和日光房间等处，同样应该保证具有一定的宽敞度，以便安放桌椅之类的设施，其挑出长度最好不小于1200mm（图5）。

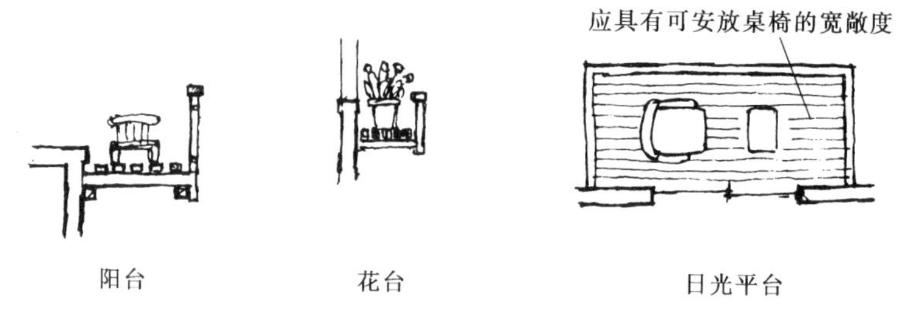

图5 阳台、花台和日光平台等中间领域

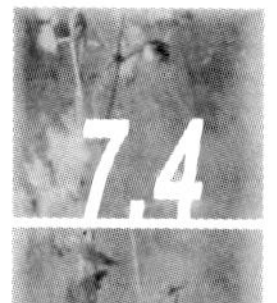

7.4 今后的侧院和后院

ⓐ 所谓“个性化建筑外部空间”

此处的“建筑外部空间”，英语为“outerior”，系“exterior”一词的同义语。而所谓“个性化建筑外部空间”（my-outerior），系指都市生活者利用自家住宅周围闲置的空间绞尽脑汁营造的一种场所，这个场所是个“与自己生活方式吻合的个性化空间”（图6）。在个性化建筑外部空间中，譬如可设置“遐想空间”、“夫妇对话空间”或“迷你聚会空间”等。而且，也可以根据主人的偏好和创意，构筑成随着生活方式改变的柔性空间。

在没有闲置宅地可以利用的情况下，照样能够营造出个性化建筑外部空间。例如，在与单体独立住宅一层的餐厅兼起居室接续的外部，便可以构筑成豪华公寓式的阳台等。这时需要注意的是，有关采光、通风和绿化之类的问题。

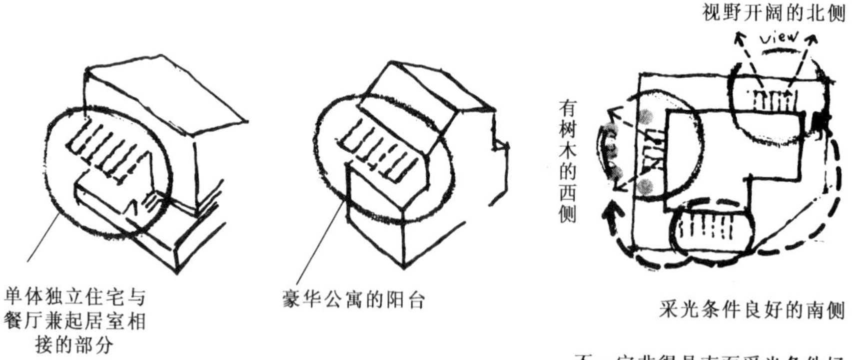

图6 个性化建筑外部空间着眼点

个性化建筑外部空间的规模，大体上可分为3个档次。

最小的个性化建筑外部空间约为5m²（1.5坪），这是一种迷你型的空间。中型的约为10m²（3坪），是略有余裕的中等空间（图7）。如果超出以上规模，则需要采用从形状不规则的宅地或主屋前庭园中分割空间的方案。

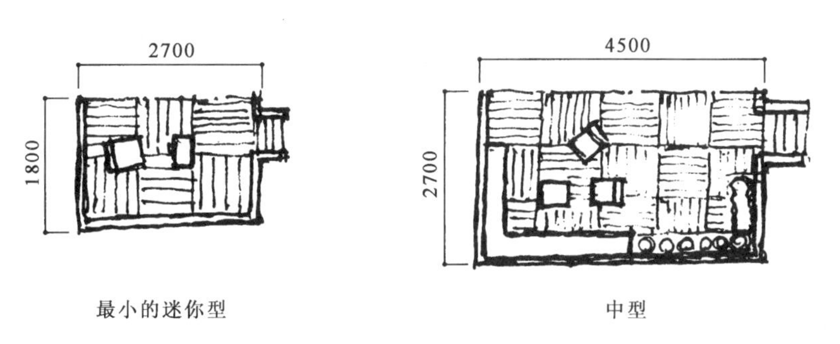

图7　个性化建筑外部空间尺寸

ⓑ“个性化建筑外部空间”构筑方法

1）两面或三面围绕

无论空间的面积大小，只要用篱笆和花格墙将其两面或三面围起来，便可以形成一个让人安定的所在。如果使用篱笆，高度应在800～900mm；花格墙高度则为1800mm左右，作为墙面有时甚至连上方都要遮挡住。

2）家具摆放

假如是5m²（1.5坪）以上的空间，可以构筑类似阳台的设施，只摆放2把椅子和1张桌子。作为家庭成员团聚的空间，会在这里演绎出许许多多的故事（图8）。

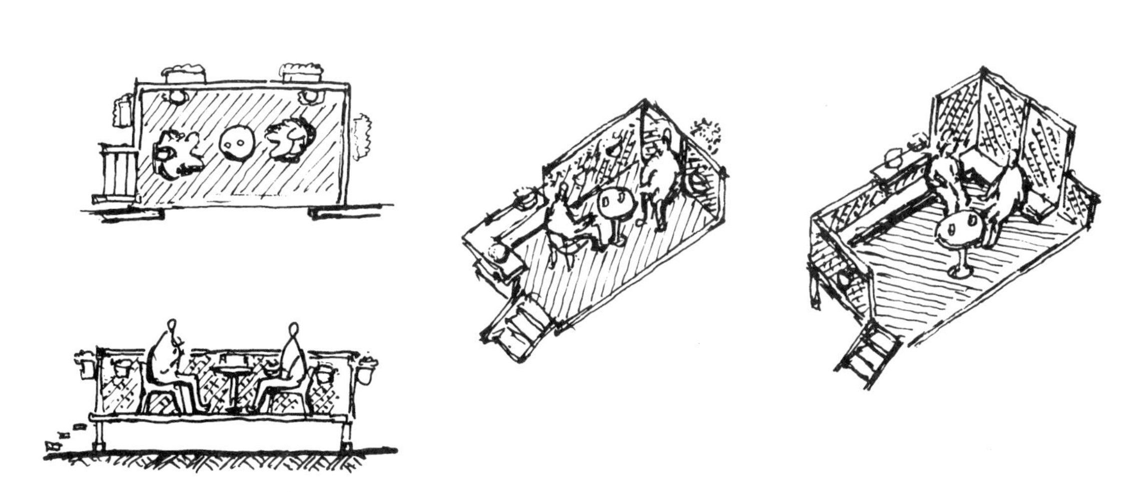

图8　将个性化建筑外部空间变成家庭团聚的场所

3）周围摆放和悬吊鲜花及观叶植物

通过在地面（平台）上摆放观叶植物的盆栽以及在栅栏上（或花格墙）上悬吊花钵，可以使从起居室兼餐厅里看到的庭园景观更加优美。利用构建双重庭园（平台庭园及庭园周围的树篱）的方式，让庭园看上去要开阔得多。而且，通过这种内部起居室兼餐厅的视觉延深处理，也可以使室内的空间显得更宽敞（图9）。

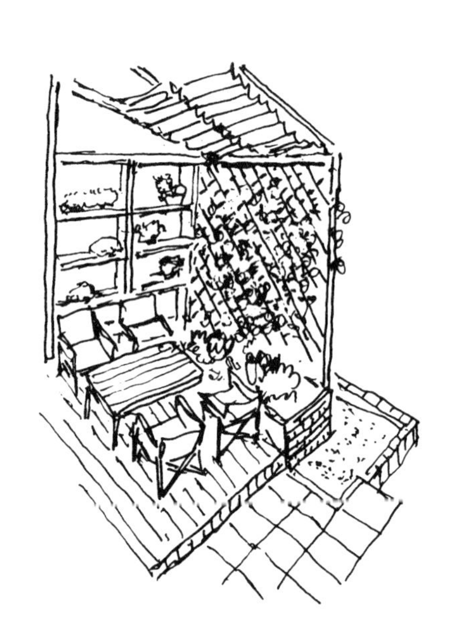

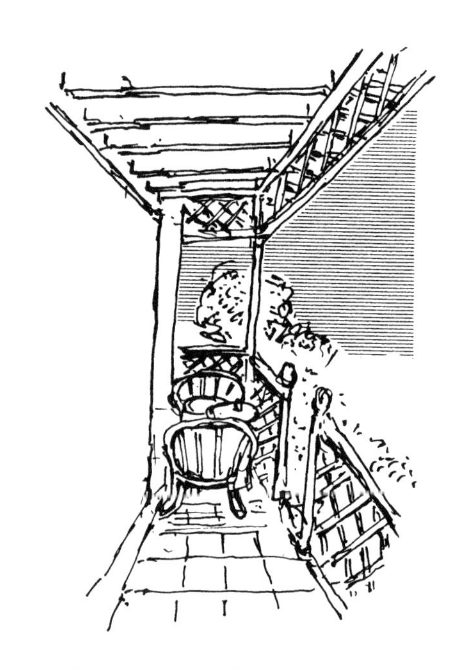

图9　与庭园一体化，并成为室内延伸的个性化建筑外部空间

事例1　照顾到临街景观效果、带木板平台的侧院

这是一种不仅重视住宅侧院部分，同时也照顾到街区景观效果的设计。在自道路边界线退后留出的地面上栽种了成排的球形植物，成为效果突出的景观树。这样的布置，不仅是房屋主人生活情趣的反映，而且也有利于街区中的交往活动。

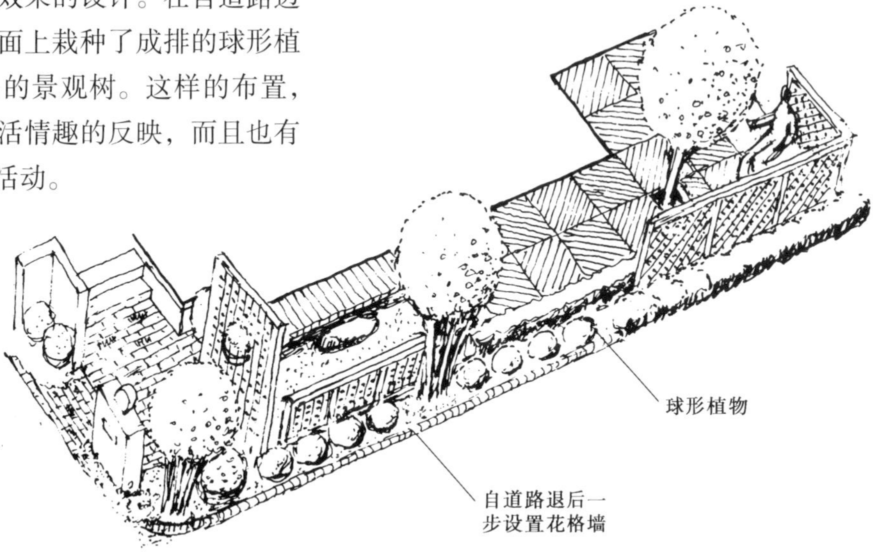

球形植物

自道路退后一步设置花格墙

事例2　以DIY作业场地为中心的侧院和后院

这是一种以DIY（do it yourself之缩写，意为自己动手干。——译注）作业空间利用为主的侧院和后院设计。以带肋杆件将四周的三面围起来，在其内侧设置仓房、DIY作业空间和休息用的亭子等；靠着围墙安置烤肉架和比萨饼烤箱。这里可以称为家庭“烹饪创作乐园”似的建筑外部空间。其余的空间则是平面设计的主体，即DIY作业场地。

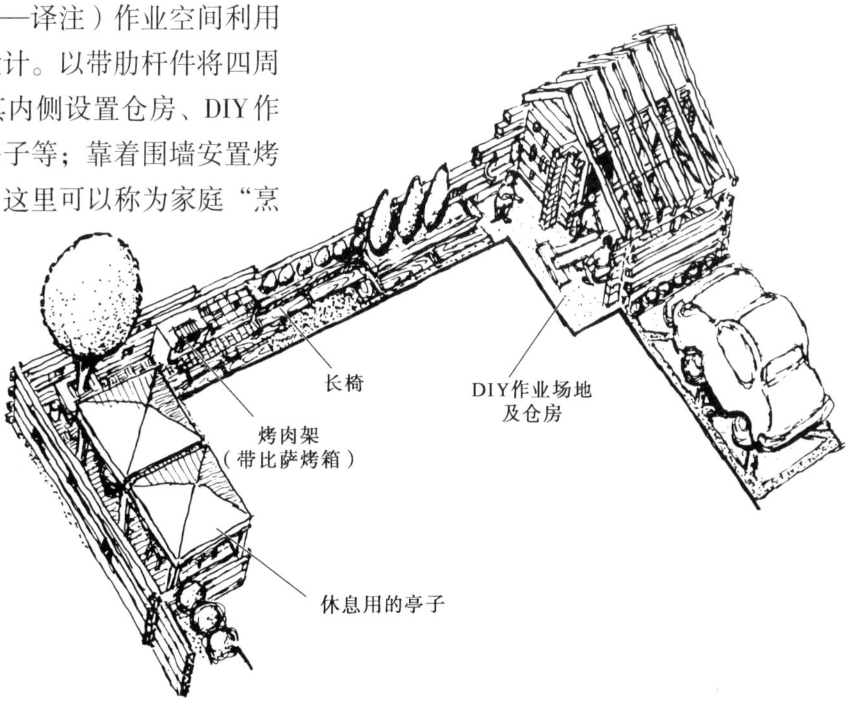

长椅

DIY作业场地及仓房

烤肉架（带比萨烤箱）

休息用的亭子

事例3 将形状不规则的角落侧院构成个性化建筑外部空间

这是一种充分利用不规则锐角形侧院空间的设计。其要点是，通过将木板平台铺满锐角形多余的端头处构成一个外围空间，再以树篱和球形植物等绿化带遮挡，并在平台中央开个空洞植入形象树。平台上摆放长椅和桌子，安装烤肉架，并引入“个性化建筑外部空间”的理念，布置得像个社交场所。

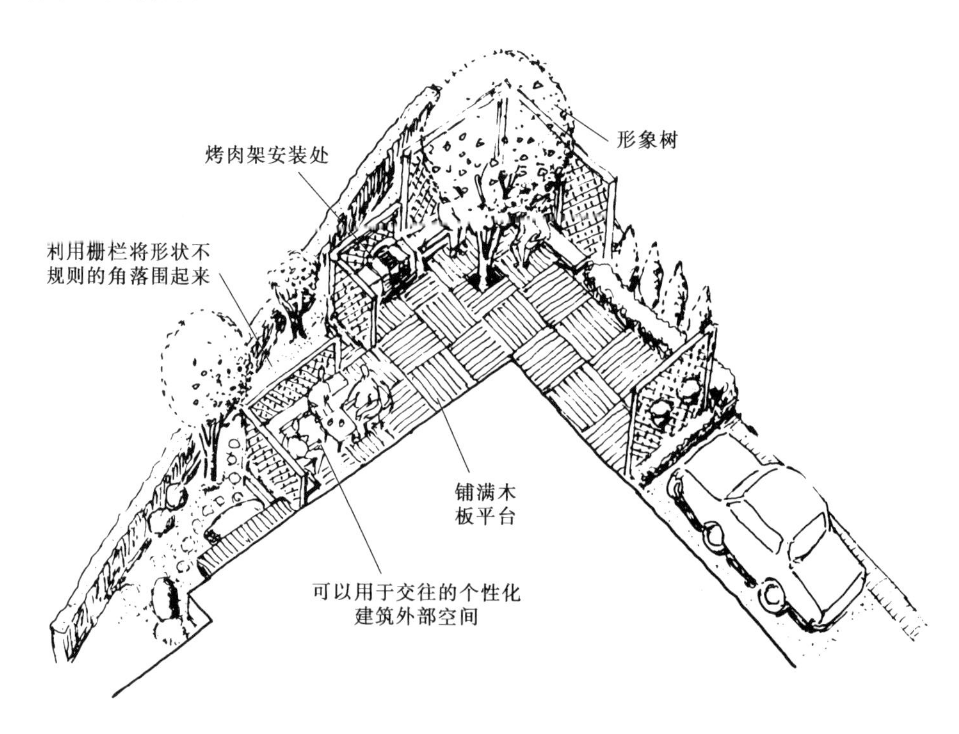

第8章

围障的设计

以台杉与树篱交错栽植构成的围障（京都市右京区）

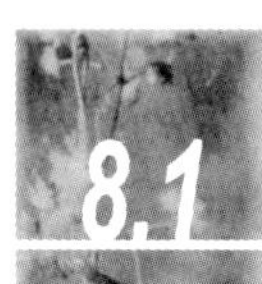
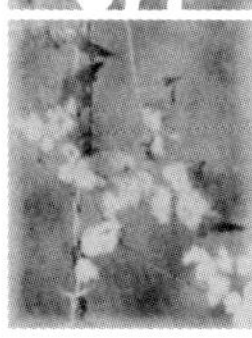

8.1 围障的作用和功能

所谓围障，系指设置在相邻宅地或道路边界处的围墙、栅栏和树篱等等。通常情况下，它的作用都被认为主要是将自家宅地与邻地和道路区别开来，以及用以防范和保障私密性。然而，围障实际上的作用和功能则比这要多得多。作为设计者，必须对这些作用和功能都一一了解，并在平衡各种作用和功能的基础上进行设计，才能达到营造安全、舒适和优美的居住生活环境及街区的目的。

围障的作用和功能，可以像图1那样，分为“保护”和“营造”2个方面，而每个方面又可以再加以分类，各自都具有5个要素。

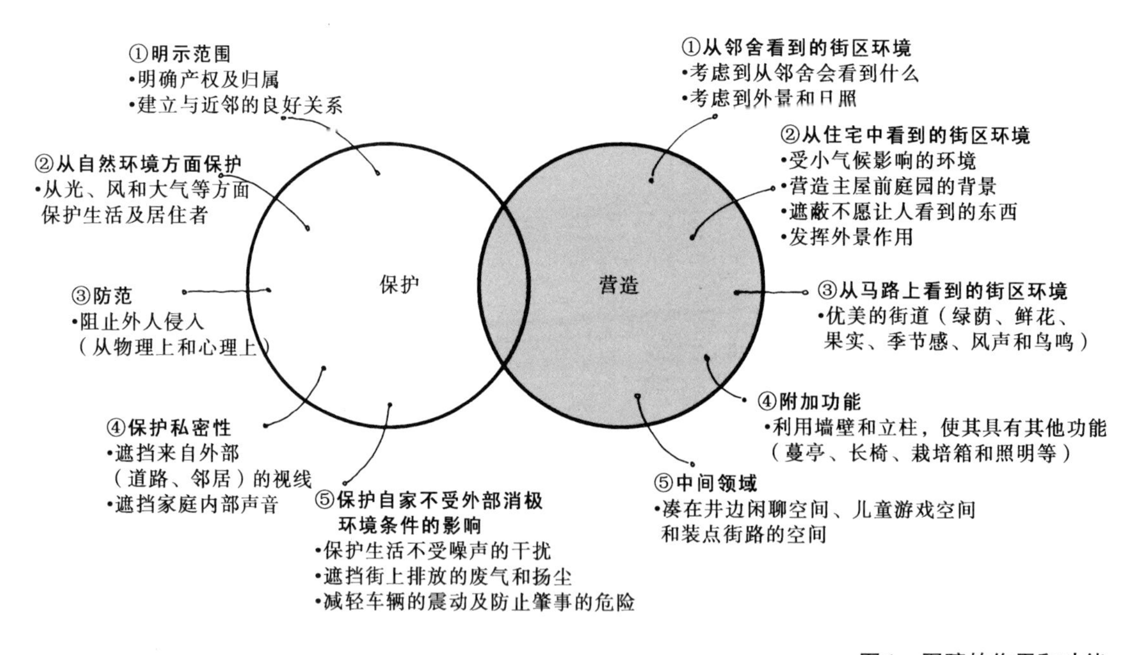

图1 围障的作用和功能

保护

1）明示范围

通过在宅地边界处设置围障，能够向邻地和路人明示住宅主人的宅地范围，而且据此还可以避免将来自己在土地和财产方面与邻居及当地的其他人之间发生无谓的纠纷，以相互保持良好的关系（图2）。

2）从自然环境方面保护

以树木构成的围障，既可以遮挡夏日里强烈的西照阳光和减轻酷暑的煎熬，又能够阻止严冬凛冽的北风和扬尘的侵袭，保护业主在一个较为舒适的外部环境中生活（图3）。

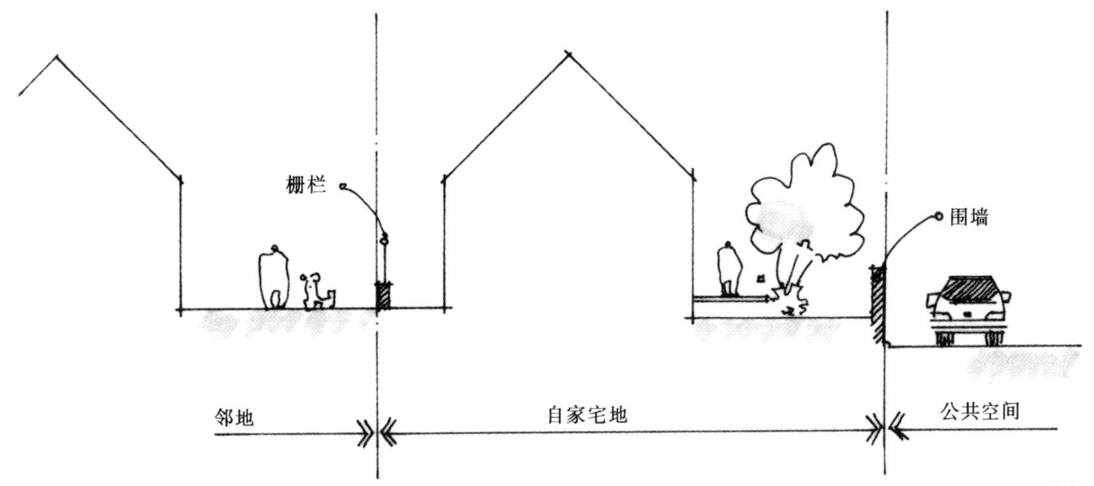

图2　明示权属范围

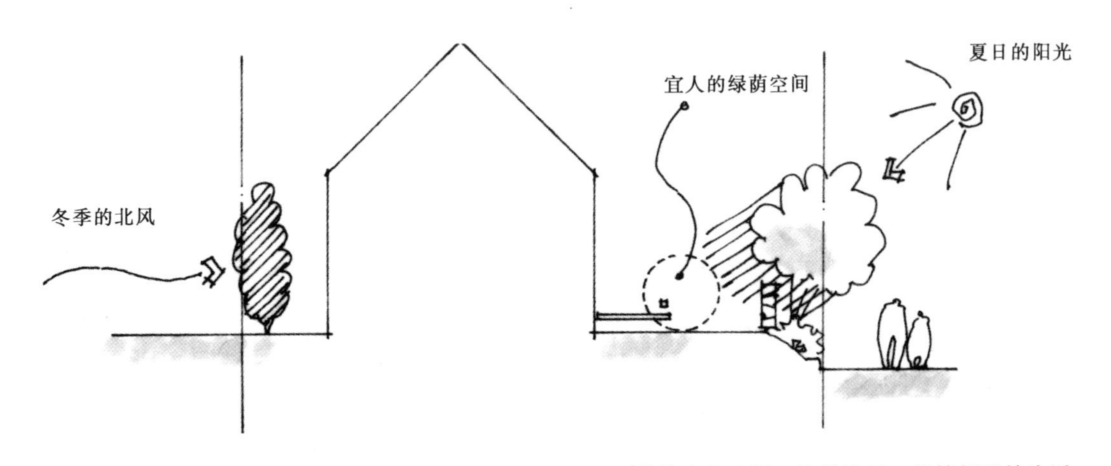

图3　避免日晒和风袭等来自自然环境的干扰，保护舒适的生活

3）防范

通过设置围墙和树篱，便会在物理上和心理上有一种难以被侵入的感觉。过去，一直认为只有高高的围墙才会有防范作用；可是，由于一旦有人要从外面侵入，里面的人几乎什么都看不见，因此可以说恰恰有反效果。像栅栏和植物组成的树篱那样具有通透性的围障，倒更具有难以翻越的长处，故近来已成为围障设计上的重要选择（图4、图5）。

4）保护私密性

通过将居室和庭园围绕起来遮挡街道和邻居视线的手段，便可以保护私密性。不过，假如利用围墙将住宅围得严严实实，势必会影响到通风和采光，因此在设计过程中也须注意这一点。在进行实际设计时，应该仔细调查需要遮挡的视线的部分究竟有几处，如来自邻居和前面道路等方向的视线，都须在了解情况的基础上，经过充分研讨方可做出决定（图6、图7）。

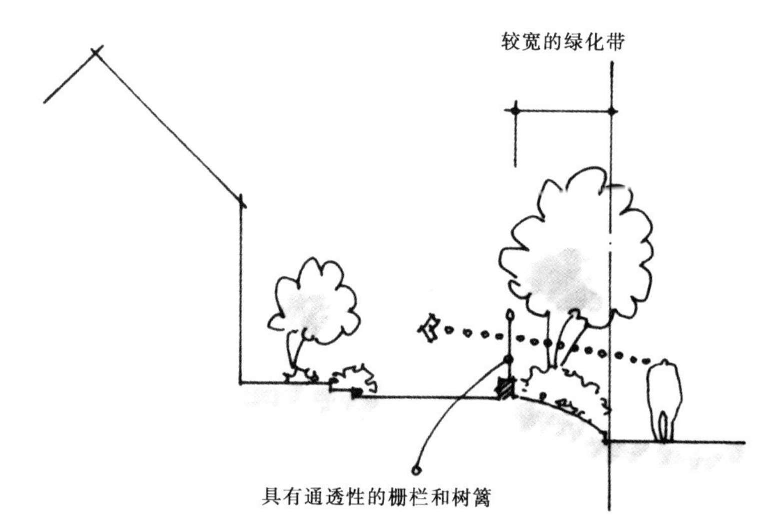

图4 防范及遮挡视线

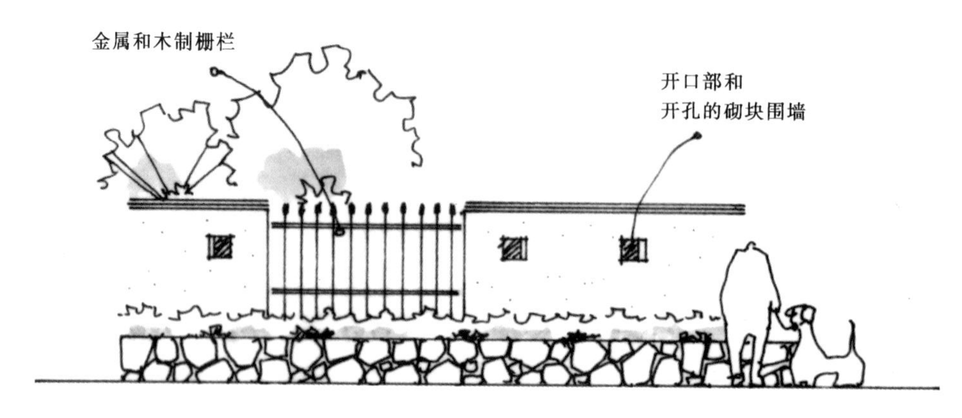

图5 到处开孔的高围墙

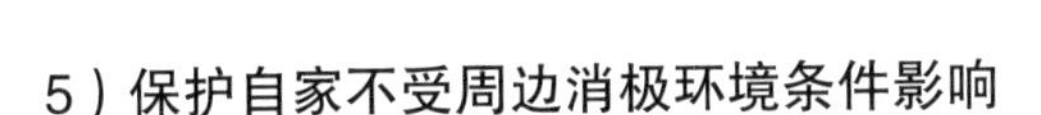

5）保护自家不受周边消极环境条件影响

住宅周围难免出现各种各样妨碍正常生活的因素，如前面道路上汽车发出的噪声及排放的废气、街道上传来的嘈杂声、夜晚路灯的光亮、扬起的灰尘、宠物的叫声和拥挤的交通等。类似这样的负面条件因素是无法通过图纸（建筑设计图）来做出判断的，必须到现场进行调查和向业主咨询。然后，再通过适当的设计手段，尽可能地减轻消极环境条件因素的影响。

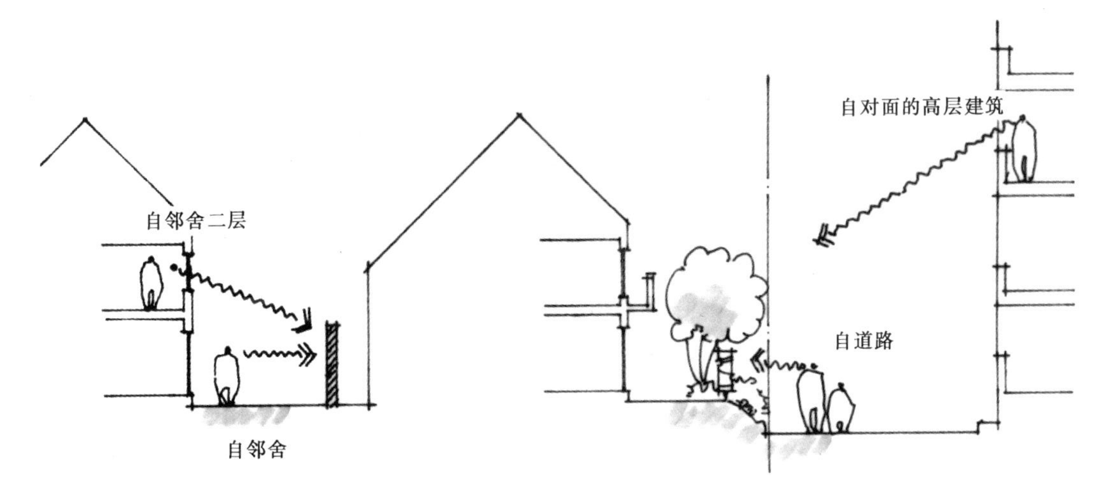

图6 调查来自周围的视线

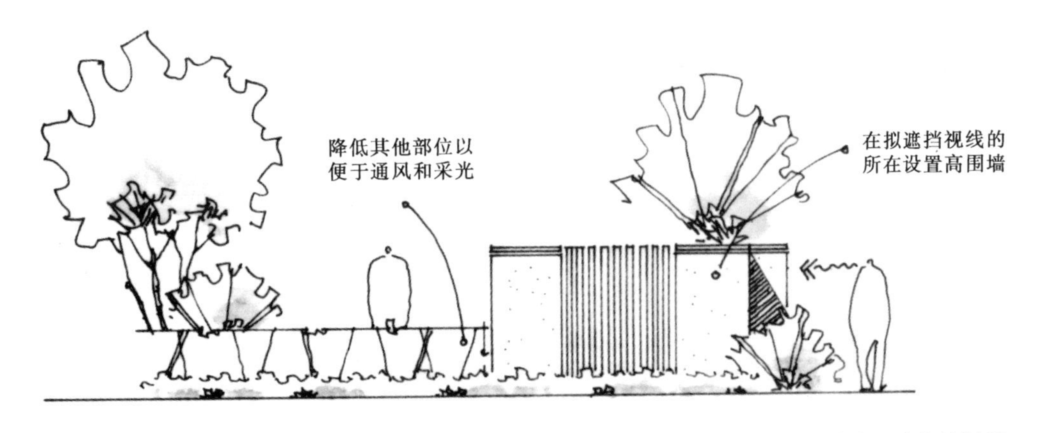

图7 根据不同部位的需要分别使用适合的材料

ⓑ营造

1）从邻舍看到的街区环境

由于围障系设在邻地的边界处，因此必然成为邻居触目可及的结构物。对于邻居来说，围障也构成了街区的一部分，并且还会影响到通风和日照。因此，沿邻地边界设置的围障，在设计过程中，必须考虑到自家围障在邻居平时看来是什么样子，对其有无不良影响（图8）。

2）从住宅中看到的街区环境

围障对从自家住宅内看到的街区环境同样有很大影响。譬如，从居室中看到的邻舍的便门、小巷和房间，以及道路上的电柱和垃圾箱等，只要以适当方法遮掩起来，街区景观便会发生很大变化（图9）。围障还可以阻挡寒风的侵袭，调控风的流量和日照的强度等，营造出住宅周围的小气候。

另外，由于围障=庭园的背景，因此在设计上，必须考虑到它不仅是从道路一侧看到的景观，也是从庭园一侧看到的修景（图10）。

3）从马路上看到的街区环境

沿道路设置的围障，尤其是住宅正面的围障，也是用来营造街区景观和街道环境的。因此，在设计过程中，不仅要注意到其是否与建筑物谐和，还必须顾及到其对街区和街道氛围的影响。

进而，如果各家都以积极的姿态来对围障进行绿化，便可以营造出一个宜人的街区。在这样的街区里，到处鲜花盛开，绿荫满目，鲜花、果实和红叶交相辉映，风声和鸟鸣不绝于耳，时时让人感受到季节的更替和变化（图11、图12）。

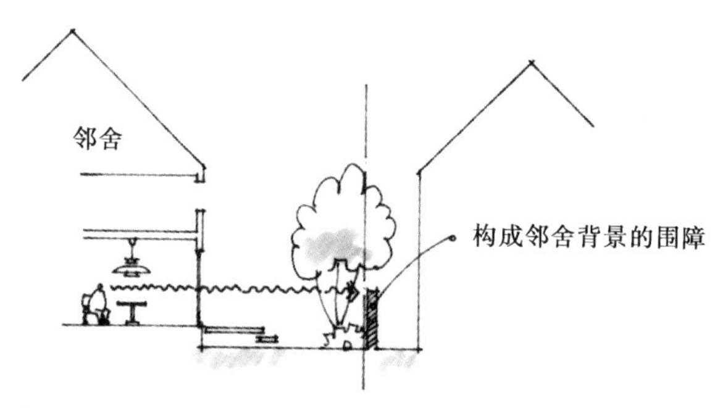

图8 不仅须满足通风和采光的需要，还应顾及到街区景观效果

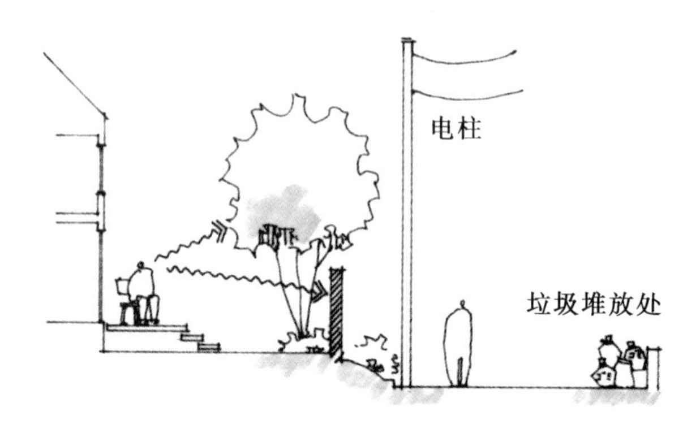

图9 将有碍庭园景色的东西遮掩起来

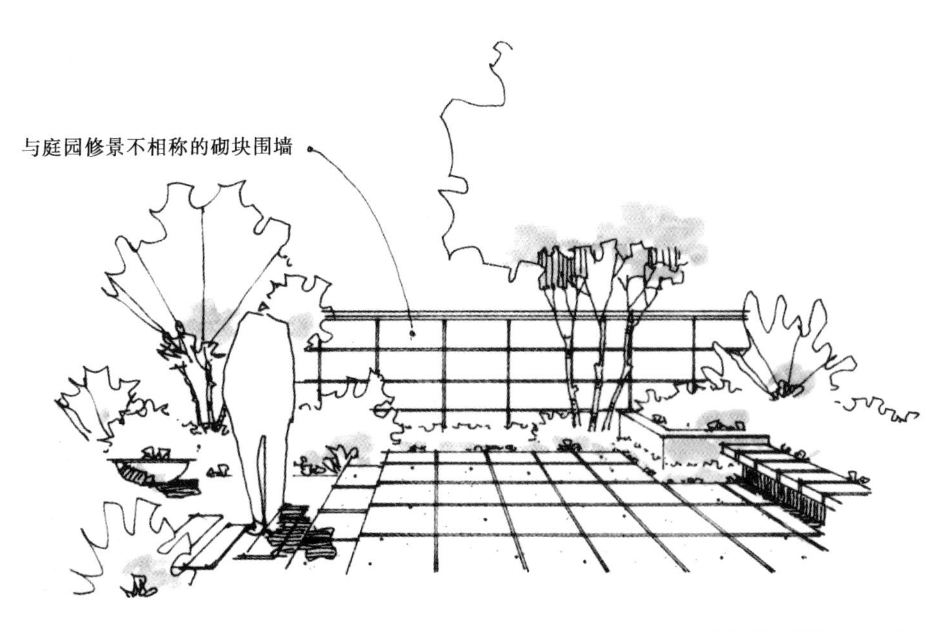

图10 围墙是庭园景观构成的一大要素

图11 通过绿化围障来营造宜人的街道空间

图12 在植物丛中设置栅栏

4）附加功能

利用围障的结构变化，还能够像蔓亭和培植箱那样，具有点缀生活并提供方便的附加功能。譬如，在围墙内侧安装蔓亭、长椅、格物架和照明等设施，使庭园的一角成为户外起居空间。另外，在面向道路一侧设置的悬吊花钵、长椅和照明等构成了中间领域，可以营造出充盈的街道空间（图13）。

5）中间领域

如果让围障自路边后退，就可以在围障与道路之间腾出一个小小的空间，这个空间便被称为中间领域。利用这一中间领域，可以栽植树木，营造出绿荫空间；再设置长椅，以方便邻里之间的交流。一个有着良好环境和优美景观的街区，就是这样形成的（图14、图15）。

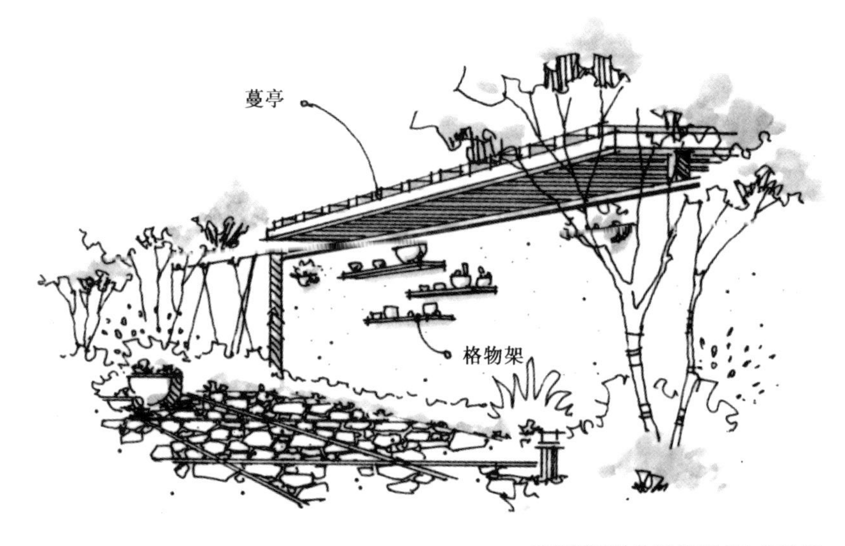

利用围墙结构设置蔓亭和格物架

图13 附加功能

图14 设置在面向道路一侧的长椅和照明构成中间领域

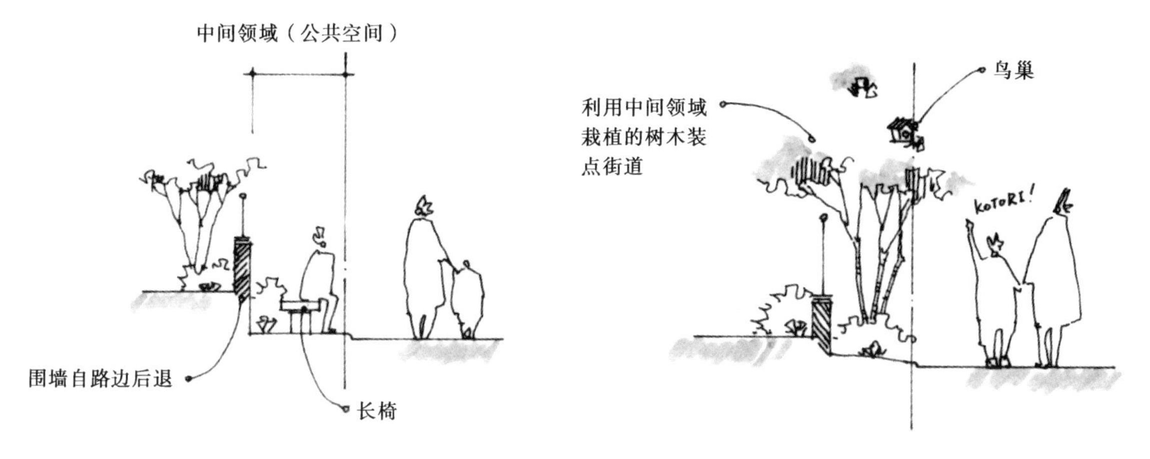

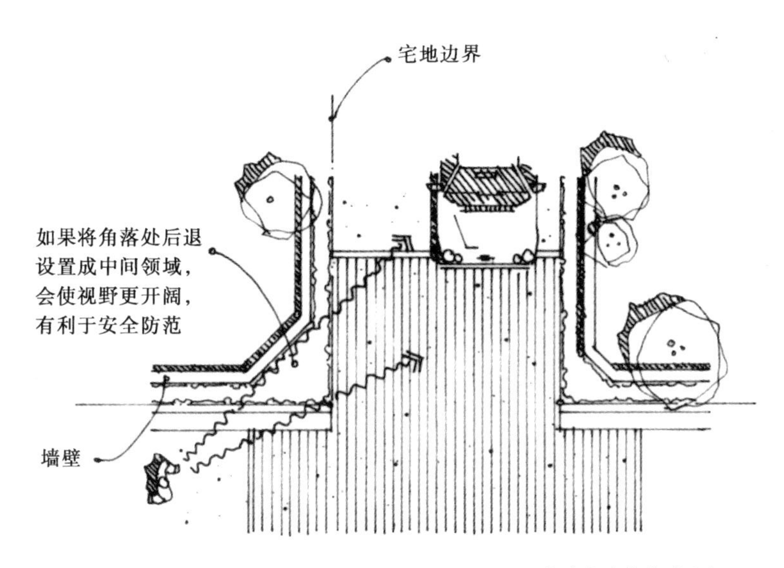

图15 构建中间领域

8.2 围障的基本尺寸

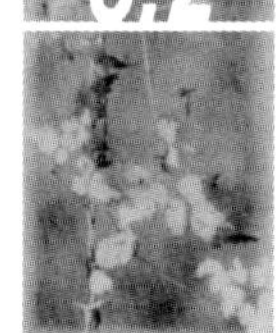

ⓐ 围障尺寸因其作用而不同

虽说叫做基本尺寸，但因围障的功能和作用的差异，其相应的尺寸亦大相径庭。为了能够遮蔽行人的视线，保护宅地内的安全和私密性，围障高度至少应在人的水平视线之上。如果再从防范的意义上考虑，围障要达到无法翻越的程度，则须建得相当高。除此之外，那种开放式的建筑外部空间，尽管视线可以穿过，但仍有必要保证围障的高度尺寸不致让人轻易越入院内（图16）。

ⓑ 一般高度尺寸

如果考虑到来自道路的视线和难以翻越的程度，一般都将H=1200～1500mm作为标准高度尺寸。假如采用这一高度尺寸，尽管不是完全彻底地，但也可以在一定程度上遮挡来自道路的视线；而且对街道的压迫感也不会太强烈。倘若再进一步将围障自路边退后300mm左右，通过绿化便可营造出良好的道路空间，并且还可以有效地提高从围障上翻越的难度（图17）。

ⓒ 重视私密性的尺寸

要完全遮挡视线，需要将围障的高度尺寸加高到H=1500mm以上，而且距道路越近，其效果越明显。然而，采用这样的围障高度，从道路景观的角度考虑，却不太有利。即使对于宅地来说，也存在着使采光和通风条件恶化的弊端。因此，这种高围障只限定在必要的场所，且须积极绿化以缓和压迫感，或布置适当的树篱作为围障（图18）。

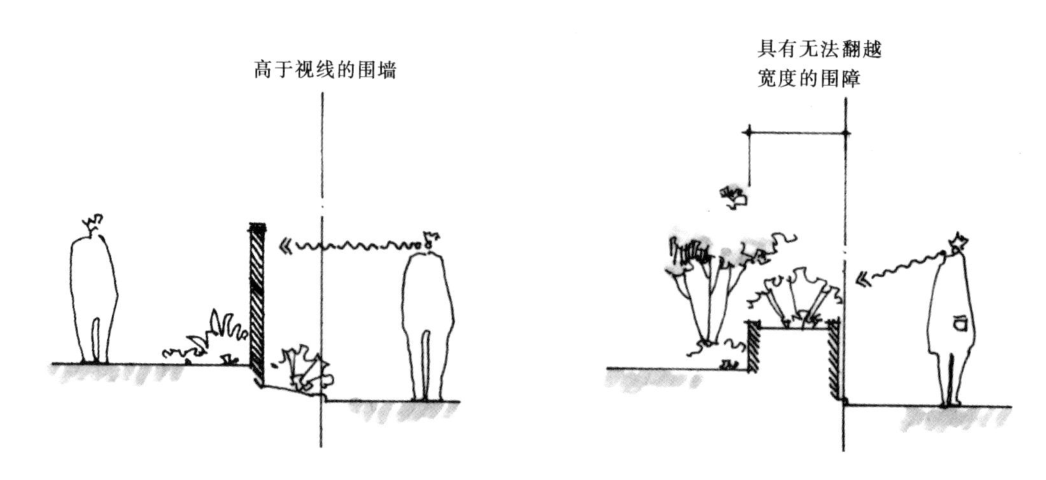

图16 围障尺寸因其作用而异

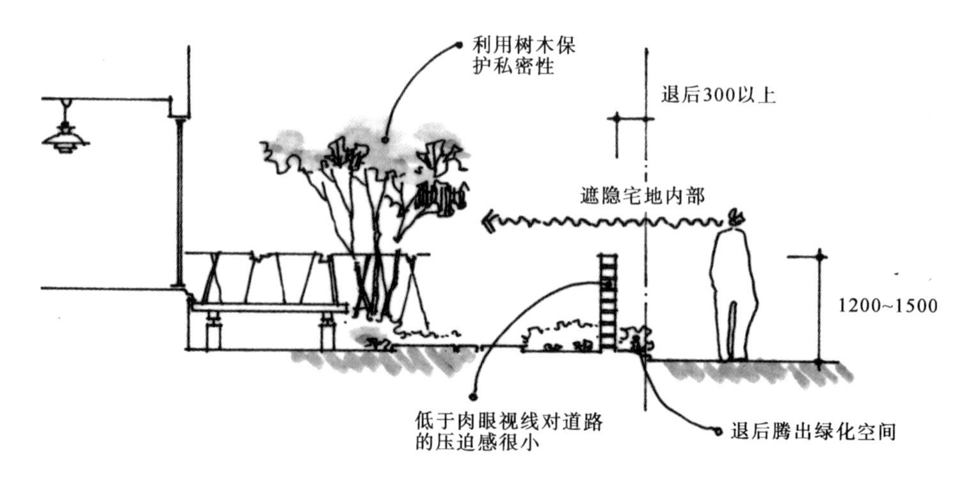

图17 一般围障尺寸

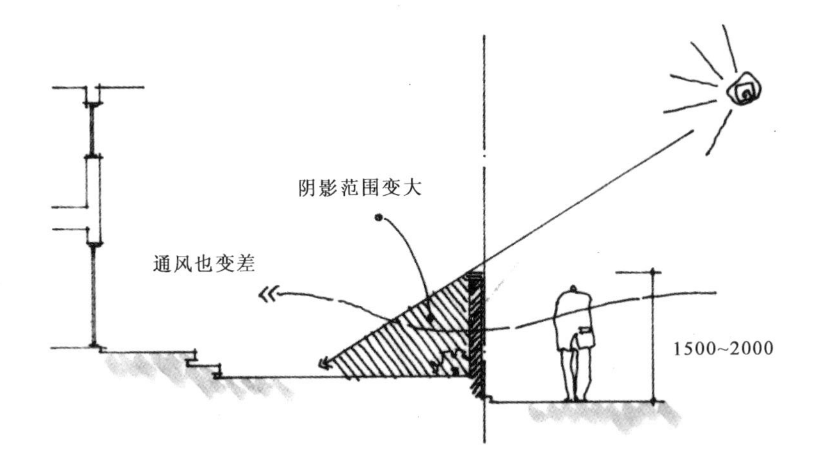

高围障在遮挡视线的同时也产生一些弊端

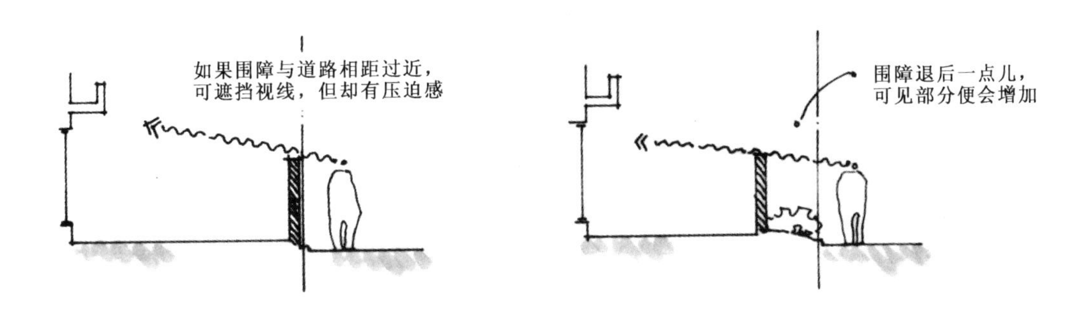

当与道路离得太近时出现的结果

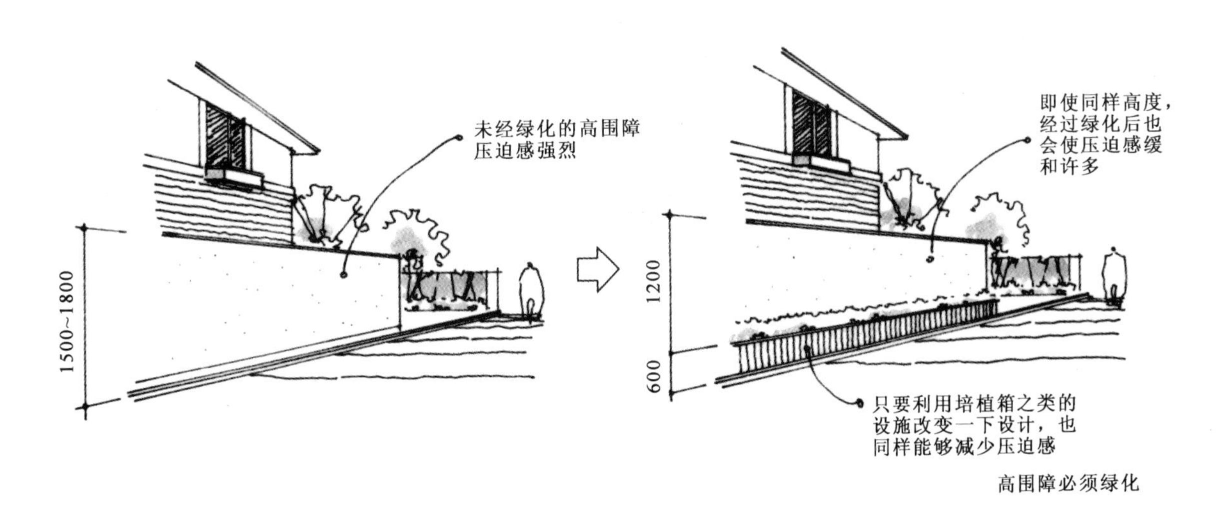

高围障必须绿化

图18 保护私密性的设计

ⓓ 开放式布局的围障尺寸

如同开放式的建筑外部空间和由北面进入宅地的平面设计那样，因住宅面向道路一侧没有很大的开口部，故可不必太在意视线的问题，这时的围障高度设为H=500～1000mm比较合适。加之植物带又增大了围障的宽度，如想从围障上翻越也十分困难；在某些关键位置可栽植高木，以在某种程度上保证私密性（图19）。

ⓔ考虑到宅地与道路高低差的围障尺寸

在考虑宅地与道路具有高低差情况下的围障尺寸时，必须对宅地与道路的高低差进行仔细勘察，并以道路的高度作为基准。此外，由于具有高低差，围障很容易建得过高，因此应该积极地进行绿化处理（图20）。

如果宅地较高，且有滚落的危险时，为防止滚落事故的发生，须设置高度H=1100mm以上的围障。要设置栅栏，则不能设计成可攀缘的结构（图21）。

ⓕ 居民边界处的围障尺寸

说到居民边界，实际上在东西向与南北向之间也有一定差别。在东西向，与邻舍的建筑间隔较窄，日照和通风状况也较差。其标准的围障高度尺寸H=1000mm左右是适当的。这样的围障高度，翻越亦非轻而易举，而且又不致给日照和通风造成妨碍。不过，在便门、大开口部、宠物空间和空调器的外排机等对他人生活可能产生干扰的部位，则有必要设置高围障，或以树篱等遮挡视线（图22）。

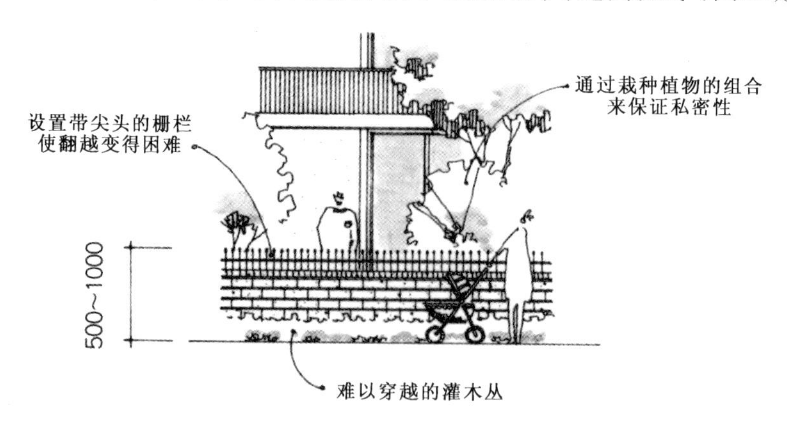

图19 开放式建筑外部空间的围障尺寸

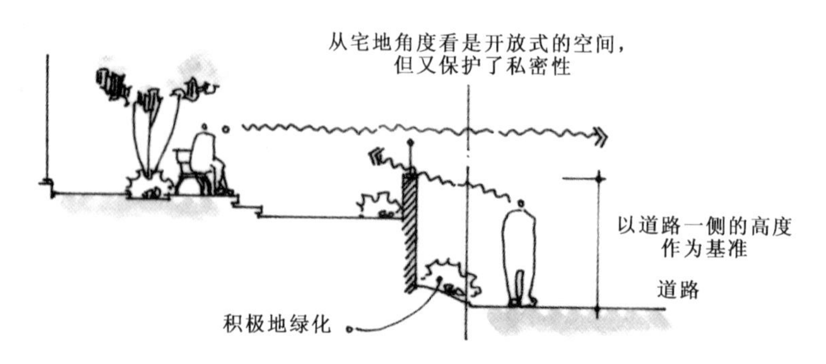

图20 宅地与道路有高低差时的围障尺寸

在南北向有与邻舍的边界时，两栋建筑物之间的距离较远。对于南面的住户来说，围障便成了自家庭园的背景；对于北面的住户来说，围障则构成其背面。这时，为了遮掩北侧的小巷和开口，围障的标准高度尺寸应设为H=1500mm左右。与此同时，还要考虑在设计上不破坏庭园的景观效果（图23）。

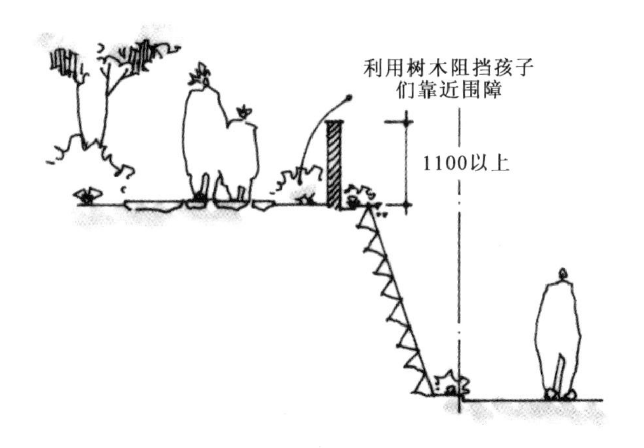

图21 防止宅地内的人滚落的围障

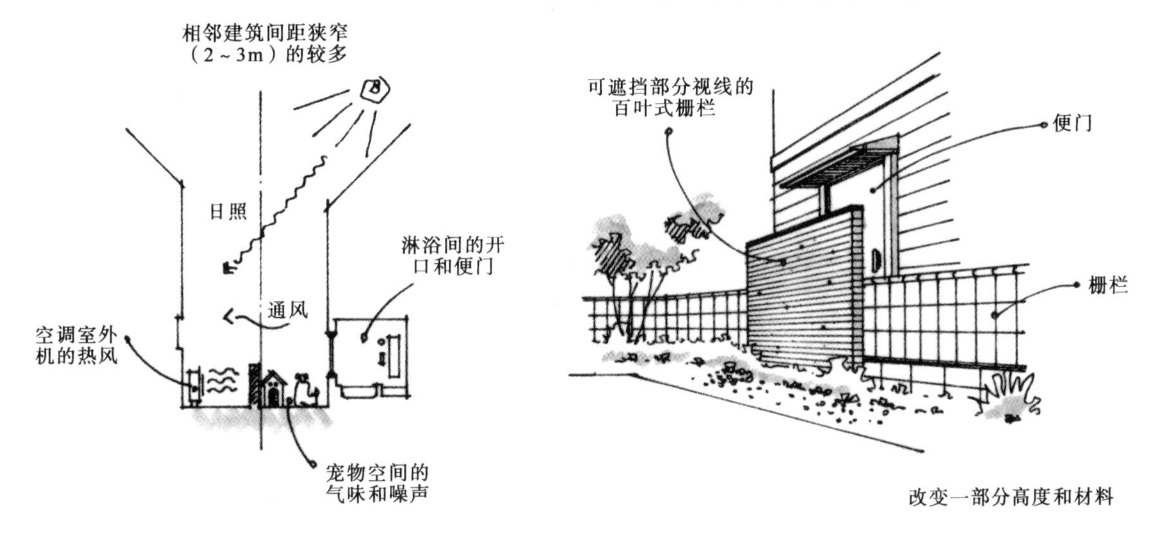

图22 东西向的居民边界

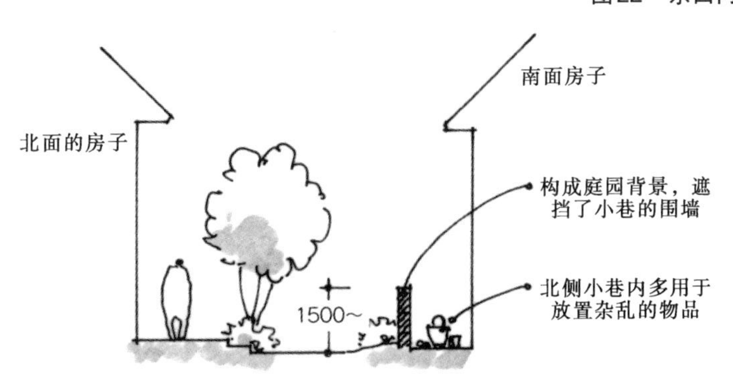

图23 南北向的居民边界

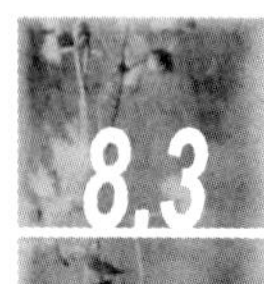

围障的材料

ⓐ 围墙的材料

材料系围墙设计中的一大要素。其使用的种类繁多，通过所采用的材料的种类、色彩及组合，便可以确定围障的造型和功能。因此，在设计过程中充分了解各种材料的特点和适应性是非常重要的。

1）混凝土砌块

主要用于围墙的结构体。通常情况下的处理大致有瓦工抹灰、贴瓷砖和喷涂等几种。造价比较低且施工简单，故被广为采用。需要注意的是，在施工中应打好基础和布置钢筋。

2）饰面混凝土砌块

这是一种表面被浇筑或錾凿成石材和砖块形态的饰面砌块。其特点是，因不需再做处理，故施工非常容易。而且，其中还有各种各样颜色、质感及用于绿化开口的砌块，是一种给设计提供了方便的材料。

3）混凝土

同混凝土砌块一样，作为结构体可以在其表面进行加工处理。通常在设计中为了产生混凝土的质感，都采用浇筑饰面和表面錾凿处理。而且，还能够制成曲面和曲线形等各种形状。通过改变接缝形态和模型材料，会形成自由度很高的设计。但是，在施工过程中，一定要对模型的制造质量、分段画线定位和混凝土浇筑等方面给予足够的重视。

4）砖

砖的质感非常好，用其造出的围墙表面无生硬感。而且，因其多为进口货，在色彩和质感方面的选择余地很大。利用那种有如积木的开孔砖，可以产生各种各样的设计效果。然而，如全部使用砖来建造高围墙，在结构上会受到法律法规的限制，因此只能作为混凝土砌块围墙或混凝土围墙的装饰材料使用。

5）瓷砖

作为装饰材料使用。形状以正方形、片状、双顶头长方形、顶头和马赛克等为主；基本上是陶瓷材质，分为施釉和无釉2种。利用瓷砖可做出各种各样的设计，并与多种造型相对应。施工上要注意的地方是，瓷砖的画线定位、角落和顶端处的粘贴等。

6）瓦工材料

作为一种特殊的工艺手段，有堆土墙和涂漆等；但一般多采用涂抹水泥灰浆的方法。灰浆内掺入着色剂和装饰骨材，使用镘刀和抹子勾画出图案，成为具有多样性的设计，也是一种受到广泛欢迎的材料。缺点是，时间一长，围墙上便布满明显的雨痕和污渍，必须定期地进行维护和清理。

7）喷涂

以丙烯着色灰浆和喷涂瓷砖等合成树脂材料为主。因系使用喷枪作业，不仅施工周期短，而且表面处理均匀。喷涂作业结束后，再使用压辊或抹子在表面勾出图案，可使设计效果大大提高。需要注意的是易沾污渍问题，这一点与6）的瓦工材料相同。

8）木材

既可用于结构体，也可以作为装饰材料使用。其柔性的质感与植物具有很强的适应性，看上去非常美观。至于使用的木材种类，除了杉、松和柏等日本产树种外，还有美洲松（Doughlas fir）、南方黄松（Southernyellowpine）和红杉（redwood）等北美及北欧树种；印茄、菩提、马来甘巴豆和坤甸铁木等南洋树种。其中尤其以南洋材的质地细密坚硬、比重大而为人们称道，再加之维护比较容易，被得到广泛使用。但不管是何种木材，因都存在腐朽和虫噬的问题，故须定期进行维护。

9）石材

像从前的大谷石（日本栃木县大谷一带出产的凝灰岩，类中国的砂岩。——译注）围墙那样，直接将石块堆积起来造墙的方法，因其存在强度问题，目前已很少使用。现在，石材一般都是作为装饰材料使用。其中使用最多的石材的种类是花岗岩；除此之外，主要有砂岩、石灰岩、石英岩、安山岩和大理石等。经处理后的形状，一般多为人工切割成的瓷砖状，再经烧结、打磨和琢面处理，使其表面产生自然的肌理感。石材虽说是围墙材料中价格最高的，但因其经久耐用，外表美观，故仍被大量使用。这是一种可以在设计中适当地将其用在重点突出部位的材料。

10）生态材料

大体上可以分成墙面绿化材料和再生材料。在墙面绿化材料中，又可分为混凝土制的砌块式、金属或树脂制的植物基盘护墙板式和培植箱+辅助材料（织网和钢丝等）式等多种系列化的制成品；而再生材料则是利用各种废弃材料制成的砌块和瓷砖等。

11）其他

最近，因维修不方便日益少见的竹垣（圆筒竹垣、花格竹垣和四孔竹垣等）、代替木材的木树脂材料和枕木又重新进入人们的视野。如果局部使用的话，俏皮美观的玻璃板也是人们常常选用的材料。此外，还有冲孔铝板和带孔钢折板等金属材料，因其外表时尚，也常被用来作为令造型鲜明的材料。

ⓑ 栅栏的材料

1）金属材料

这是构筑栅栏最普通的材料。其种类主要有，铝型材、铝铸件、钢网、不锈钢和锻铁（wrought iron）等。作为制成品，厂家提供了多种多样的规格形状，价格也有高有低，可供选择的范围很广。这是一种采用柔性设计方式，制作起来比较容易的材料。而且，几乎不需要维护，因其耐久性很强，得到非常广泛的使用。

2）木材

木材的种类与围墙的材料相同。近年来，天然材料因其具有肌理柔和温润和加工便捷的优点，使用得越来越多。通常情况下，采用的手法多半不外乎在纵横格子或斜格子的格构上爬满攀缘植物。但最近，一种新的设计又逐渐多起来，即将边长100mm的角型材排成列柱的形式。

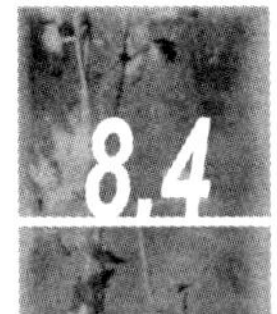

围障的绿化和树篱

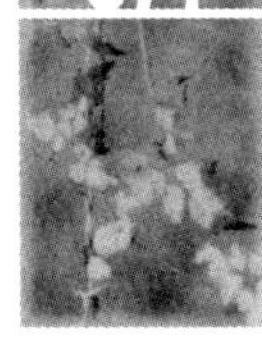

围障对道路景观效果的影响很大。然而，只是一道普通的围障，则会让景观变得十分枯燥乏味，因此必须要对其进行绿化才行。通过绿化会产生季节感，并可减缓围墙的压迫感。而且，如果绿化的对象是构成栅栏等的穿透式材料，还有可能增强遮挡视线的效果；并使连续单调的景观产生了变化。从设计角度上说，具有必须绿化的意识是很重要的。

表1列出了围障的主要绿化手法及适于栽种的植物。下面，让我们分别加以阐述。

ⓐ 从围障顶端开始的绿化

将围障顶端制成培植箱，以枝条下垂的植物进行绿化。但因易干燥，应该选择那些耐干旱的植物，并要考虑安装自动喷水装置等（图24）。

围障绿化手法及其适于栽植的树种　　表1

绿化手法	适于栽植的树种
自围障顶端绿化	迷迭香、迎春花类、茉乔栾那、牵牛花类
自围障脚下绿化	
地衣、灌木类	西洋石竹、杜鹃类、金丝桃、大花六道木、
葛藤性（吸附性）	石藤、常春藤类、藤蔓八仙花、爬山虎
葛藤性（翻卷、缠绕性）	毛茛类、棘忍冬、皇冠茉莉、木香花
墙面+树木（树墙）	秋田胡颓子、火棘属、五爪枫、迎春花
端头绿化	金眼黄杨、月桂、山茶、常绿金缕梅
中间段绿化	木樨、月桂、橄榄、五爪枫
树篱	
一般形态	刺叶木樨、光叶石楠、常绿金缕梅、犬黄杨
开放形态	黄杨、芦荻、满天星、金眼黄杨
高树篱	白柞、粗构、紫杉、土松

ⓑ自围障脚下绿化

1）利用地衣和灌木类

依靠自道路边界后退的方式，将腾出的空间设置成绿化带，以自脚下开始绿化（图25）。绿化带的宽度以100～600mm较为适当；当然，这要取决于宅地状况以及想要栽植何种树木。假如绿化带过于狭窄的话，植物更易受干旱的侵扰，因此在选择树种时应格外留意。不过，绿化带的宽度如果在300mm以上的话，对于大部分植物的栽种都不存在障碍。

2）利用葛藤类植物（具有吸附性）

通过在围障脚下栽种吸附性的葛藤类植物，便可以使墙面绿化（图26）。采用此种方法不仅费用最低廉，而且绿化率很高。这样的绿化方法所需要的植物带宽度的最小值，可以压缩到100mm左右，因此也非常适于狭小宅地内的绿化。

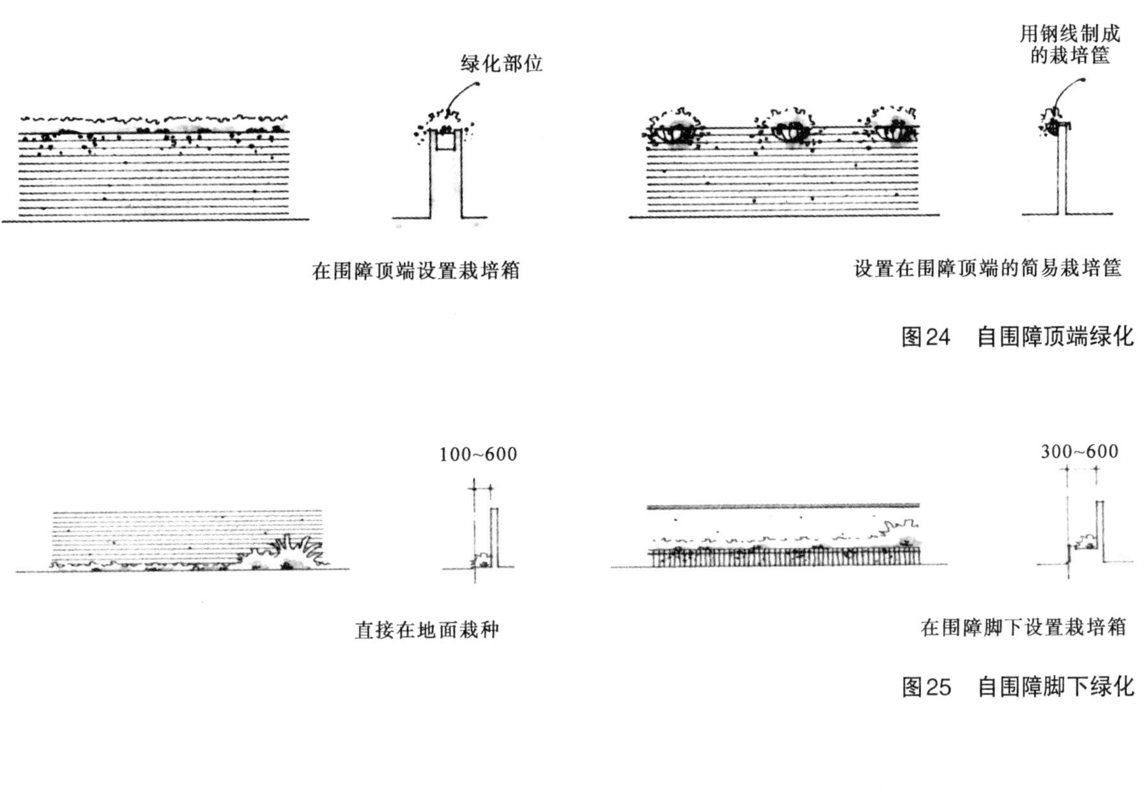

图24 自围障顶端绿化

图25 自围障脚下绿化

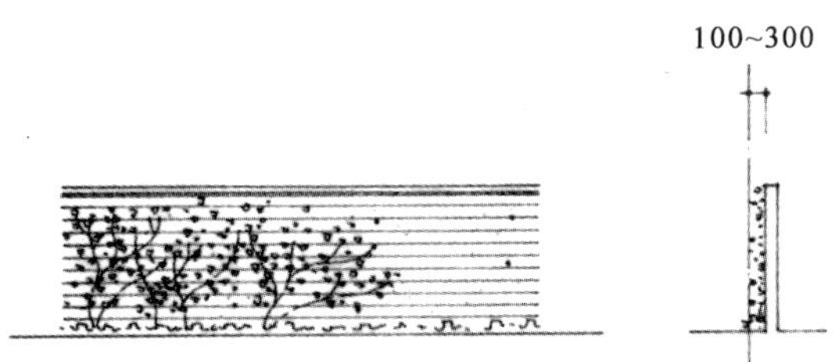

图26 绿化整个墙面

3）利用葛藤类植物（翻卷性、缠绕性）

在栅栏和围墙上设置辅助材料（如不锈钢网和钢线等），以利于植物的枝蔓在其上生长，从而达到绿化带目的。具有翻卷性的植物种类非常多，而且大多开的花朵和结的果实也很漂亮，因此这是一种值得积极加以利用的方法（图27）。

4）墙面+树木（树墙）

这种绿化手法是，将果树一类的树木枝条向墙面引导，使其贴着墙面生长，婀娜多姿的树木形态，在墙面衬托下形象更加鲜明。葛藤类以外的多种植物都有可能用于此种方法，并且能够在狭窄的空间里体验到造型绿化的乐趣（图28）。除了树木的造型之外，连星座和红心等形象也可以成为讨人喜欢的设计题材。

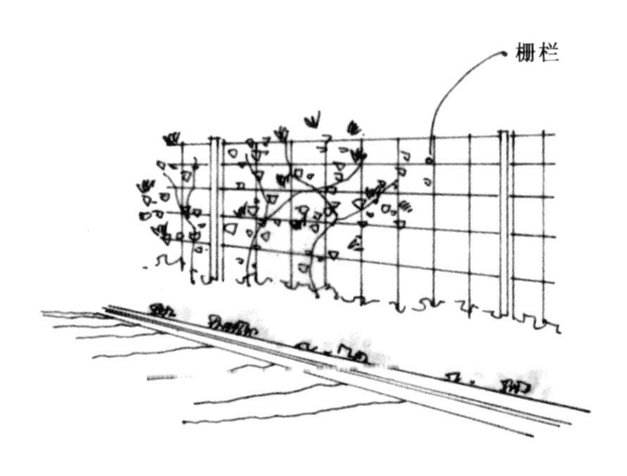

栅栏+葛藤类植物的组合

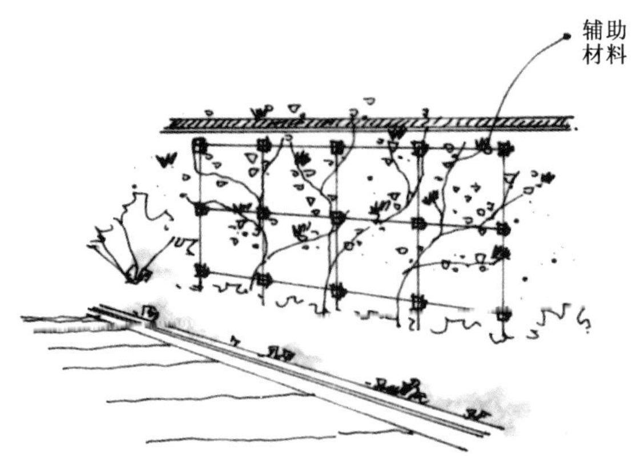

围墙+辅助材料+葛藤类植物的组合

图27 利用葛藤类植物

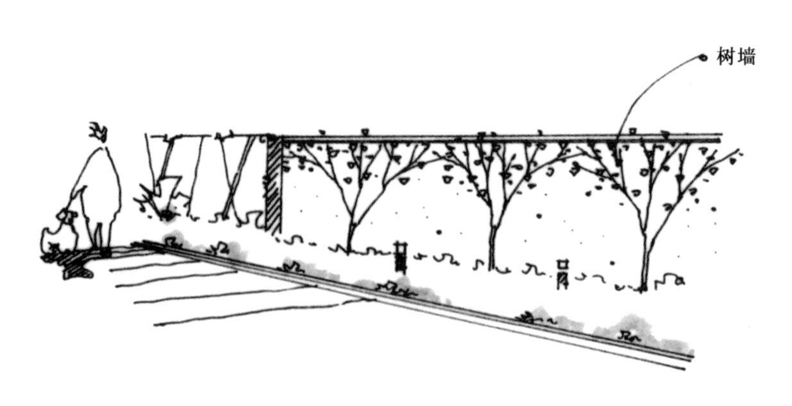

图28 造型有趣的树墙

ⓒ 端头的绿化

通过对围墙和栅栏端头的绿化，会使围障看上去更令人感到亲切，同时也让其形象更加鲜明；而且，还使样式和高度发生改变的部位的连接显得更自然。对此比较适宜的树种应是常绿中木，并要加以修剪（图29）。

ⓓ 中间段落的绿化

如果是一段连续较长的围墙或栅栏，只采用一种绿化方法就会显得十分单调。因此，应该在围障的中间段落插入栽培箱或树篱什么的，以使景观产生变化（图30）。

ⓔ 特殊绿化材料

利用从生产商那里买到的各种绿化材料，对墙面的整体或其中之一部进行绿化，尽管其成本可能会高一点儿，但被覆的速度很快，并配置了给水设备，不必再担心植物因干旱而枯萎的问题，这应该算是一个很大的优点。而且，近来还有诸如绿化块、绿化墙和苔藓贴砖等各种各样类型的栽植物问世，因此可供选择的范围十分广阔。

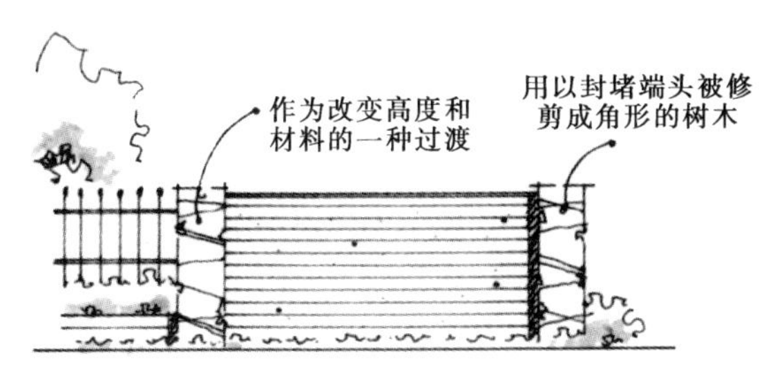

与连续部位的平衡

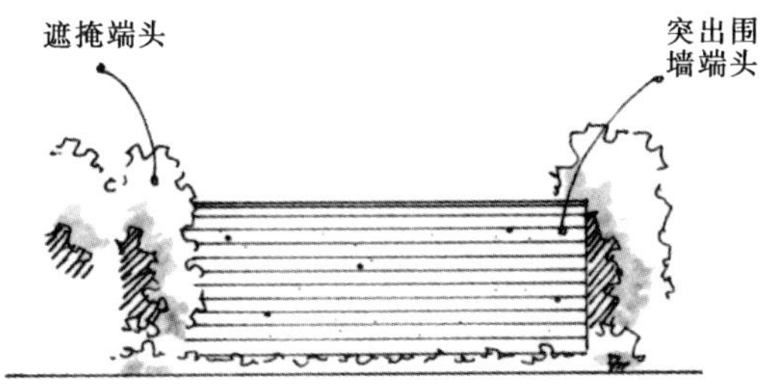

使围墙的形象更亲切、更鲜明

图29 围障端头的绿化

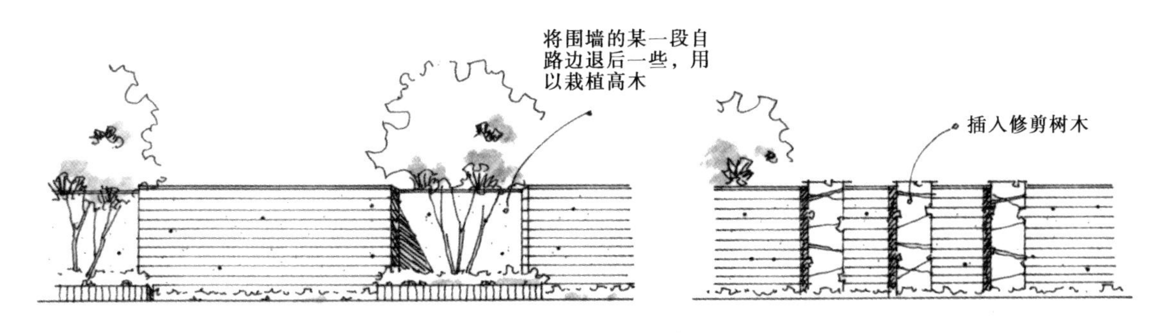

使用栽培箱或让围墙局部后退产生的变化

插入的树篱让围墙产生动感

图30 围障中间段落的绿化

❻ 树篱

由各种各样的高度和形状构成了树篱的不同形态，不同形态的树篱其作用和功能也各异。而且，适应各种形态的树种同样是有差别的。

1）一般形态的树篱

一般形态的树篱，以人的水平视线高度作为其高度的基准；因此，由树篱构成的空间形象既可能是明亮开放的，也完全可以是封闭的。通过在围障脚下栽种灌木和地衣之类的植物，可以形成二级树篱和混合树篱，使这里变成一个充满季节感的空间（图31）。

2）开放形态的树篱

这是一种对应开放形态的建筑外部空间的树篱。虽然从意识上说是隔开的，视线是可以穿透的；但由于树篱具有较大的宽度，想翻越进来也是很困难的。通常，像这样的树篱都要栽植2～3列树木，而且修剪的形状也非角形；而是球形或处理成其他各种自然形状（图32）。

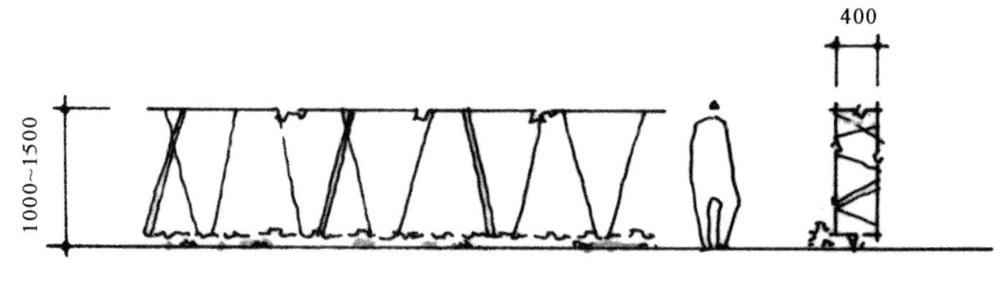

图31　一般的树篱

图32　开放形态的树篱

3）高树篱

这是一种主要用于防风和防尘的树篱，因其体量庞大，根据情况需要进行管理时，其工作量也很大，故作为普通住宅很少采用。然而，如果你很在意从邻舍二层上投来的视线，或者前面道路上的车辆很多，作为一种应对废气的措施，这应该是一种有效的围障（图33）。

4）由低、中和高木混植形成的树篱

这是一种最适于开放形态建筑外部空间的树篱。通过各种树木的巧妙布置，既可以满足采光和通风的需要，又能够保护住宅内的私密性。而且，由于栽种的植物繁多，因此，美丽的鲜花、丰硕的果实和殷殷的红叶交相辉映，将庭园及街道也装点得很富有诗意和季节感（图34）。

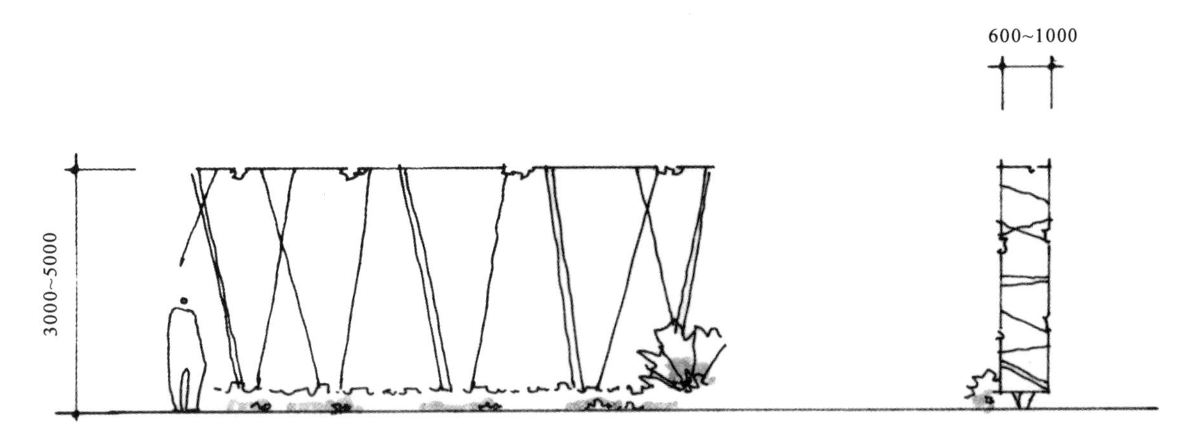

图33　高树篱

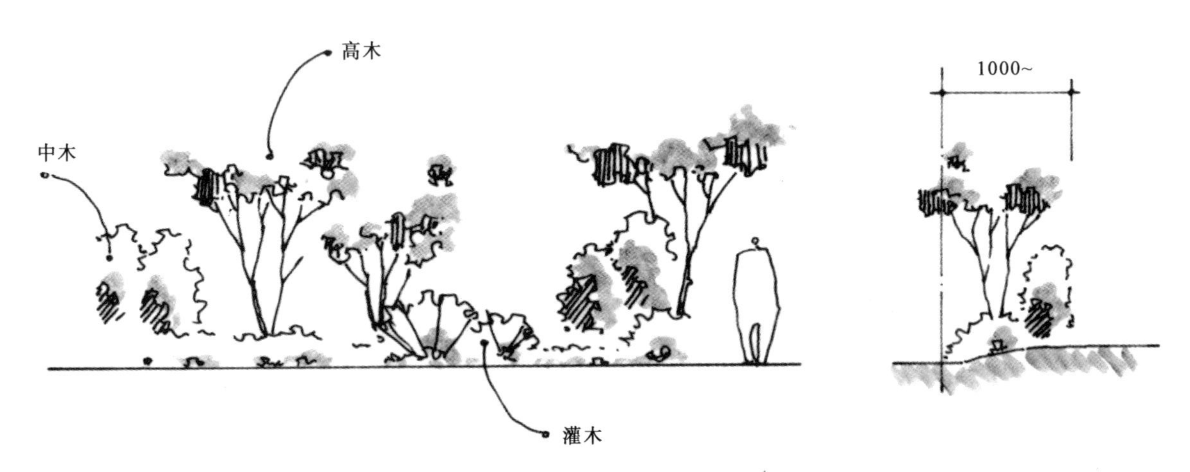

图34　混植的树篱

事例1 兼顾开放感和私密性的围障

即使在开放的建筑外部空间，在平面设计上也要注意保护起居室和阳台等朝外部分的私密性。

在与开放的入口相连的区域内，要以边长10cm的木方列柱和树木柔性地隔断开来。打开阳台前面的窗子，可见到2面高度不一样的墙，高度约为1600～2000mm左右。外侧放有长椅和凳子，作为中间领域，成为与孩子们及近邻的居民交流的场所；而内侧设置照明和棚架，当做房间的墙壁使用。坐落在上部的蔓亭，爬满了葡萄和鸡蛋果等葛藤类果树的枝条，给景观更增添了看点。

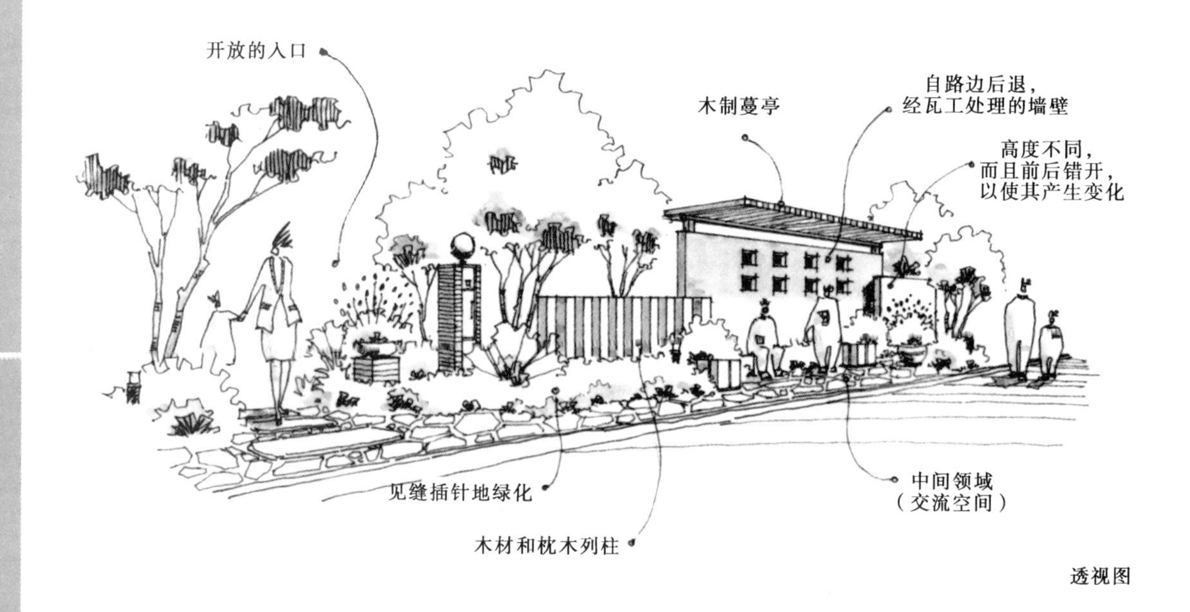

透视图

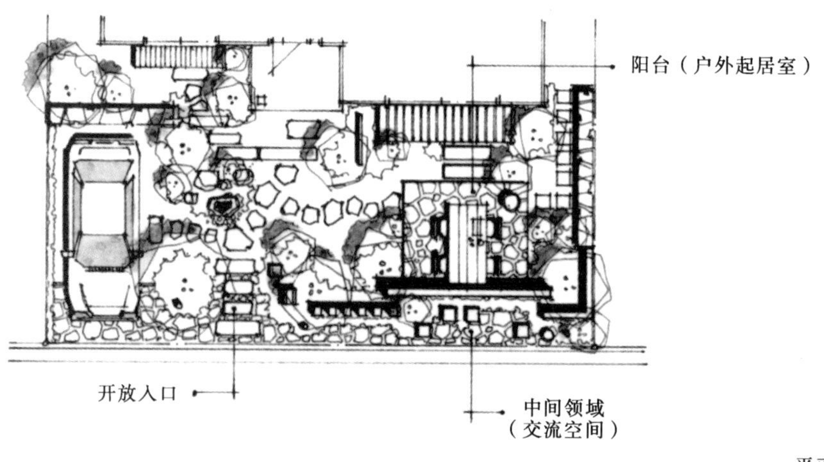

平面图

事例2　选用减缓压迫感的材料及其设计手法

高围墙（1500mm以上）会对街道和庭园产生压迫感，并对日照和通风造成不利影响，因此需要在设计上采取一些办法，以克服这些消极因素。A的上部设有百叶窗，其上下使用的材料是可以相互代替的。B则是在墙的视线水平高度位置开窗，并用鲜花加以装饰，目的在于减缓其压迫感。C系在围墙中间段留出一道道竖缝。

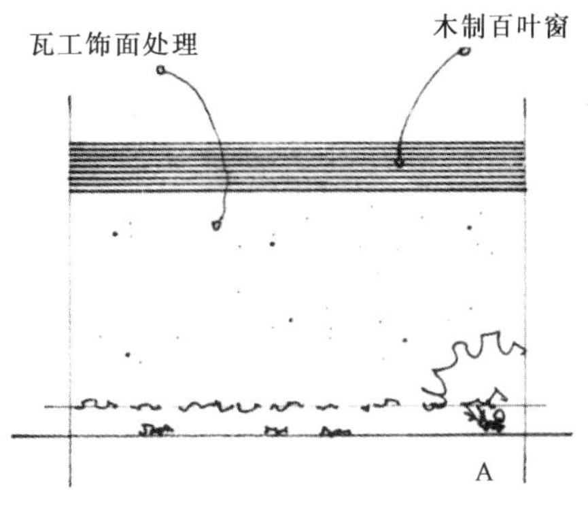

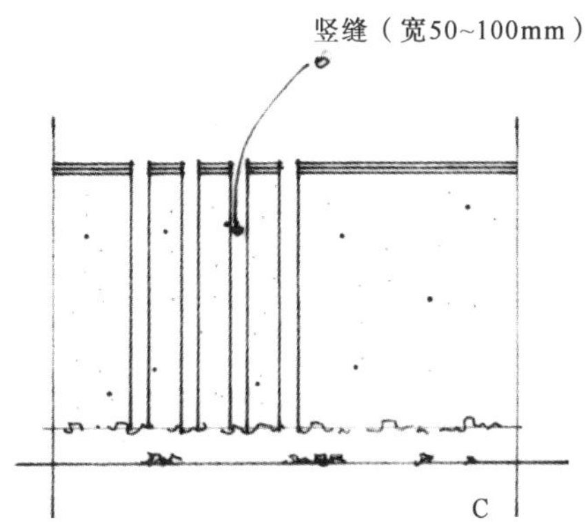

事例3　利用不同材料和高低差而采用的设计手法

虽然是一般高度（1000～1500mm）的围障，但只要在材料（瓦工材料、天然石材和木制百叶窗）、高度、长度和前后位置等方面做些调整，再配置上植物，便能够成为一个富有变化且令人十分满意的设计。

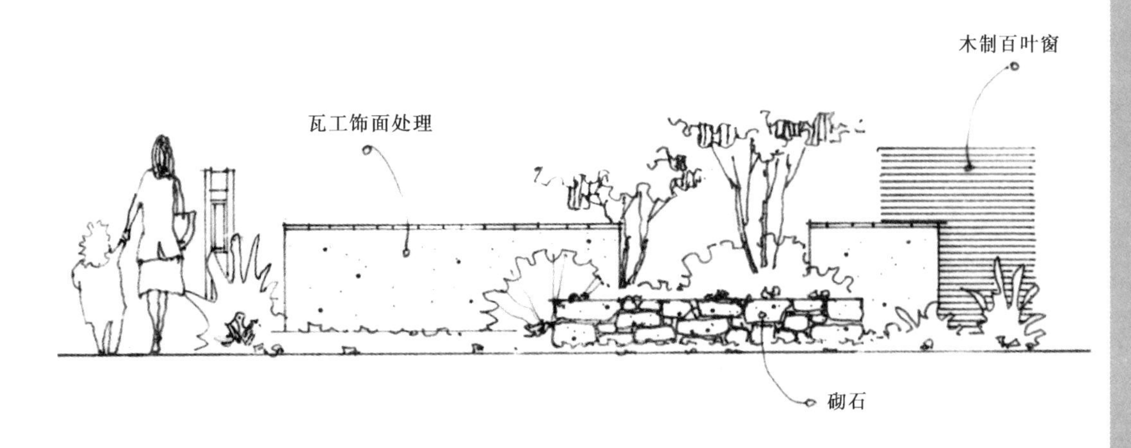

第9章

照明设计

银阁寺的向月台（京都市左京区）

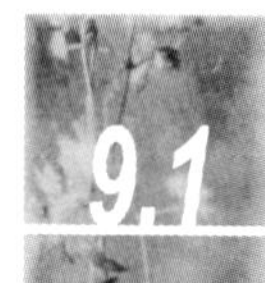

9.1 建筑外部空间照明的作用

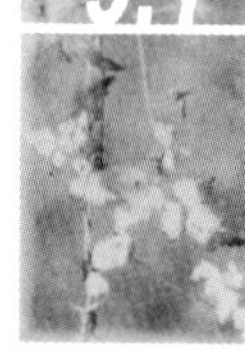

在建筑外部空间的设计和花园设计中，往往只把背景时间段放在明亮的白天；但与此同时，也应该顾及到加强住宅区的防范措施以及住宅所在的整个社区街道景观是否优美的问题。因此，建筑外部空间在夜间该是什么样子，也引起了人们的注意，并成为设计中的课题之一。另外，换一个角度看，一年四季当中，有一半的时间是黑夜。特别精心设计的庭园以及作为自家住宅门面的正面设计，一到夜间就变得朦朦胧胧的，这能够称得上是一个好的设计吗！本章将要阐述的，便是与此有关的建筑外部空间照明设计问题。

ⓐ 确保夜间的安全性

为了在夜里回家或来往经过时不至于绊倒，需要在引道和台阶处设置照明，以能够清晰地辨认出台阶的级差和障碍物（图1）。尤其是现代已步入少子老龄社会，到了2015年，将进入超老龄社会，每4个人中便有1人是老龄者。因此，关于如何让夜间行走更方便、更安全，则是在设计中必须注意的要点问题。

成为绊倒原因的级差，不仅是指台阶，在从大门周围及道路至入口的引道上，有时也存在一些小的级差，因此必须设置照明以确保脚下的安全。

ⓑ 渲染夜间的氛围

人们在白天见到的美丽的庭园，到了夜间仍然希望乐在其中。被灯光映照着的幽暗中的花草树木和饰面的瓷砖，以其模糊的肌理和迷离的阴影，装点着一个童话般的世界，整个庭园都被渲染出浓郁的幻想氛围。

假如不仅自家设置了照明，而且还将设置的照明与邻舍的照明调和起来，连成一体，则在营造出街区夜间景观的同时，又可以加强整个社区的安全性。

ⓒ 享受夜生活

建筑外部空间，白天和夜间的样子是完全不同的。费尽心思建成的一座不错的庭园，假如一到夜里便无法享用，会让人很扫兴。何况那种仅以欣赏景观为目的的建筑外部空间，夜晚更是完全闲置在那里。我们何不将其充分利用起来，从早春到秋天这段日子里，在外面一边乘凉，一边啜饮着啤酒，吃着烤肉，积极地享受庭园中的夜生活，岂不是紧张劳作后的一大快事（图2）！

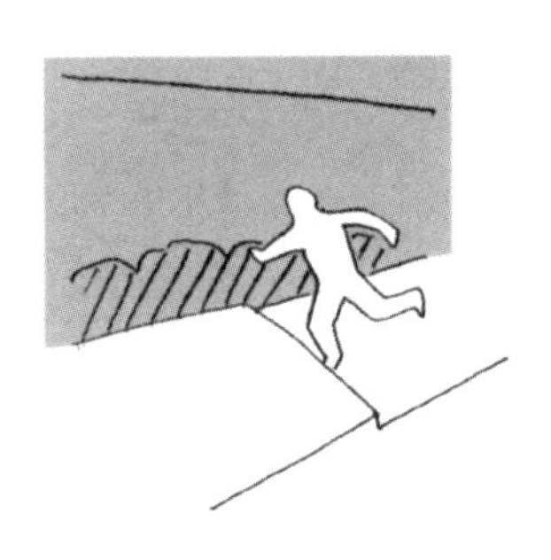

图1 设置照明以防止跌倒和绊倒

图2 享受夜生活

ⓓ 提高防范性

犯罪案件多发生在夜间。从各地反映的情况来看，由于夜间设置了照明，因此发生犯罪案件的现象确有减少的趋势。“提防歹徒和盗贼”、“设置防范用的照明”是居民的普遍需求。有人曾对正在狱中服刑的犯人做过调查，这些犯人都是那种专门趁家中无人行窃的盗贼。从调查的结果可知，犯人们普遍觉得“如果有路灯之类的照明，容易被人发现，很难破门而入”。由此可见，为了减少会容不法者藏身的阴暗处，设置照明有多么重要（图3、图4）。

此外，还可以采用一种带传感器的照明灯具，它能够利用红外线，当检测到有人出现时灯立刻会点亮。这不仅提高了防范效果，而且还节省了能源（图5）。

红外线传感器除了这样的功能之外，还可以做出其他的各种动作。

譬如，将自动闪烁器和时间继电器与红外传感器组合在一起，当傍晚天一暗，先是以节能方式让灯点起来，过了设定的时间段后，又自动由节能方式转换成防范方式。而且，这些控制方式是可以根据其用途和情况任意选择的。

图3 警戒不法者的照明

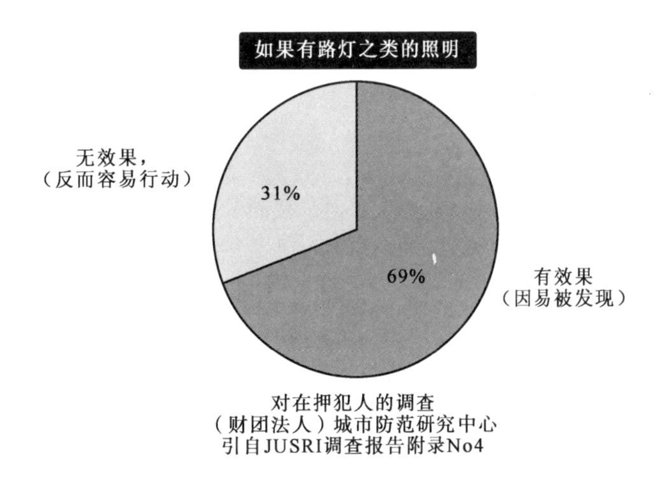

图4 照明对防止犯罪的作用

即使黑暗，但无人时也灯灭

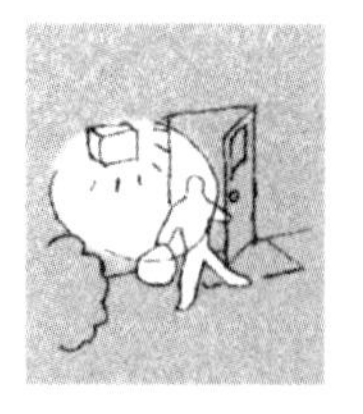
当两手提物时，灯亦会因感应点亮

人消失后灯灭

不法者一靠近，灯会因感应点亮

人走过以后，灯会自动灭掉

图5 带红外线传感器的照明

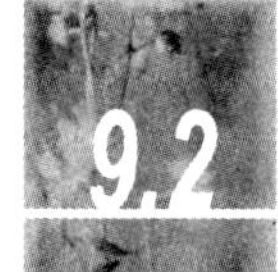
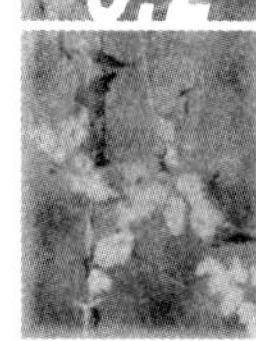

9.2 分区照明设计的要点

在建筑外部空间中，有关照明设计所需要的区划，主要分为门周围、引道、停车空间、主屋前庭园和家务院（侧院及后院）（图6）。

ⓐ门周围

有关门周围的照明设计要点，主要有以下3个。

1）将门周围全部照亮

首先，要识别来访者和保证夜间行走的安全。具体地讲，应该照亮的部位包括门周围出入口的台阶和一直到入口的引道。并且，还应根据有无围墙、围墙高度和栽种树木的状况等来确定照明的方式及其亮度。如果采用白炽灯的话，功率应在40～60W之间；而荧光灯只要有10～15W便可以了（图7）。

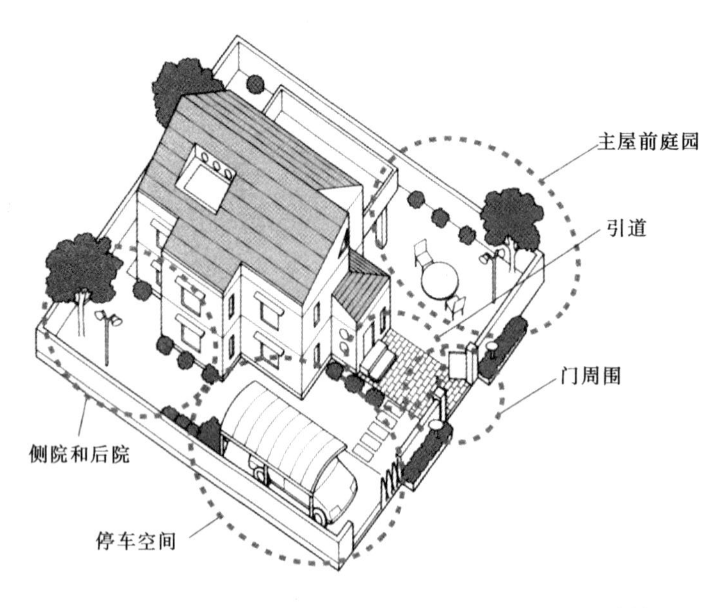

图6 照明设计的区划

①入口门廊
从高处照亮门周围及整个空间
②引道
从脚下照清地面和栽种的植物。使之不存让来访者和归家者不放心的阴暗死角
③门周围
在控制与视线高度相当的眩光的同时，照亮铭牌、脚下和前面的道路。清晰地显示出住宅的私人空间界限和台阶的级差

图7 门周围的照明设计

2）营造作为家的象征的氛围

要在设计上让归家者感到放心，还要照顾到夜间的景观效果。而且，出于防范上的需要，应安装自动照明开关，灯光要一直亮到翌日清晨。如果从经济性上考虑，或许选择荧光灯更合适一些。在开放型的建筑外部空间，一般都将灯具安装在门柱上或门墙上；但也可以考虑在门前设置柱灯和聚光灯等。

3）照亮铭牌和对讲机等

要注意灯光不能炫目，并使得铭牌与邮政信箱投入口照明的设计平衡。由于安装在门柱和围墙上的门柱灯有可能会照不到某些地方，因此还应该为这些地方设置专门的照明。如果是白炽灯，建议使用功率为10～25W的；荧光灯则为6～15W；铭牌专用的照明器具还是选用LED比较好（图8～图10）。

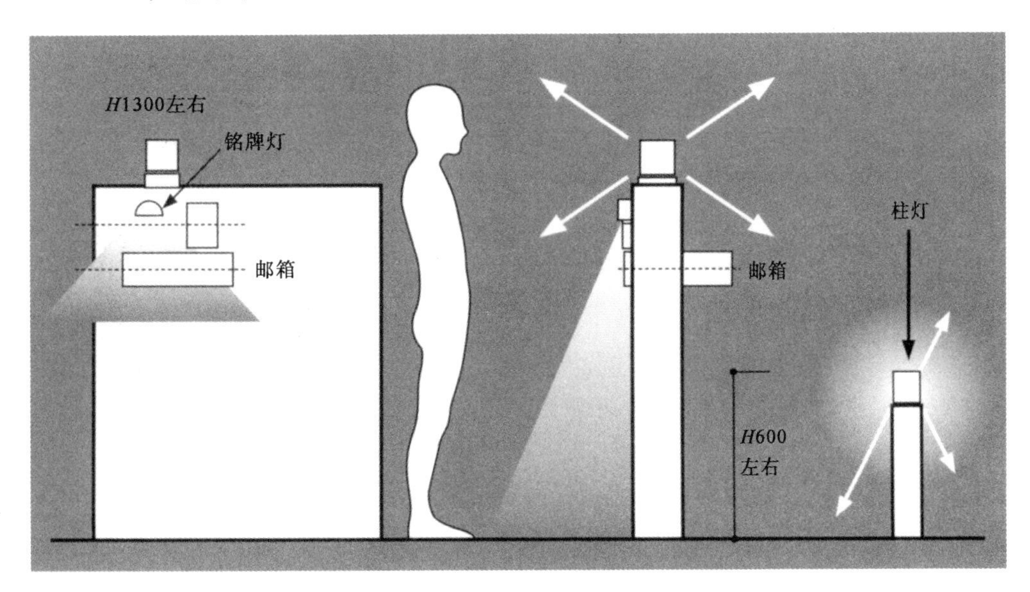

单靠门翼墙上的灯照不到铭牌和脚下。因此，铭牌和脚下的级差需要单独的照明

图8 门翼墙高度为1300mm以上时的照明设计手法

图9 门翼墙设置的灯具所照亮的范围

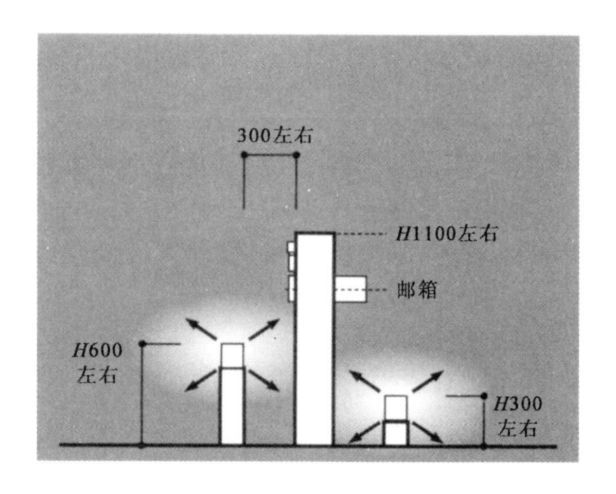

图10 门翼墙较低时的照明手法

ⓑ引道和外楼梯

引道和外楼梯的照明设计要点，基本上有以下3个。

1）照亮直至入口的路面

确保夜间行走的安全，使来访者感到放心。

2）引导至入口

使灯光具有连续性，作为可见的亮点将人引导至入口。

如果引道较长，且为一条直线，照明灯光应与引道平行成列布置，以提高引导效果。如同在和式庭园中经常看到的那样，如果引道距离较短，且线路曲折，照明应采用锯齿形配置方式，这样会产生富于变化的效果。

如果是柱灯，使用的高度为600～1000mm。至于功率，荧光灯约为10～15W；白炽灯40～60W。设置间隔约为5～6m。假如其高度只有300～400mm的话，设置间隔可缩小到3～4m；LED和10W的白炽灯的标准设置间隔应在2～3m左右。如果照明器具系采用埋入地下的方式，则即使再狭窄的引道，也不会构成对通行的妨碍（图11）。

此外，在引道深处植有形象树的情况下，利用灯光将其照亮，则具有显著的引导效果。

埋入式灯具的布置间隔为2～3m

荧光灯具发出的光反射到墙壁上可有效地营造空间氛围

图11 灯光自墙壁反射至引道上的照明手法

3）灯光应使外楼梯的踏步和踢脚清晰可辨，让人放心地行走

在设有台阶的地方，必须考虑到其难以辨别的程度（图12）。如果是在围墙等处安装脚灯，灯的位置应高于踏步300～400mm，并要分别配置在最上一级和最下一级。如台阶超过10级，则尚须在中间段设置照明。

选用的功率，白炽灯为5～10W，荧光灯为6～9W。最近正在成为主流的，是那种集成式的LED脚灯（1～2W）。

从经济上考虑，最好利用红外线传感器，因为它只在有人经过的时候才使灯点亮；但从防范和景观的角度上看，却又巴不得灯光一直亮到深夜。

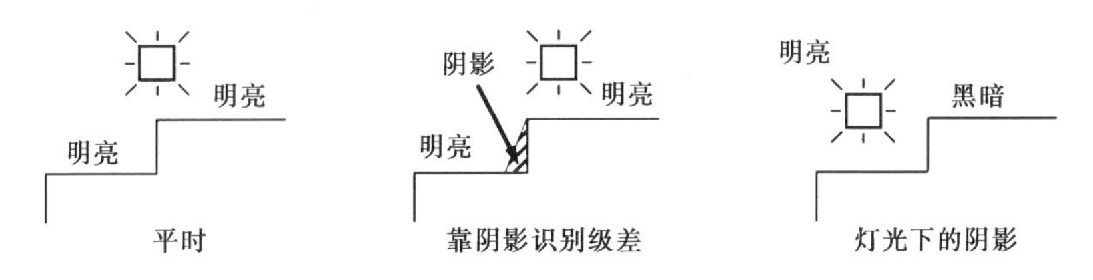

图12 考虑到辨识的难度

ⓒ停车空间

停车空间照明设计的要点，大体上有以下2个。

1）确保足够的亮度

要确保人员乘降、物品装卸和汽车出入时有足够亮度的照明。所需要的照明功率，白炽灯为40～60W，荧光灯为10～15W。

2）确保防范性

为了珍爱的汽车的安全以及防范的需要，应设法不留下阴暗的死角，使侵入者难以躲藏。要尽可能在汽车的对角线上方设置2只灯来进行照明。使用红外线传感器，也是一个有效的办法。

ⓓ主屋前庭园

主屋前庭园照明设计的要点，可举出以下3个。

1）欣赏夜景

夜里的灯光与白天的自然光给人的感觉是不一样的，因此如何能够营造出光影平衡恰到好处的夜景亦并非轻而易举之事。如果设置多只小型灯具，就会形成灯光与阴影的律动感。再将灯光自动开关与时间继电器组合在一起，则可使灯光从傍晚开始一直亮到深夜。

2）为树木及其他植物设置的照明

关于利用灯光给树木照明，作为一种典型方式，是将灯光直接照射到树木上，以使其看上去更生动，或将灯光先照射到背后的围墙和建筑物上，让人欣赏到树木映在墙面的剪影（图13、图14）。至于使用的功率和光源的种类，则因树

木的高低及枝条水平伸展的程度而有所不同。大体上说，如果是高度3m以上的树木，使用的白炽灯功率为75～100W；而高度2～3m左右的树木，使用功率为40～50W的白炽灯比较合适。

从经济性上看，使用荧光的聚光灯虽然存在照射得不够远的问题；可是，假如功率有25W，也能够照亮高度2～3m的树木。而且，荧光灯还分别具有与白炽灯泡色调相近的灯泡色以及让绿色显得更加生动的昼白色，可根据需要进行选择。

图13 照亮树木背景的照明手法

	中高木（3～5m以上）		低木		地衣类	花木
	树形美观的树木	枝干挺直树叶稀疏的树木	针叶树类	群生的美丽低木		
	四照花、山桃、辛夷、南天竹、松	菩提、乌饭野茉莉、钓樟、橄榄、竹	针叶树类、侧柏树等	杜鹃、映山红、玉帘、红山梗、红光叶石楠	草坪、龙须	樱、梅、红叶
照亮	按体量使用2只灯	直接自最下方照射	灯光自下面扫上去	下面的配光	扩散光从上面扫过	照射树叶背面
形成剪影的手法	均匀扩散	均匀扩散	均匀扩散	均匀扩散		均匀扩散

图14 对树木照明的手法

3）享受多彩的夜生活

不仅仅是要欣赏美丽的夜景，为了在晚间进行烧烤、打高尔夫球的练习和全家聚集在庭园里燃放焰火等，也同样需要大范围的照明。

可供选择的照明器具类型有，能够移动的台式灯、聚光灯和高柱灯等。假如采用台式照明，则必须将灯具置于桌上，而且还会招引蚊虫来袭，考虑到这一点，似乎还是在离开桌子稍远的位置安装聚光灯更好一些（图15）。

ⓔ 家务院的照明设计

有关侧院和后院等家务院的照明设计，其要点有以下2个。

1）确保放心而又便利的照明

设置的照明应该满足夜间倒垃圾和搬运物品的需要。如为白炽灯功率要40～60W；荧光灯则需10～15W。

2）确保防范用的照明

设置的照明不至于构成阴暗的死角，使不法侵入者无藏身之地。除照明外，还应安装红外线传感器，以使防范更加严密。

图15 利用照明渲染的夜生活环境

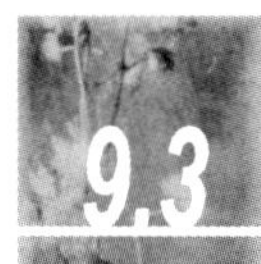
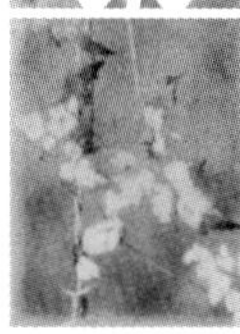

9.3 灯光开关控制

由于建筑外部空间的照明设计多半都不是与主屋住宅的照明和配线设计同时进行的，因此必须单独采用种种方法对外部空间的灯光进行开关控制。

具体说来，首先是要保证采用的灯光开关控制方法符合各区划的用途和目的；与此同时，还应该在确保灯光渲染效果、便利性和经济性的基础上，进一步考虑到防范上的需要。

①门周围：出于街区景观和防范的需要，灯光自傍晚至翌晨一直点亮

②步道：至深夜前灯光始终自动开启，之后至翌晨，在传感器的作用下，只在有人经过时灯光才点亮

③停车场：出于节能和防范上的考虑，让传感器发挥作用，只在汽车进出或有人时灯光才开启

④主屋前庭园：灯光自动点亮至深夜，或配置的开关个别开启

⑤家务院：节能及防范兼备，利用传感器，仅在有人时开亮灯光

作为经常使用的灯光开关控制器材，有根据环境亮度自动开启的、附带时间继电器的和依靠热感应工作的等多种（图16）。

自动开关控制器
- 根据环境亮度开启或关闭灯光
- 暗时开启，亮时关闭

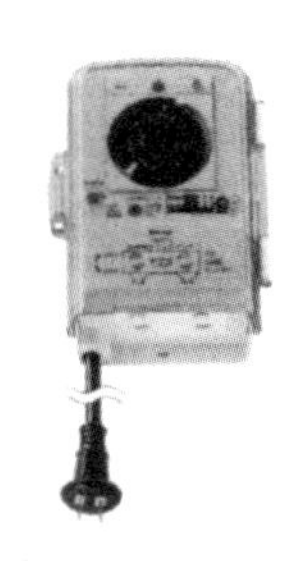

时间开关器
- 可设定开启和关闭灯光的时间
- 在设定的时间内开启或关闭灯光

带时间继电器的自动开关
- 根据环境亮度开启灯光，经过设定的时间段后再关闭灯光
- 暗时灯光开启经过一定时间后再将灯光关闭

人体（热）传感器
- 根据环境亮度及热感应开启灯光
- 暗时待机，感知热变化后开启灯光

图16 各种灯光开关控制器及其功能

事例　利用照明渲染带温室的建筑外部空间

作为一处可以舒适地进餐的空间（温室），不仅在温室内，而且在引道及庭园的各个角落都镶嵌着照明灯具，在开放式的空间中，营造出梦幻般的氛围。室外和室内分别使用了不同的照明手段，室外的灯光十分明亮，而室内的灯光柔和温馨。渲染出的美丽夜景，也让人的心情更加愉快；四处的灯光映照着可与绿色相伴的恬静生活。

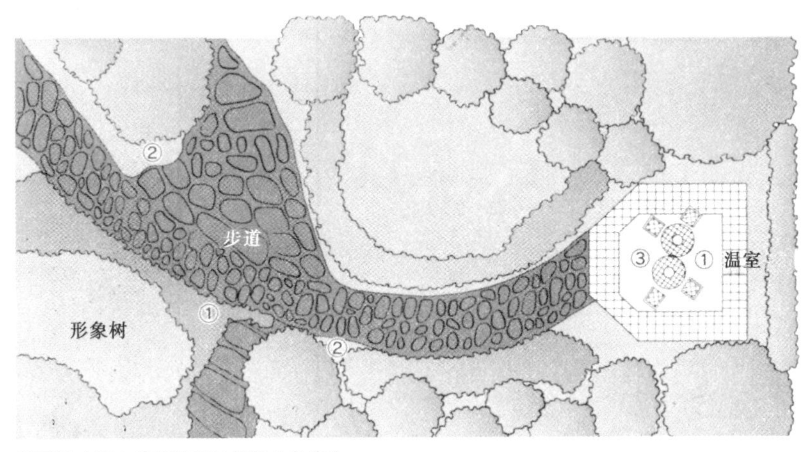

平面图（图中的编号表示照明的种类）

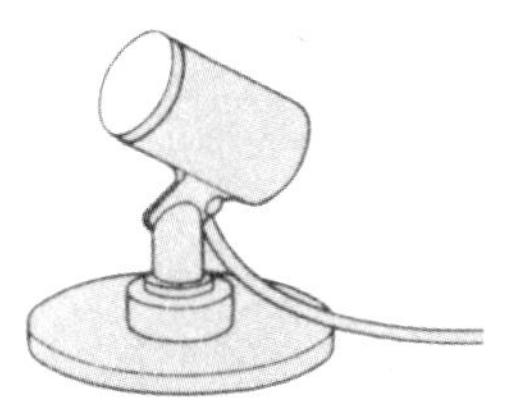

①将植物从根部照亮的聚光灯

透视图（从温室里眺望庭园）

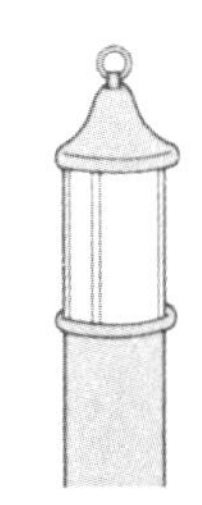

②作为一种标志和为了安全的柱灯

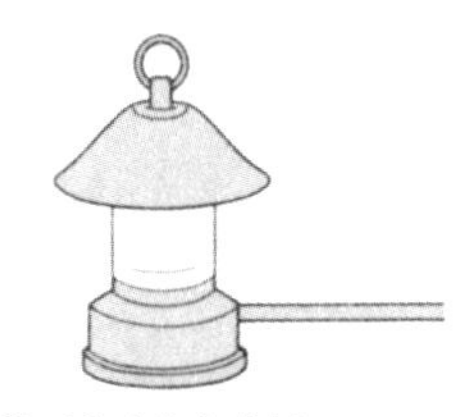

③可移动的台式灯

第10章

色彩设计

龙安寺的石庭（京都市右京区）

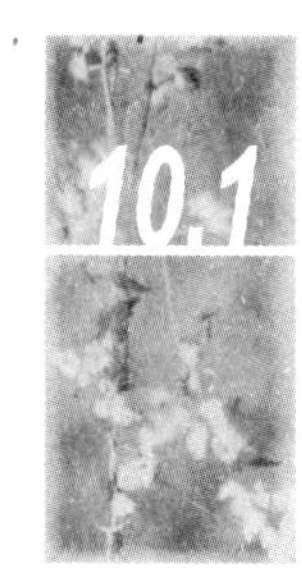

10.1 色彩的基础知识

ⓐ色相环

在进行有关色彩调节的说明之前，我们想先就色彩的基础知识多少做些介绍。

在对颜色做处理方面，一个不可或缺的工具便是被称为“色相环”的、由各种颜色组成的圆环（图1）。在约翰内斯·伊登的体系中，将红、黄、蓝3种颜色（一次色）的原色配置成三角形，这时如果将相邻的颜色两两混合在一起，便会产生橙、紫、绿等3种颜色（二次色）。再将这些颜色交叉配置在3种一次色之间，组成一个六角形。接着，通过再一次地混合，又会出现橙黄、橙红、紫红、群青、孔雀蓝和亮绿等6种颜色（三次色）。将这12种颜色的色相呈环状配置起来，便构成了“色相环”。近代绘画巨匠德拉克洛瓦使用的非常有名的色相环，一眼便可看出也同样是以红、黄、蓝3色作为基调组成的。

接下来，我们把图1色相环中的12种颜色分别标上①～⑫的编号，然后再依据其层次浓淡（gradation）细分成色数。我们把①～⑫中有如黄和亮绿这样的归类称为“组”。

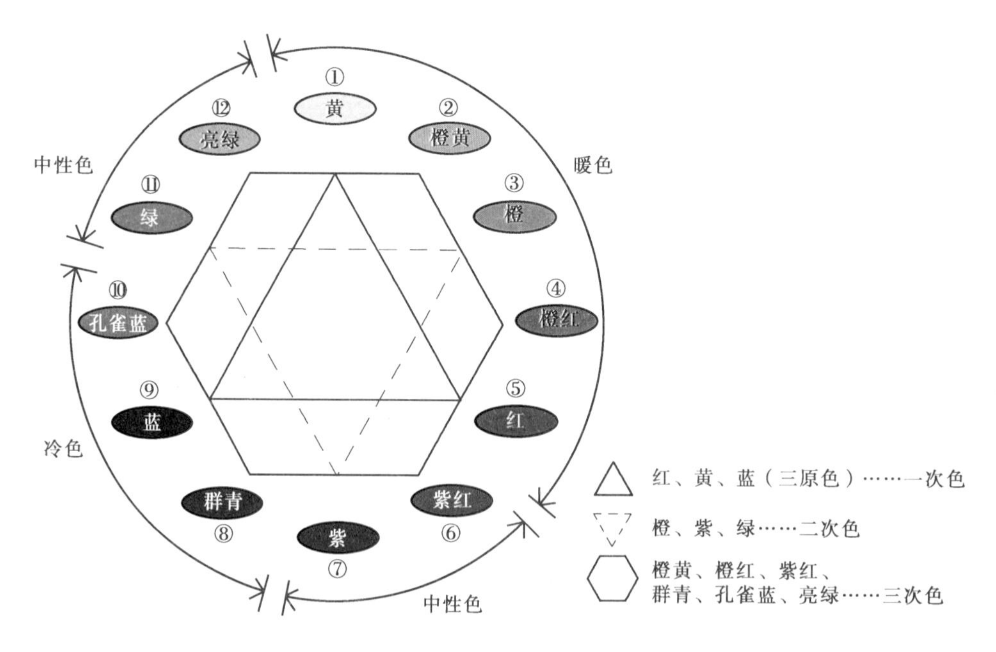

图1 色相环

ⓑ色的三要素

作为“色的三要素”（正确的叫法应为色的三属性），颜色具有色相、明度和彩度等性质。如果将这些术语变换成日常生活中的语言，“色相”即指红、蓝等

“各种颜色”；“明度”系指浓淡的“深浅程度”；“彩度”则是说的清晰或者浑浊等的“鲜艳程度”。这样一来或许更容易理解一些，而且这3个术语也是谈论有关颜色话题时必须把握的标准尺度。

然而，如果将彩度与明度二者进行比较，其中的区别还是较难理解，容易造成模糊的概念。譬如，让我们想象一下红御影石抛光和烧结处理的情景吧。经过抛光的表面，因其颜色变深，故让人觉得明度较低；而烧结处理过的石材，颜色变淡，可是明度却显得更高了。而且，由于抛光后的表面十分光滑，显不出浑浊色，因此彩度也提高了；但烧结处理后的表面却变得粗拉拉的，显现出掺杂着白色的浑浊色调，故其彩度也降低了。

建筑外部空间的现场施工结束以后，在拍摄竣工工程的照片时，如果能够用桶提些水，将其均匀地泼洒到现场的地面和门柱等处，然后再进行拍照，拍出来的照片的彩度会更高，影像更清晰，并可以得到纯色的正片。不过，一定要让这种为拍照而泼水的过程有始有终，而且不能在半干不湿的情况下进行拍照。在这样的条件下拍出的照片，会使图像的色彩斑驳，十分难看，因此务请注意。

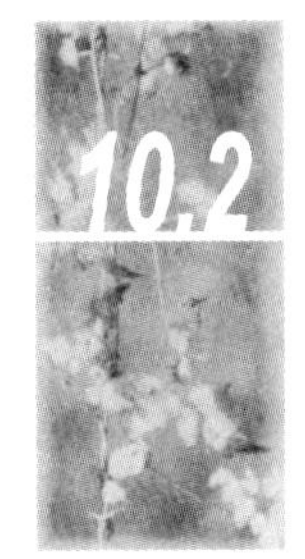

10.2 色彩调节基础

ⓐ配色的理念

在做建筑外部空间的色彩调节时，并非是在某个场所只用1种颜色就能够轻易地将色彩确定下来的，很重要的一点是，在配色过程中还需要参照环境色彩，并且将2种以上颜色与其相近的颜色进行比较后，才能够最终确定该采用哪种颜色。

为什么要这样做呢？因为色彩具有一定的相性，某种颜色会与周围相近的颜色相互之间产生吸引，使其看上去变得浓了一些或淡了一点儿；严重的话，甚至会让色相（各种颜色）也发生变化（同化现象）。

实际上，在进行住宅外墙和围墙的喷涂配色的作业时，有时即使下大气力用二三种颜色进行调配，也照样出不来理想的配色效果。其中的缘故就在于此。

下面涉及的配色方法，我们想将其大致分成3种方法加以阐述。

1）同一色相的配色

这是一种以1种颜色的色相、仅仅利用其明度差（浓淡）来构成的配色方法（图2）。由于系以1种颜色、仅利用其浓淡进行配色，因此便成为一种具有少变化的反面统一感的色彩调节。但如果使其在明度差和面积差上具有变化，效果也不错。

2）类似色相的配色

这是一种以2种颜色构成的组合配色方式。例如，像色相环中的①组与③组或①组与④组那样，是①组或②组相近色彩的配色。我们将这种各组色彩之间的关系称为类似色（图3）。当然，在类似色之间，彼此也需要浓淡的组合。

说到这种配色的特点，可以概括为，能够产生自然的谐和，并由同一色相的配色生出各种变化，使蕴含多种多样概念的配色成为可能。不过，应该引起注意的是，这些都是在相互具有个性的色彩之间进行的配色，为了不致形成彼此对于对方的干扰，凡外观看得到的部位，2种颜色的面积比例不能为1∶1，必须像1∶2或1∶3那样，让二者有一定的差距（图4）。

3）各种补色的配色

这也是一种由2种颜色构成的组合配色方式。其配色的要点在于，通过色相环（图1）中各组点点相对的配色，在⑤组与⑪组、③组与⑨组相互结合的情况下，由于是将个性完全相反的各种颜色组合起来，因此也大大地改变了彼此的面积比例，使得面积变大的颜色显得更加明亮（图3）。这是一种在建筑外部空间配色中较难的组合，如果用于店铺一类商业设施的配色，其效果更为显著（图5）。

图2 同一色相的配色

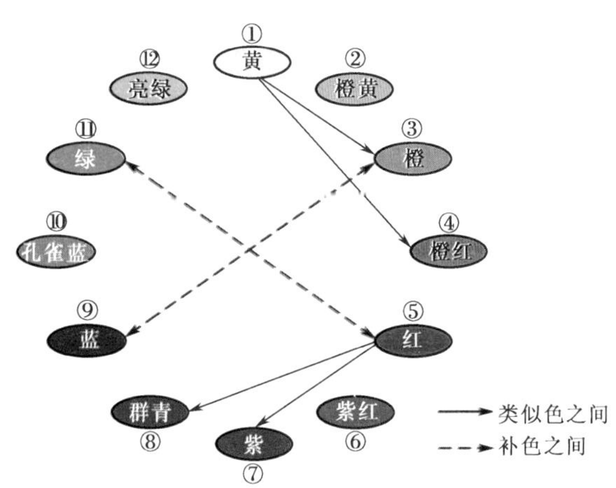

图3 类似色及补色之间的组合

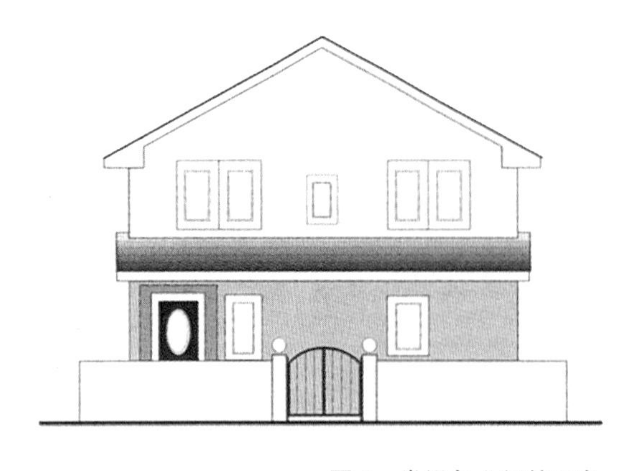

图4 类似色之间的配色

图5 补色之间的配色

ⓑ 材料与色彩

建筑外部空间所使用的材料，因为与外部相接，所以在不同的时间段和不同的天气条件下，其色彩表现和视觉印象也存在差异。即使是相同的颜色，在好天气时看到的就比坏天气时看到的要明亮，而在雨天里由于被水淋湿，因此颜色看上去要深一些。

我们在10.1小节里已经讲过，因抛光而造成的光滑质感会使红御影石的颜色变深（彩度高，明度低）；但烧结处理造成的粗拉拉的质感又让其颜色变淡（彩度低，明度高）。这样一来，就使得相同颜色的材料由于处理的方法不同，其表面显露的色彩状态也不一样。

另外，在确定建筑外部空间的处理方式时，应该禁止以样本之类的印刷品作为色彩设计的参考资料。尤其是灰色，与实际颜色相比看上去会有种显得发蓝和发群青色的错觉。由于印刷品的颜色大都不准确，而且材料的质感也不易把握，因此请务必放弃以此作为样本的打算，而要以实物为依据进行研讨。

还有一点就是那种边长20～30mm的小方块色彩样本。必须注意到，当这种色彩样本的面积一放大，便往往比选定的颜色要淡一些。

像黑色和深褐色那样明度低、彩度高的材料则与此相反，当面积放大后，由于阴影的影响，要比预想的样态显得更深一些。

ⓒ 配色的要点

1）住宅与建筑外部空间的配色

一座设计较好的住宅及其建筑外部空间，其配色也一定是很均衡的。作为一种住宅及其建筑外部空间具有统一感的配色设计方法，应该注意的要点不外乎有2个。如图6所示，在配色上应按照围墙、住宅外墙下部和住宅外墙上部的顺序，其颜色亦由深到浅。因为外墙下部颜色深、上部颜色浅，所以才能够给人以稳重安定的印象。反之，如果像图7那样，外墙上部颜色深、下部颜色浅的话，则将产生变化，成为一种富有动感的配色方式。

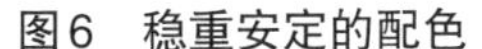

图6　稳重安定的配色

图7　富有动感的配色

下面，我们再接着谈谈有关住宅和建筑外部空间设计上的配色技巧及其理念。

在道路与宅地的高低差较大的场合，住宅基础突出于地面的台阶部分一般都呈现为混凝土的灰色，从景观角度上看，是显得十分单调的。而且，如果紧靠着这样的基础台阶部分的前面恰好是停车场的话，更是大煞风景，却又无可奈何。在这种情况下，可以在停车场地面与基础台阶的凹角处栽种植物，或将台阶的立面喷涂成与建筑外墙相同的颜色。经过这样的处理之后，便能够解决上面提到的问题（图8）。

此外，在构思停车空间地面的设计时，可考虑在地面成带状地铺设瓷砖或红砖等，就像为了停车方便设置的标志线一样；通过这样的色彩配置处理，也淡化了宽敞的混凝土地面给人的凝滞感（图9）。

与此同时，如果是在与道路有高低差的宅地内，尚应对引道台阶的踏步做些处理，纵向地贴上颜色醒目的瓷砖，让台阶的踏步表面有种粗糙的质感。这样一来，即使是眼神不好的人也能够上下自如（图10）。

图8 基础台阶部的植物

图9 成为停车标志线的带状瓷砖

图10 纵向贴着瓷砖的醒目台阶

2）栽种植物与建筑外部空间的色彩

提振住宅的背景是建筑外部空间中的栽种植物的作用，栽种植物的效果说有多大就有多大。植物叶子的颜色以绿、孔雀蓝和亮绿居多，其次也有颜色斑杂的2色叶子或其他种类颜色的叶子。在这些树木中，叶子大致可分为2种类型，一种是如常绿落叶树那样暖色调（warm）的亮绿色叶子，再有就是像针叶树那样冷色调（cool）的孔雀蓝色的叶子。那么，到底应该采用哪种类型与住宅外墙和围墙的颜色搭配合适，并将表现出怎样的效果呢？对此，我们做了个模拟试验（表1）。

如表1中图①和图②那样，以象牙色和淡灰褐色作为背景色的话，看上去很自然，而且无论植物的冷色调还是暖色调都融入草坪的颜色之中。

而像图③那样，以红砖一类的颜色作为背景时，A的暖色调植物的颜色虽然比红砖颜色显得更加明亮，可是由于红砖颜色的明度及彩度的关系，A的植物颜色却被冲淡了许多；往往在较大的背景色面积比例的作用下，反倒使红砖的颜色变得浑浊起来。这时，B的冷色调植物竟意外地与红砖的色调形成一种补色和反色的关系，看上去十分谐和，植物的颜色也变深了，使整体的形象得到了提振。

再看一下图④的情形，将背景的黄色和植物的绿色这样类似的颜色组合在一起，由于相性十分接近，因此便创造出一个轻松愉快、悠然自得的形象。

图⑤系在背景为冷色调的粉红色的情况下，尽管其形象仍然是轻松明快的，但如果与图④相比，也多少会有些偏冷的感觉；图⑤B则在冷色调植物的影响下，使冷的程度更加突出。

图⑥同样是以橙色系的背景营造出轻松明快的氛围；不过，与黄色的背景（图④）和粉红色的背景（图⑤）相比，其形象显得更加凝重。

以下，我们将一部分照片资料以图11～图14展示出来，仅供读者参考。

植物与背景色的组合及产生的形象效果 表1

背景色	常绿落叶树叶子的亮绿色（暖色调）	针叶树叶子的绿色（冷色调）	形象效果
象牙色	 图①A	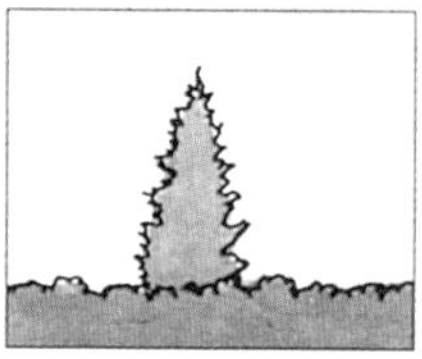 图①B	自然的
淡灰褐色	 图②A	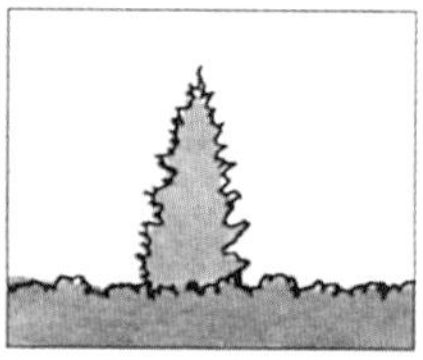 图②B	自然的
红砖色	 图③A	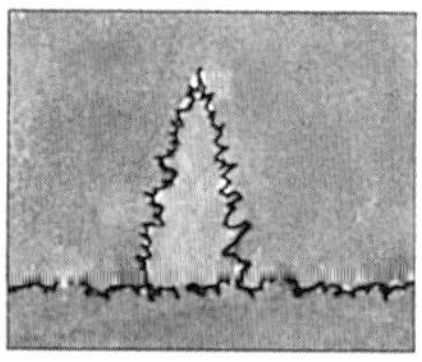 图③B	较生硬的
黄色	 图④A	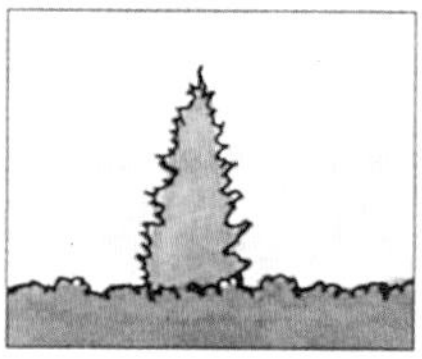 图④B	轻松明快的
粉红色	 图⑤A	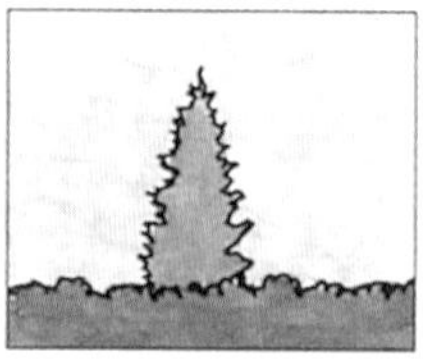 图⑤B	偏冷的轻松明快的
Orange(橙色)	 图⑥A	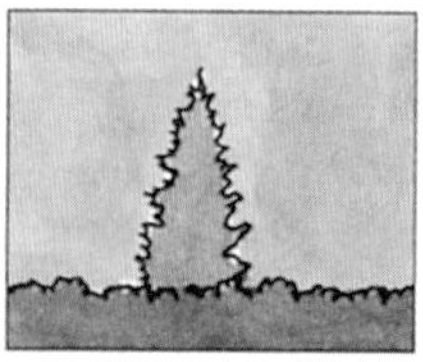 图⑥B	最轻松明快的

图11 淡灰褐色的外墙与亮绿和绿色的植物很好地融合在一起

图12 喷涂成红砖色的外墙因比亮绿和绿色的植物颜色更深，故使植物显得明亮

图13 黄色调的外墙与植物的亮绿和绿色搭在一起，给人以轻松明快的印象。加上腰墙红砖色的映衬，看上去更使人有种悠然自得的感觉

图14 将植物的孔雀蓝和绿色调与粉红色调的外墙组合在一起，给人以偏冷的印象

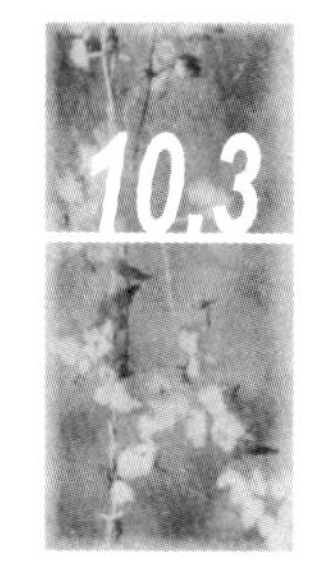

10.3 周边环境与建筑外部空间

ⓐ住宅与建筑外部空间

近20年来，在从事建筑外部空间工程的业内，都普遍认为，设计中对色彩规划的构思是必不可少的。

这一流行趋势肇始于英国式花园。先是宅地内庭园的兴起，住宅外墙从过去喷涂成白色和奶油色，转变为带条痕的黄色或橙色的明快轻松的色调；最近，甚至连围墙也采用了那种带有装饰性的设计，应该说关于色彩的运用已步入一个新的时代。

因此，在进行建筑外部空间的色彩调和时，必须要将住宅与建筑外部空间统一考虑，从而形成协调一致的设计及色彩。

为了能够做到这一点，对住宅及其建筑外部空间的形状和材料色彩进行调查显得尤为重要。而且，要在住宅的屋顶、外墙和门窗等部位的颜色，以及建筑外部空间的材料和颜色做细致入微的处理，使其富有变化（图15）。

特别是住宅的入口门廊和建筑外部空间中引道地面的铺装材料及颜色的组合，看起来很不协调的比比皆是。这一现象的产生，原因在于前者系建筑工程，后者则为外部结构，属于两个不同的业者造成的。由此可见，事先的相互协商和尽可能地多方征求意见是十分重要的。

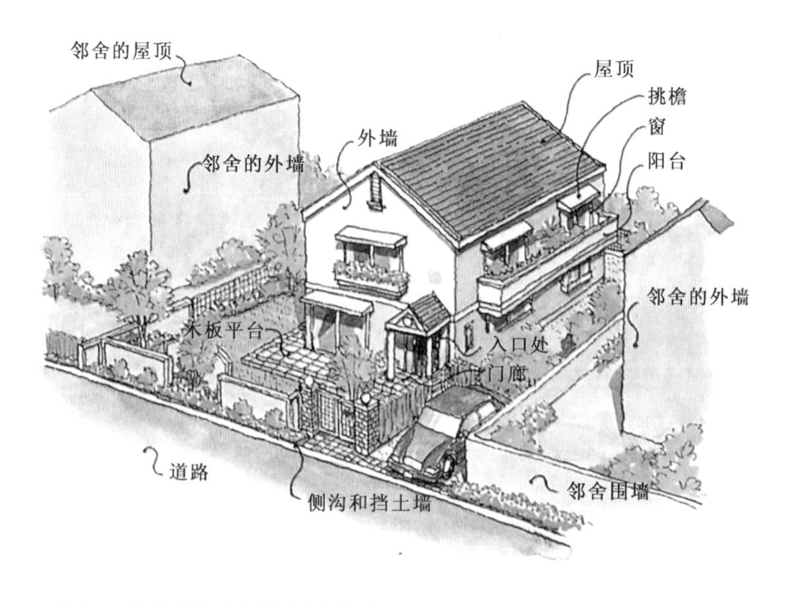

图15 住宅所在街区的周边色彩 建筑外部空间设计要进行总体构思

ⓑ街区与色彩设计

对于街区景观来说，在考虑色彩和设计的前提下，制定一个使周边环境优美、怡人和安全的建设方案，显得特别重要。

譬如，一道带有凹凸起伏和高低错落等变化的围墙，会减轻对路上行人的压迫感；再于围墙脚下植入绿色浓浓的地衣，使其与中低木的亮绿色和孔雀蓝交融在一起，便可以让原本生硬的外部结构软化下来，改变成优雅的形象（图16）。此外，还可以在形象树上做点儿文章，使得围墙顶端的水平线产生一些变化，也给在路上散步的人们带来惬意和安谧。

另外，在色彩的选择和调配上，应该参照两侧邻居的外墙、屋顶和围墙等处的色彩，使选定的色彩与其色相类似。如果两侧邻舍选定的是色相环（图3）①号的黄色调组和④号的橙红色调组，而待设计建筑物选定②号的橙黄色调组或③号的橙色调组，那么，连续的3座建筑物的色彩不仅可以相互融合，而且在融合中又会显出一定的变化，这是色彩设计的理念之一。

就这样，不仅在宅地内部，而且还将前面道路与邻舍等包含进去，对街区整体的设计和色彩所做的通盘构想，使得街区具有统一协调感，再加上配植的各种花草树木，自然而然便在这里营造出优美的景观。

图16 利用有高低差的围墙及其脚下的绿化，营造出有着轻松幽雅氛围的建筑外部空间

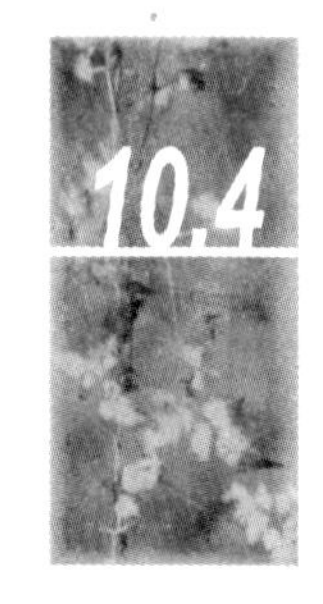

10.4 色彩与设计效果

设计者在对住宅和建筑外部空间同时进行设计时，无论你采用什么样的概念，都照样会与渲染说明时的效果有些差异。

因此，从设计效果角度上看，为了使色彩的构思变得容易一些，我们依据设计的关键用语，编制了一张能够揭示色彩效果的表格。如同对构思设计概念和制作效果渲染图板亦不无帮助一样，在表2中还汇总了文字的颜色，可供读者在进行色彩设计时作为参考。另外，自下页起，我们将汇总一些具体事例和表现设计关键用语效果的配色方案，希望能够借此对色彩规划与设计效果的关系展开研究。

色彩与设计效果 表2

设计关键用语	色彩效果	设计效果的基调色	配色要点	文字颜色
自然的	利用暖色调天然材料的质感，能够营造出温婉的氛围	象牙色和明亮的淡灰褐色	以暖色调统一风格，无底色，与绿色融合	亮绿
半自然的	以素暗色调营造出的、沉稳的温馨感	以茶色为基调的沉稳的暖色	以红砖等沉稳无底色的材料统一风格	茶色调
轻快的	以明亮欢快的效果作为和谐配色的目的	白色和象牙色，或采用淡灰色作为较大面积的基调色	在基调色中增加橙、红、黄和蓝等作为主色，用于调节明度	橙、红、蓝、黄和绿等纯色
优雅的	沉稳、优雅的阴柔效果	使用灰色、淡灰色等沉稳优雅的颜色	采用沉稳的灰色和紫灰色，并以白色进行点缀和调和	亮绿、紫灰
古典的	以传统的沉稳色调表现出厚重感	以具有厚重感的茶色等为基调色	以沉稳的苔绿色等作为主色	苔绿色、深茶色、深红
时尚的	时髦的都市感和高尚的鲜明形象	以灰色为基调色。不使用机械作业	尽量消除色调的反差	黑色、深灰
明亮的	具有清爽感的简约形象	以白色为基调，亦可使用象牙色、淡绿和蓝色调	冷色的软色调和白色、象牙色或采用无底色手法进行统一	藏青色、深灰色

事例1　自然的建筑外部空间

喷涂处理过的外墙、木制的门、门前台阶上铺装的枕木以及入口门廊地面的自然拼缝敷设的石板，都统统采用了天然材料，成为一个沉稳风格的设计。

配色

事例2　轻快的建筑外部空间

将外墙涂成柔和的淡灰色，天蓝色的钢制阳台，给人以轻松的印象。栏杆和窗的白色看上去清晰明亮，让人觉得十分洁净，越发突出了其明快的风格。

配色

事例3 优雅的建筑外部空间

混有白色和灰色的深红色或茶色调的墙砖，将门柱和围墙装饰得具有粗拉拉的质感，并形成沉稳的风格；以淡紫色和蓝色调的花朵营造出娇柔的美感。而主色则是以白花细腻地点缀出来的。

配色

事例4 古典的建筑外部空间

通过以瓷砖装饰住宅的立柱，形成英国式的厚重感，围墙和门柱也采用同样色调的瓷砖加以处理，使得整体具有统一感。苔绿色调的标志柱和门扇，则作为主色提振了整体效果。

配色

事例5　时尚的建筑外部空间

以白色和灰色作为基调的外墙和开孔的砌块围墙，因采用了不同的材料，使其质感和形状都各具特色，成为富于变化的设计。鲜红的意大利阿尔法·罗密欧汽车显得十分突出。

配色

事例6　明亮的建筑外部空间

将住宅外墙喷涂成象牙色，而山墙及支柱等处则涂成白色，使其看上去十分洁净和清爽。柔和的、冷色调的左手前面的墙壁以及筋肋状的外墙，无一不表现出洒脱和简练的风格；而藏青的主色又突出了鲜明的效果。

配色

编者、著者简历（按行文先后顺序）

■编著者

猪 狩 达 夫

1935年　生于东京
1959年　毕业于早稻田大学工学部建筑学科
1959年　进入菊竹清训建筑设计事务所
1966年　获多伦多大学硕士学位（都市规划设计专业）
1968年　进入市浦城市开发建筑咨询所
1972年　成立伊卡里设计株式会社
1998年　E&G ACADEMY东京分校校长
2002年　早稻田大学理工学综合研究中心讲师
2005年　E&G ACADEMY东京分校顾问，至今

一级建筑师、文学硕士（多伦多大学）

著书：
《城市住宅设计技法》（合著）彰国社，1982
《由独立和集合住宅构建街区的手法》（合著）彰国社，1990
《建筑外部空间及庭园设计用语辞典》（主编·合著）彰国社，2002

■著者

松 枝 雅 子

生于东京
1959年　毕业于日本女子大学家政学部
1990年　成立株式会社松枝建筑设计研究所
1998年　E&G ACADEMY东京分校讲师，至今

一级建筑师、一级造园施工管理工程师

著书：
《成功营造房舍的完整秘诀》（合著）新建筑社出版，1988
《情趣盎然的建筑外部空间》经济调查会，1996
《新建·改扩建·翻新450问》（合著）日本实业出版社，1998
《建筑外部空间及庭园设计用语辞典》（合著）彰国社，2002
《富有魅力的建筑外部空间及花园住宅平面图集》经济调查会2005
其他

古 桥 宜 昌

1958年　生于埼玉县
1982年　毕业于东京电机大学理工学部建设工学科
1989年　进入石锤建筑外部空间株式会社
1997年　成立屋外规划有限公司
1998年　E&G ACADEMY东京分校讲师及副校长
2005年　E&G ACADEMY东京分校校长，至今

一级建筑师、一级造园施工管理工程师、一级土木施工管理工程师

著书：
《建筑外部空间及庭园设计用语辞典》（合著）彰国社，2002

吉 田 克 己

1943年　生于千叶县
1965年　毕业于东京农业大学农学部造园学科
1965年　进入振兴住宅互助株式会社
1995年　成立吉田造园设计工作室有限公司
1998年　E&G ACADEMY东京分校讲师，至今

一级造园施工管理工程师、一级土木施工管理工程师

著书：
《庭园构筑及作品集》（合著）池田书店，1974
《建筑外部空间及庭园设计用语辞典》（合著）彰国社，2002
《建筑外部空间实例图集 第8号》住宅环境社，2005
《建筑外部空间现场疑难集》住宅环境社，2007

安 田 浩 司

1954年　生于山口县
1978年　经青山学院大学毕业于东京设计专科学校建筑学部建筑师科
1978年　进入伊东建筑研究所
1980年　东京设计专科学校讲师
1986年　成立安田建筑规划设计室
1997年　E&G ACADEMY 东京分校讲师，至今

一级建筑师

著书：
《庭园植物专科——多途径检索花草树木》（合著）画刊社，1998
《建筑外部空间及庭园设计用语辞典》（合著）彰国社，2002

犬 塚 修 司

1948年　生于东京
1972年　毕业于千叶大学园艺学部造园学科
1972年　进入株式会社京央造园设计事务所
1990年　成立犬塚造园设计研究室
1998年　E&G ACADEMY 东京分校讲师
2005年　成立绿风株式会社，至今

二级建筑师、一级造园施工管理工程师、一级土木施工管理工程师

著书：
建筑知识丛书《绿色设计图鉴》（合著）X知识社
《建筑外部空间及庭园设计用语辞典》（合著）彰国社，2002

竖 川 雅 城

1957年　生于东京
1981年　毕业于千叶大学园艺学部造园学科
1981年　进入实泽住宅株式会社
2005年　成立竖川环境设计所
2007年　E&G ACADEMY 东京分校讲师，至今

山 田 章 夫

1957年　生于爱知县
1978年　毕业于丰田工业高等专科学校电气工学科
1978年　进入松下电工株式会社
1998年・2006年
E&G ACADEMY 东京分校讲师，至今

著书：
《建筑外部空间及庭园设计用语辞典》（合著）彰国社，2002

松 下 高 弘

1958年　生于长野县
1979年　毕业于东京设计专科学校建筑学部建筑师科
1979年　进入卡夫・阿德住宅株式会社
1987年　任毕业学校透视图及室内装潢设计科讲师
1989年　成立M设计代理有限公司
1998年　E&G ACADEMY 东京分校讲师，至今

著书：
《庭园植物专科——多途径检索花草树木》（合著）画刊社，1998
《建筑外部空间及庭园设计用语辞典》（合著）彰国社，2002
《建筑外部空间的色彩及设计》绿色信息社，2007

后　记

我曾经在E&G ACADEMY东京分校担任过7年的校长，并指导过该校的住宅外部空间设计课；东京分校在日本应该是最早开这门课的。今年，自E&G ACADEMY东京分校建校开始，已经走过了10个年头。建校当初，建筑外部空间还是一个年轻的行业，以建筑外部空间作为自己专业领域的厂商和业者只有20多年的历史。尽管如此，几乎每年都从东京、神户（去年始有大阪）和名古屋3所分校涌现出众多的人才；仅在我亲自任课的东京分校，迄今已有毕业生263名。从教师阵容来看，差不多都是活跃在日本建筑外部空间领域、具有代表性的设计师，是一些有造诣的专家。在建校后第4年的2002年，由这些专家编撰，并由彰国社出版发行的《建筑外部空间及庭园设计用语辞典》，在业内被给予很高的评价。

1年以后，几乎全部由原来的东京分校专任讲师们策划和编写的《图解建筑外部空间设计要点》又出版了。这本书的编写历经4年之久，各个章节的执笔者，都是按照各专门学科，由该学科的专任讲师来担当的。我本人作为策划和总编，此前曾经以街区设计师的身份，多次参与讨低层集合住宅区的规划和设计工作，并主张从宏观角度看待单体独立住宅，一直强调其所具有的社会性意义及对于街区环境设计的重要性。本书始终将“美化街区环境”置于头等地位，并以此为主线，对住宅外部空间各区划的设计理念、动线及视线的考虑、尺寸的确定方法、材料的选择、绿化方式及与周围景观的调和，乃至细部的概念设计等等，都利用插图和图表分别做了浅显易懂的说明。而且，还涉及有关今后空间设计的走向等分析，尽可能给书的内容注入对未来充满幻想的元素。

关于本书的内容构成，基本是这样的：把握规划整体的综合平面图、对于都市型住宅至关重要的立面；依照建筑外部空间区划的顺序，先后对门周围、引道、停车空间、主屋前庭园、侧院及后院、围障等展开叙述，最后再以照明和色彩附之。就这样，经过千曲百折，本书终于被摆在了读者诸君面前。作为策划和总编，在这里除了要对受邀执笔的各位讲师付出的辛劳表示谢意之外，还应该感谢藤田俶宏氏（株式会社藤田居住环境设计代表）和住宅生产团体联合会的入江让氏，是他们为本书第2章“立面设计”提供了其中的照片。此外，在第10章“色彩设计”中，还得到野正真纪氏（E&G ACADEMY东京分校讲师）的中肯的建议，在此一并致以谢忱。另外，对于在本书成书过程中，从编写到出版为之做了大量工作的彰国社尾关惠氏，我谨代表执笔者同人致以衷心的谢意。

猪狩达夫

2008年2月

著作权合同登记图字：01-2009-3727号

图书在版编目（CIP）数据

图解建筑外部空间设计要点/（日）猪狩达夫编;（日）猪狩达夫等著；刘云俊译．—北京：中国建筑工业出版社，2010.7（2022.8重印）
ISBN 978-7-112-12473-2

Ⅰ.①图… Ⅱ.①猪… ②猪… ③刘… Ⅲ.①建筑设计-环境设计-图解 Ⅳ.①TU206

中国版本图书馆CIP数据核字（2010）第183914号

Japanese title: Irasuto de wakaru Ekusuteria-Dezain no Pointo edited by Tatsuo Ikari
Copyright © 2008 by Tatsuo Ikari
Original Japanese edition
published by SHOKOKUSHA Publishing Co., Ltd., Tokyo, Japan
本书由日本彰国社授权翻译出版

责任编辑：白玉美　刘文昕
责任设计：陈　旭
责任校对：王　颖　陈晶晶

图解建筑外部空间设计要点
[日] 猪狩达夫　编
[日] 猪狩达夫 松枝雅子 古桥宜昌
吉田克己 安田浩司 犬塚修司
竖川雅城 山田章夫 松下高弘　著
刘云俊　译
*
中国建筑工业出版社出版、发行（北京西郊百万庄）
各地新华书店、建筑书店经销
华鲁印联（北京）科贸有限公司制版
廊坊市海涛印刷有限公司印刷
*
开本：787×1092毫米　1/16　印张：11¾　字数：292千字
2011年1月第一版　　2022年8月第九次印刷
定价：39.00元
ISBN 978-7-112-12473-2
（19730）
版权所有　翻印必究
如有印装质量问题，可寄本社退换
（邮政编码　100037）

新书介绍

《简明造园实务手册》 木村了 著

《园林植物景观营造手册》 中岛宏 著

《自然再生：生态工程学研究法》 龟山章 著

《图解室内设计基础》 渡边秀俊 著

《环境色彩规划》 吉田慎悟 著

《世界住居》 布野修司 著

《亚洲城市建筑史》 布野修司 著

《城市设计的新潮流》 松永安光 著